· 高等学校计算机基础教育教材精选 ·

C++语言基础教程
（第3版）

吕凤翥 编著

清华大学出版社
北京

内 容 简 介

书中全面、系统地讲述了 C++ 语言的基本概念、基本语法和编程方法，较详尽地介绍了 C++ 语言面向对象的重要特征：类和对象、继承和派生类、多态性、虚函数、函数模块和类模板等内容。本书具有丰富的例题，每章后面均提供了相当数量的练习题和作业题。

本书特点是：通俗易懂，由浅入深，突出重点，难点详解，偏重应用。本书不仅可作为高等学校 C++ 语言课程的教材，还可作为 C++ 语言的自学教材和参考书。

图书在版编目(CIP)数据

C++ 语言基础教程/吕凤翥编著. —3 版. —北京：清华大学出版社，2013(2022.8重印)
高等学校计算机基础教育教材精选
ISBN 978-7-302-32369-3

Ⅰ.①C… Ⅱ.①吕… Ⅲ.①C语言－程序设计－高等学校－教材 Ⅳ.①TP312

中国版本图书馆 CIP 数据核字(2013)第 093797 号

责任编辑：焦　虹
封面设计：傅瑞学
责任校对：白　蕾
责任印制：曹婉颖

出版发行：清华大学出版社
　　网　　　址：http://www.tup.com.cn, http://www.wqbook.com
　　地　　　址：北京清华大学学研大厦 A 座　　　　　邮　　编：100084
　　社　总　机：010-83470000　　　　　　　　　　　邮　　购：010-62786544
　　投稿与读者服务：010-62776969, c-service@tup.tsinghua.edu.cn
　　质量反馈：010-62772015, zhiliang@tup.tsinghua.edu.cn
　　课件下载：http://www.tup.com.cn, 010-83470236
印　装　者：三河市君旺印务有限公司
经　　　销：全国新华书店
开　　　本：185mm×260mm　　　印　张：25　　　　字　数：577 千字
版　　　次：1999 年 9 月第 1 版　　2013 年 6 月第 3 版　　印　次：2022 年 8 月第 9 次印刷
定　　　价：59.00 元

产品编号：042536-03

出版说明

在教育部关于高等学校计算机基础教育的方针指导下,我国高等学校的计算机基础教育事业蓬勃发展。经过多年的教学改革与实践,全国很多学校在计算机基础教育这一领域中积累了大量宝贵的经验,取得了许多可喜的成果。

随着科教兴国战略的实施以及社会信息化进程的加快,目前我国的高等教育事业正面临着新的发展机遇,但同时也必须面对新的挑战。这些都对高等学校的计算机基础教育提出了更高的要求。为了适应教学改革的需要,进一步推动我国高等学校计算机基础教育事业的发展,我们在全国各高等学校精心挖掘和遴选了一批经过教学实践检验的优秀的教学成果,编辑出版了这套教材。教材的选题范围涵盖了计算机基础教育的各个层次,包括面向各高校开设的计算机必修课、选修课,以及与各类专业相结合的计算机课程。

为了保证出版质量,同时更好地适应教学需求,本套教材将采取开放的体系和滚动出版的方式(即成熟一本、出版一本,并保持不断更新)。我们要坚持宁缺毋滥的原则,力求反映我国高等学校计算机基础教育的最新成果,使本套教材无论在技术质量上还是文字质量上均成为真正的"精选"。

清华大学出版社一直致力于计算机教育用书的出版工作,在计算机基础教育领域出版了许多优秀的教材。本套教材的出版将进一步丰富和扩大我社在这一领域的选题范围、层次和深度,以适应高校计算机基础教育课程层次化、多样化的趋势,从而更好地满足各学校由于师资和生源水平、专业领域等差异而产生的不同需求。我们热切期望全国广大教师能够积极参与到本套丛书的编写工作中来,把自己的教学成果与全国的同行们分享;同时也欢迎广大读者对本套教材提出宝贵意见,以便我们改进工作,为读者提供更好的服务。

我们的电子邮件地址是:jiaoh@tup.tsinghua.edu.cn(E-mail);联系人:焦虹。

清华大学出版社

前言

本书是作者在多年从事 C++ 语言教学的基础上编写的。书中总结了教学中的经验和教训,并针对学生在学习过程中遇到的困难和提出的问题进行讲解。本书第 2 版出版以来,已被多所学校作为教材,印数逾 20 万册。为更好地满足教学需求,根据读者建议及教学实践,作者对本书第 2 版进行了认真的修订,删去了一些不必要的内容,增加了函数模板和类模板等新内容。本书的特点是:通俗易懂,适于自学;由浅入深,便于理解;概念明确,语言简洁;例题丰富,内容全面;重点突出,难点详解。

本书较全面、系统地讲述了 C++ 语言的基本概念和编程方法。通过学习本书,读者能够正确理解 C++ 语言中面向对象的方法,基本掌握 C++ 语言中的词法、语法,并且可以达到使用 C++ 语言编写简单程序的目的。

本书第 3 版继承了第 2 版的章节结构,共分 9 章。前 4 章讲述了 C++ 语言的基本词法和语法规则,包括字符集、词法规则、程序结构、运算符和表达式、各类语句、函数格式和调用方式、作用域及存储类等内容。在这些内容中,C++ 语言只是对 C 语言中的相应内容进行一些改进和补充,与 C 语言的内容很相近。第 5~8 章讲述了 C++ 语言所支持的面向对象的程序设计方法的内容,包括类和对象的概念及定义格式、对象的赋值和运算、继承性和派生类、多态性和虚函数等内容。这些内容使 C++ 语言成为一种面向对象的程序设计语言,这是学习 C++ 语言的重点和难点。这部分内容是 C 语言所没有的。第 9 章讲述了标准文件的读写函数和对一般文件的操作。本书每章都提供了较多例题,例题的针对性较强。全书共有 180 道例题。每章后面都备有相当数量的练习题和作业题。读者通过练习题可以检查自己对本章所学内容掌握的情况,练习题的覆盖面很广;通过作业题可以练习所讲过的主要内容,包括概念性的训练和方法技巧训练。对于初学 C++ 语言的读者,一是要弄清基本概念;二是要多看程序,从中学习方法和技巧,从而积累编程经验。本书提供了这两方面的训练。

本书的所有例题和作业题中要求分析输出结果的程序都在 Visual C++ 6.0 版本的编译系统下运行通过,在其他版本的编译系统中一般也都可以运行。

本书可作为高等学校教材,也可作为教师和学生的参考书。本书还适合作为自学 C++ 语言的教材。

作者在本书的编写过程中,查阅了许多有关外文资料和说明书,并阅读过一些翻译的书籍,现谨对这些书的作者和译者提供的帮助表示最衷心的感谢。由于时间仓促、作者水平有限,书中难免会有不足和错误之处,恳请广大读者提出宝贵的意见。

谢谢喜欢阅读本书的读者!

作 者

于北京大学燕北园

目录

　　　　　　　　　C++语言基础教程(第3版)

第 **1** 章 C++ 语言概述

    C++ 语言是一种应用较广的面向对象的程序设计语言,使用它可以实现面向对象的程序设计。本书主要讲述 C++ 语言的特点和语法,介绍使用 C++ 语言编程的方法。为了使读者对 C++ 语言的特性有所了解,本章首先介绍一些有关面向对象程序设计的基本概念。因为面向对象的设计与面向过程的设计是有很大区别的,因此面向对象的程序设计是在面向过程的程序设计基础上的一个质的飞跃。学习 C++ 语言首先要认识它面向对象的特性和实现面向对象的方法。

1.1 面向对象程序设计的有关概念

1.1.1 面向对象的由来和发展

    下面回顾计算机语言的发展过程,以便了解面向对象的方法是如何产生的。

    20 世纪 50 年代中期,出现了高级程序设计语言 FORTRAN,它在计算机语言的发展史上具有划时代的意义。该语言引进了许多现在仍然使用的程序设计的概念,如变量、数组、循环、分支等。但是,该语言在使用中也发现了一些不足之处。例如,不同部分的相同变量名容易发生混淆等。

    20 世纪 50 年代后期,高级语言 Algol 在程序段内部对变量实施隔离。Algol 60 提出了块结构的思想,由“Begin ... End”来实现块结构,这样就不会使不同块内同名变量相互混淆,对数据实行了保护。这实际上也是一种初级的封装。

    20 世纪 60 年代开发的 Simula 67,是面向对象语言的鼻祖。它将 Algol 60 中的块结构概念向前推进了一大步,提出了对象的概念。对象代表着待处理问题中的一个实体,在处理问题的过程中,一个对象可以某种形式与其他对象通信。从概念上讲,一个对象是既包含数据又包含处理这些数据操作的一个程序单元。Simula 语言中也使用了类的概念,类用来描述特性相同或相近的一组对象的结构和行为。该语言还支持类的继承。继承可将多个类组成为层次结构,进而允许共享结构和行为。

    20 世纪 70 年代出现的 Ada 语言是支持数据抽象类型的最重要的语言之一。数据抽象是由数据结构及作用在数据结构上的操作组成的一个实体。它把数据结构隐藏在操作接口的后面,通过操作接口实现外部的交流。对外部来讲,只知道做什么,而不知道如何做。再将类型扩展到数据抽象上,即将某种类型的操作汇集起来作为一个整体看待,并与该类型一起看做一个独立的单元,就构成了抽象数据类型。因此,可以说,数据抽象类型是数据抽象封装后的类型。它包含了该类型下的操作集和由操作集间接定义的数据类型的值集。Ada 语言中面向对象的抽象结构是包。它支持数据抽象类型、函数和运算符重载以及多态性等面向对象的机制。但是,Ada 语言不是全面地支持继承,因此人们常称它为一种基于对象的语言。

后来出现的 Smalltalk 语言是最有影响的面向对象的语言之一。它丰富了面向对象的概念。该语言并入了 Simula 语言的许多面向对象的特征,包括类和继承等。在该语言中,信息的隐藏更加严格,每种实体都是对象。在 Smalltalk 环境下,程序设计就是向对象发送信息。这个信息将表示为一种操作,如两个数相乘,创建一个新类的对象等。Smalltalk 语言是一种弱类型化的语言,一个程序中的同一个对象可以在不同时间内表现为不同的类型。

20 世纪 80 年代中期以后,面向对象的程序设计语言广泛应用于程序设计,并且有了许多新的发展,出现了更多的面向对象的语言。归纳起来,大致可分为如下两类。

1. 开发全新的面向对象的语言

具有代表性的全新的面向对象的语言有 Object-C。它是在 C 语言上扩展而成的,是 Smalltalk 语言的变种。Eiffel 语言除了有封装和继承外,还集成了几种强而有力的面向对象的特征,它是一种很好的面向对象的语言。Smalltalk 80 语言经历了多次修改和更新,新版本有很大改进。这类全新的面向对象的语言学习起来要从头开始。

2. 对传统语言进行面向对象的扩展

这类语言又称为混合型语言,C++ 语言就是其代表。C++ 语言是 20 世纪 80 年代早期由贝尔实验室设计的一种面向对象的语言。它在 C 语言的基础上增加了对面向对象程序设计的支持。这类语言的特点是既支持传统的面向过程的程序设计,又支持新型的面向对象的程序设计。对于一些已经较好地掌握了 C 语言的人来讲,学习 C++ 语言相对容易一些。另外,C++ 语言具有丰富的 C 语言应用基础和开发环境的支持,普及起来也相对快些。这些就是 C++ 语言当前得以广泛应用的主要原因。

1.1.2　面向对象的有关概念

什么是面向对象? 简单地说,面向对象是一种软件开发方法。具体地讲,面向对象是一种运用新概念和新方法来构造系统的软件开发方法。这些新概念和新方法包括对象、类、封装、聚合、继承和多态性等。它们体现了面向对象这种方法的新特点。

下面对面向对象中使用的新概念和新方法进行简单解释。

1. 对象

对象是软件系统的基本构成单位。对象是对客观世界中实际存在的某种事物的抽象,即是描述客观事物的一个实体。对象是研究问题和分析问题的出发点,是构成程序的主要成员。

对象是一组属性和一组行为的集合。属性是用来描述对象的静态特性,它使用若干数据来表示;行为是用来描述对象的动态特性,它使用若干操作来表示。于是,可以说对象是数据与操作的集合。

对象之间传递信息是通过消息实现的。当一个操作被调用时,就有一条消息被发送到这个对象上,这个消息将带来所执行的操作的详细内容。

2. 类

简单地讲,类是一种类型,称为类类型。这种类型也是一种由用户定义的自定义类型,只不过是一种更复杂、更先进的类型。

类是对具有相同属性对象的描述。类是创建对象的样板,它包含着所创建对象的数据描述和操作的定义。类是一种具有共同属性和行为的若干对象的统一描述体。

分类是人们认识客观世界的一种常用的思维方法,将具有相同属性的事物划分为一类,得到一个抽象的概念,用来表示一类事物。例如,桌子、椅子、高楼、桥梁等都是被抽象出来的一类事物。分类的原则就是抽象,类是抽象数据类型的实现。

3. 封装

封装是面向对象方法中的重要特性。封装是把对象的属性和行为(即数据和操作)结合成为一个封装体。该封装体内包含对象的属性,它们由若干不同类型的数据组成;还包括对象的行为,它们由若干种操作组成。操作是通过函数来实现的,又称方法。

封装体还具有隐藏性。封装体内的某些数据和方法在封装体外是不可见的,即是不可访问或改变的。这些封装体外不可见的成员被隐藏在封装体内,具有安全性。

封装体与外界联系是通过称为接口的通道进行的。封装体的外部特性就是由这些接口提供的。外部操作通过接口进行,也就是要使用方法对封装体内隐藏的数据进行操作。

4. 聚合

聚合是类之间的一种包含关系。在处理一个复杂问题时,常常把复杂问题分解为若干个简单问题。通过逐个解决简单问题来解决复杂问题。具体实现方法是在一个类中可以包含另外一个类的对象。于是一个复杂类可由若干简单类的对象组成,这种方法称为聚合。例如,描述一架飞机是较为复杂的,因此可将飞机拆分为机翼、机身、机尾和发动机等若干个部位。在描述飞机的类中可以包含机翼类、机身类、机尾类和发动机类的对象。

5. 继承

继承是面向对象方法中的另一个重要特性,称为继承性。继承是创建新类的一种方法。使用继承可以解决一般类和特殊类的关系。特殊类具有一般类的全部属性和行为,并且它还有自己特殊的属性和行为,这时称特殊类是对一般类的继承。

使用继承可以简化人们对事物的描述。例如,已经有了对汽车的描述,再对轿车进行描述就简单多了。轿车继承了汽车的一般特性,只需描述轿车所特有的性能就够了。继承可以减少冗余性,提高重用性。

继承为软件开发带来了许多方便。可将已开发好的类存放到类库内。开发新系统时,便可直接使用或继承使用已有的类,这将会减少编程的工作量,并提高编程质量。

6. 多态性

多态性指的是一对多的状态。函数重载和运算符重载是多态性的体现。一个函数名或同一个运算符对应于不同的实现或功能,这便是一种多态性。更重要的是多态性体现在动态联编上。在一般类中定义的行为或方法,被特殊类继承后,可有不同的实现或操作,并在运行中进行联编。例如,定义一个一般类"几何图形",它具有求面积的方法,该方法可以不具有具体含义。再定义若干个特殊类"圆形"、"矩形"等,它们都继承一般类,每个特殊类中也具有求面积的方法。这些方法根据不同的几何图形求面积的公式,用各自的方法实现。在实际操作中根据运行时出现的几何图形,调用对应的求面积方法进行计算。这就是面向对象中的多态性。

综上所述,面向对象的方法可归纳为如下几点。

(1) 将客观事物中抽象出的数据和方法构成一个集合体,这就是对象,即对实体的描述。

(2) 将相同类型的对象抽象出共性,形成类。类具有封装性和隐藏性。

(3) 类是一个封装体,类中大多数数据只能通过本类的方法进行处理。这些数据在类外是不可见的,即是无法进行访问的。

(4) 类是通过外部接口与外界发生关系的,这些外部接口提供了类的行为。

(5) 对象之间是通过消息进行通信的。

1.2　C++语言是一种面向对象的程序设计语言

在没有具体讲述 C++ 语言的程序特点和语法规则及编程方法之前,先了解一下C++语言具有面向对象程序设计语言的哪些特点,这对学习 C++ 语言是十分有益的。

1.2.1　C++语言对面向对象程序设计方法的支持

1. C++语言支持数据封装

支持数据封装就是支持数据抽象。在 C++ 语言中,类是支持数据封装的工具,对象则是数据封装的实现。

面向过程的程序设计方法与面向对象的程序设计方法在对待数据和函数关系上是不同的。在面向过程的程序设计中,数据只被看成是一种静态的结构,它只有等待调用函数来对它进行处理。在面向对象的程序设计中,将数据和对该数据进行合法操作的函数封装在一起作为一个类的定义。另外,封装还提供一种对数据访问严格控制的机制。因此,数据将被隐藏在封装体中,该封装体通过操作接口与外界交换信息。

每个类的对象都包含这个类所指定的若干成员。

在 C 语言中可以定义结构,但这种结构只包含数据,而不包含函数。C++ 语言中的类是数据和函数的封装体。

2. C++语言的类中包含私有、公有和保护成员

C++ 语言的类中可定义三种不同访问控制权限的成员。一种是私有(private)成员,只有在类中说明的函数才能访问该类的私有成员,而在该类外的函数不可以访问私有成

员;另一种是公有(public)成员,类外面也可访问公有成员,公有成员是该类对外界的接口;还有一种是保护(protected)成员,这种成员除了该类内的函数可以访问外,该类的派生类也可以访问。

3. C++语言中通过发送消息来处理对象

C++语言中是通过向对象发送消息来处理对象的,每个对象根据所接收到的消息的性质来决定需要采取的行动,以响应这个消息。因此,送到一个对象的所有可能的消息在对象的类描述中都需要定义,即对每个可能的消息给出一个相应的方法。方法是在类定义中使用函数来实现的,它使用一种类似于函数调用的机制把消息发送到一个对象上。

4. C++语言中允许友元破坏封装性

类中的私有成员一般是不允许该类外面的任何函数访问的,但是友元可打破这条禁令,它可以访问该类的私有成员(包含数据成员和成员函数)。友元是在类内说明的一种非成员函数,也可以在类内说明一个类;前者称为友元函数,后者称为友元类。友元打破了类的封装性。

5. C++语言允许函数名和运算符重载

函数名重载和运算符重载都属于多态性,多态性是指相同的语言结构可以代表不同类型的实体或者对不同类型的实体进行的操作。C++语言支持多态性。C++语言允许一个相同的函数名或运算符代表多个不同实现的函数,这称为标识符或运算符的重载。用户可以根据需要定义函数名重载或运算符重载。

6. C++语言支持继承性

C++语言中可以允许单继承和多继承。一个类可以根据需要生成派生类。派生类继承了基类的所有数据和方法,另外派生类自身还可以定义所需要的不包含在父类中的数据和方法。一个子类的每个对象包含从父类那里继承来的成员以及自己所特有的成员。

7. C++语言支持动态联编

C++语言中可以定义虚函数,通过定义虚函数来支持动态联编。动态联编是多态性的一个重要特征。多态性形成由父类和它们的子类组成的一个树型结构。在这个树中的每一个子类可接收一个或多个具有相同名字的消息。当一个消息被这个树中一个类的某个对象接收时,这个对象可动态决定给予子类对象的消息的某种用法。

以上概述了C++语言对面向对象程序设计中的一些主要特征的支持。有关这些支持的实现将是后面章节中的主要内容。

1.2.2　C++语言与C语言的关系

C语言是C++语言的一个子集,C++语言包含了C语言的全部内容。

1. C++语言与C语言的兼容性

这种兼容性表现在许多C语言的代码不经修改就可以为C++语言所用。用C语言编写的许多库函数和应用软件也都可以用于C++语言。C语言的程序员学习C++语言更容易、更方便,只要掌握C++语言的新特征就可以了。

这种兼容性也使得 C++ 语言不是一个纯正的面向对象程序设计语言。因为 C 语言是面向过程的语言，C++ 语言要与 C 语言兼容，所以 C++ 语言也要支持面向过程的程序设计。于是 C++ 语言是将两种不同风格的程序设计技术融于一体,使得初学者感到很头痛。另外,不能用面向过程的思路去学习面向对象的技术,因为二者是很不相同的。因此,在学习 C++ 语言时,要转变以前那种传统的观念,要从面向对象的角度来学习新技术。

2. C++ 语言对 C 语言做了很多改进

C++ 语言首先保持了 C 语言简洁、高效和接近汇编语言等优点,同时又对 C 语言的不足和问题作了很多改进。下面列举一些重要的改进之处。

(1) 增加了一些新的运算符,使得 C++ 语言应用起来更加方便。例如:∷, new, delete, • *, —> * 等。

(2) 改进了类型系统,增加了安全性。C 语言中的类型转换很不严格,C++ 语言增强了编译系统检查类型的能力。C++ 语言规定高类型向低类型的转换应采取强制转换,又规定函数的说明必须用原型。

(3) 增加了引用概念,引用作为函数参数带来了很大方便。

(4) 允许函数重载,允许设置函数参数的默认值,这些措施提高了编程的灵活性。引进了内联函数的概念,提高了程序的效率。

(5) 对变量的说明更加灵活。C 语言要求在函数体或子程序内,先是对变量的说明语句,再是执行语句,两者不可交叉使用。C++ 语言打破了这一限制,可以根据需要随时对变量进行说明。

还有其他改进,后面将会介绍。

3. C++ 语言与 C 语言的本质差别

C++ 语言与 C 语言的本质差别就在于 C++ 语言是面向对象的,而 C 语言是面向过程的。因此,C++ 语言在对 C 语言改进的基础上,又增添了支持面向对象的新内容。这些新内容在前面讲到 C++ 语言对面向对象程序设计的支持中概括地提到了,在本书后面章节中还要详细讲述,这里不再重复。

因此,C++ 语言不仅仅是对 C 语言进行了一些改进,更重要的是进行了一些改革,使得 C++ 语言成为一种面向对象的程序设计语言。

1.3　C++ 语言的词法及词法规则

本节主要介绍 C++ 语言的字符集和单词。

1.3.1　C++ 语言的字符集

字符是一些可以区分的最小符号。C++ 语言的字符集由下列字符组成。

1. 大小写英文字母

a～z 和 A～Z

2. 数字字符

0～9

3. 特殊字符

空格 ！ ＃ ％ ^ & * _(下划线) － ＋ = ～ ＜ ＞ /
\ | • ， ： ； ？ ' " () [] {}

1.3.2 单词及词法规则

单词又称词法记号,它是由若干个字符组成的具有一定意义的最小词法单元。

C++语言共有 6 种单词,下面逐一讲述。

1. 标识符

标识符是由程序员定义的单词,用它来命名程序中的一些实体。常见的有函数名、类名、变量名、常量名、对象名、标号名、类型名等。C++语言规定,标识符由大小写字母、数字字符(0～9)和下划线组成,并且以字母或下划线开始,其后跟若干个字母、数字字符或下划线。

定义标识符时应注意如下几点:

(1) 标识符的长度(组成标识符的字符个数)不限。但特定的编译系统能够识别的标识符的长度是有限的,有的仅识别前 32 个字符。

(2) 标识符中大小写字母是有区别的。例如,XyZ,XYZ,xyz,XYz 等都是不同的标识符。

(3) 在实际应用中,尽量使用有意义的单词作为标识符。

(4) 用户定义标识符时,不要采用系统的保留字,保留字是指系统已预定义的标识符,它包含关键字和设备字等。

2. 关键字

关键字是系统已预定义的单词。它们在程序上都有着不同的用途。

下面列举一些常用的关键字。

auto	bool	break	case	char	catch	class	const
continue	default	delete	do	double	else	enum	explicit
extern	float	for	friend	goto	if	inline	int
long	mutable	new	operator	private	protected	public	register
return	short	signed	sizeof	static	static_cast	struct	switch
template	this	throw	true	try	typedef	union	unsigned
using	virtual	void	volatile	while			

上述这些关键字都属于保留字,用户不可再重新定义。

3. 运算符

运算符实际上是系统预定义的函数名字,这些函数作用于被操作的对象,将获得一个结果值。运算符通常由 1 个或多个字符组成。

根据运算符所操作的对象个数不同,可分为单目运算符、双目运算符和三目运算符。单目运算符又称一元运算符,它只对一个操作数进行操作。例如,求负运算符(一)、逻辑求反运算符(!)等。双目运算符又称二元运算符,它可以对两个操作数进行操作。例如,加法运算符(+)、比较运算符(<,>,…)等。三目运算符又称三元运算符,它可以对三个操作数进行操作。C++语言中仅有一种三目运算符,这就是条件运算符(?:)。有关各种运算符的功能将在后面详述。

运算符可分为十多种优先级和两类结合性,这些内容将在后面的章节中讲述。

另外,C++语言中大多数运算符可以重载,关于运算符重载的问题在后面将会专门讲述。

4. 分隔符

分隔符又称为标点符号。分隔符是用来分隔单词或程序正文的,它用来表示某个程序实体的结束和另一个程序实体的开始。在C++语言中,常用的分隔符如下所述。

(1) 空格符 常用来作为单词与单词之间的分隔符。

(2) 逗号 逗号用来作为说明多个变量或对象类型时变量之间的分隔符;或者用来作为函数的多个参数之间的分隔符。逗号还可以用来作为运算符,后面将会介绍。

(3) 分号 仅作为for循环语句中for关键字后面括号中三个表达式的分隔符。

(4) 冒号 作为语句标号与语句之间的分隔符和switch语句中关键字case〈整常型表达式〉与语句序列之间的分隔符。

5. 常量

常量是在程序中直接使用符号表示的数据,C++语言中,常量有数字常量、字符常量、字符串常量等。有关常量的表示方法和使用方法将在下一章中讲解。

6. 注释符

注释在程序中仅仅起到对程序的注解和说明的作用,注释的目的是为了便于阅读程序。在程序编译的词法分析阶段,会将注释从程序中删除掉。

C++语言中,采用了两种注释方法。

一是使用/＊和＊/括起来进行注释,在/＊和＊/之间的所有字符都被作为注释符处理。这种方法适用于有多行注释信息的情况。例如:

```
/ * This program writes two messages to the screen,
    say anything at all.  But make the messages
    on two separate lines. * /
```

这里面的三行信息都是注释信息。前面使用/＊,后面使用＊/括起来即可。

二是使用//,从//开始,直到它所在的行尾,所有字符都被作为注释处理。这种方法用来注释一行信息。例如:

```
// This is a comment.
```

根据不同情况选用这些注释方法,可增强灵活性。

另外,再说明一个概念:空白符。C++语言中经常使用空白符。实际上,空白符不是一个字符,它是空格符、换行符和水平制表符等的统称。请注意,空白符不等于空格符,而是空白符包含空格符。要把空字符与空白符分开。空字符是指 ASCII 码值为 0 的那个字符。空字符在 C++ 语言中有特殊用途,它用来作为字符串的结束符。存放在内存中的字符串常量都在最后有一个结束符,即空字符,它用转义序列方法表示为 '\0'。

1.4 C++ 程序结构的特点

1.4.1 一个 C++ 语言的示范程序

为了便于读者了解 C++ 程序结构的特点,先看一个小的示范程序。这个程序用来求两个浮点数之和,这两个浮点数是从键盘上输入的,求得的和由屏幕输出显示。下面给出该程序的源代码。

〔例 1.1〕 C++ 语言的一个示范程序。

```
//This is a C++ program.
#include <iostream. h>
void main()
{
    double x,y;
    cout <<"Enter two float numbers:";
    cin >> x >> y;
    double z=x+y;
    cout <<"x+y=" <<z <<endl;
}
```

执行该程序,显示如下信息:

Enter two float number:7.2⌴9.3 ↙

输入两个浮点数,用空格符作为分隔,按回车键后,输出如下结果:

x+y=16.5

该程序只有一个函数 main(),该函数体内有 5 条语句。下面结合这一示范程序讲述 C++ 程序的组成部分。

1.4.2 C++ 程序的组成部分

结合上面的示范程序,可以看出 C++ 程序有如下基本组成部分。

1. 预处理命令

C++ 程序开始经常出现含有以 # 开头的命令,它们是预处理命令。C++ 程序常用三类预处理命令:宏定义命令、文件包含命令和条件编译命令。例 1.1 中出现的预处理命令是文件包含命令:

```
# include 〈iostream. h〉
```

其中,include 是关键字,尖括号内是被包含的文件名。iostream. h 是头文件,它以 h 为扩展名。该文件中包含了关于预定义的提取符"＞＞"和插入符"＜＜"等内容。程序中由于使用了插入符和提取符而需要包含该文件。预处理命令是 C++ 语言程序的一个组成部分,后面的章节中会专门讲解。

2. 输入和输出

标准设备的输入和输出语句经常在程序中出现,特别是屏幕输出显示语句,几乎每个程序中都要用到。为了分析程序的方便,在这里先介绍一种简单的键盘输入和屏幕输出的操作,更多的内容放在 I/O 流类库一章中讲述。

(1) 使用提取符的键盘输入操作

键盘是标准输入设备,系统规定键盘输入流对象名为 cin,预定义的提取符为＞＞,该运算符是移位运算符中右移运算符的重载。

使用提取符的键盘输入操作格式如下:

```
cin＞＞〈变量名 1〉＞＞〈变量名 2〉…;
```

该格式表明从键盘上得到的输入流中的第一个输入项存放在〈变量名 1〉中,第二个输入项存放在〈变量名 2〉中,依次类推。提取符可以连续使用。输入流的分隔符可使用空白符,通常使用空格符。

例如,在例 1.1 的程序中,下述语句:

```
cin＞＞x＞＞y;
```

是一个输入语句。该语句从输入流中提取第一个输入项存放在 x 中,提取第二个输入项存放在 y 中。

(2) 使用插入符的屏幕输出操作

显示屏幕是标准输出设备,系统规定标准输出流对象为 cout,预定义的插入符是＜＜,该运算符是移位运算符中左移运算符的重载。

使用插入符的屏幕输出操作格式如下:

```
cout＜＜〈表达式 1〉＜＜〈表达式 2〉…;
```

该格式表明将〈表达式 1〉的值输出显示在屏幕的当前光标处,再将〈表达式 2〉的值输出显示在屏幕上,依次类推。插入符可以连续使用。

例如,在例 1.1 程序中,下述语句:

```
cout＜＜"x＋y＝"＜＜z＜＜endl;
```

是一个输出语句。该语句先将一个字符串常量"x＋y＝"输出显示到屏幕上,再将变量 z 的值显示在屏幕上,最后输出 endl,将光标移至下行开头。endl 相当于'\n'的功能。

在使用插入符的屏幕输出语句时,应注意如下两点:

① 注意输出的表达式中运算符的优先级。如果表达式中有优先级低于运算符＜＜的优先级,那么该表达式应用圆括号括起,否则会在优先级上出现错误。

② 在许多编译系统中,由于使用插入符的屏幕输出语句中对多个表达式的计算顺序是从右至左的,因此在有副作用的运算符出现的表达式中可能产生二义性。

3. 函数

C++ 程序是由若干个文件组成的,每个文件又是由若干个函数组成的,因此,可以认为 C++ 程序就是函数串,即由若干个函数组成,函数与函数之间是相对独立的,并且是并行的,函数之间可以调用。在组成一个程序的若干个函数中,必须有一个并且只能有一个是主函数 main()。执行程序时,系统先找主函数,并且从主函数开始执行,其他函数只能通过主函数或被主函数调用的函数进行调用,函数的调用是可以嵌套的,即在一个函数的执行过程中可以调用另外一个函数。主函数可以带参数,也可以不带参数。函数在调用之前,首先要定义好,定义函数是要按照所规定的格式进行的,关于函数的定义格式将在第 4 章中讲述。函数定义好后,调用前还要进行说明,说明使用函数的原型,具体方法也在第 4 章中讲述。

该例中的程序仅包含一个函数,即为主函数,这是很简单的程序。实际上,该程序中使用了很多运算符,这些运算符也都是系统定义的函数。因此,程序中的函数可分为两大类,一类是用户自己定义的函数,另一类是系统提供的函数库中的函数。使用系统提供的函数时,可以直接调用,但需要将包含该函数的头文件包含到该程序中。

4. 语句

语句是组成程序的基本单元。函数是由若干条语句组成的。空函数是没有语句的。语句由单词组成,单词间用空格符分隔。C++ 程序中的语句以分号作为结束。一条语句结束时要用分号,一条语句没有结束时不要用分号。在使用分号时初学者一定要注意:不能在编写程序时随意加分号,该有分号的一定要加,不该有分号的一定不能加。

在 C++ 语言的语句中,表达式语句最多。表达式语句由一个表达式后面加上分号组成。任何一个表达式加上分号都可以组成一条语句。只有分号而没有表达式的语句为空语句。

语句除了有表达式语句和空语句之外,还有复合语句、分支语句、循环语句和转向语句等若干类,有关语句的详细讲述见第 3 章。

该程序的主函数由 5 条语句组成。

5. 变量

多数程序都需要说明和使用变量。例 1.1 程序中先后说明了 3 个变量,它们是 double 型的 x,y 和 z。

变量的类型很多,有 int 型、浮点型和 char 型。int 型又分 long 和 short 两种,浮点型有 float 型、double 型和 long double 型,char 型又分为 signed 和 unsigned 两种。

变量的类型还有对象,它是属于类类型的。广义地讲,对象包含了变量,即变量也称为一种对象。狭义而言,将对象看做类的实例,对象是指某个类的对象。本书采用后一种讲法,将变量和对象分开讲述。有关变量的详述见第 2 章,有关对象的详述见第 5 章和以后的章节。

6. 其他

一个 C++ 程序中,除了前面讲述的 5 个部分以外,还有其他组成部分。例如,符号常量和注释信息也是程序的一部分。

在 C++ 程序中要尽量把常量定义为符号常量。符号常量代表着某个确定的常量值。

定义符号常量的方法有两种。一种方法是使用宏定义的命令来定义符号常量。例如：

＃define PI 3.1415

其中,define 是宏定义命令的关键字,它是预处理命令。该命令定义一个符号常量 PI,它所代表的常量值是 3.1415。

另一种方法是使用常量关键字 const。例如,将符号常量 PI 定义为 3.1415：

const double PI＝3.1415;

其中,后一种方法是 C++ 语言中规定的。由于它有类型,因此比前一种方法更严格。

使用符号常量会带来许多好处：如便于修改,便于移植,增加可读性等。

注释信息也是 C++ 程序中的一部分,较为复杂的或大型的程序都少不了注释信息。注释信息是用来对所编写的程序进行解释的。因此,加上注释信息自然可以提高对程序的可读性。注释信息的写法有两种方式。对于一行注释信息的情况下,可使用//符号加在注释信息前面,如例 1.1 程序开头所示。对于连续多行注释信息的情况下,使用/＊和＊/比较方便。

综上所述,C++ 语言程序结构上的特点归纳如下：

C++ 语言程序和 C 语言程序的相同之处是：它们都是函数的集合,即程序由函数构成;所不同的是：C++ 语言程序中,除了函数外,还有类和对象。C++ 语言程序是函数和类的集合。在 C++ 语言程序中有两种函数：一种是在类体内的成员函数,另一种是类体外的一般函数。例 1.1 中的程序有局限性,只有一般函数,而没有类中的成员函数。关于类和对象将在本书后面章节中讲到。

一般函数的构成与 C 语言中讲述的函数一样。成员函数将在类和对象中讲述。

总之,C++ 语言程序除了具有面向过程的结构特点外,还具有面向对象的结构特点。类和对象便是面向对象的结构特点。

1.4.3　C++ 程序的书写格式

C++ 程序的书写格式基本上与 C 语言程序的书写格式相同。

基本原则如下：

一行一般写一条语句。短语句可以一行写多条。长语句可以一条写多行。分行原则是不能将一个单词分开。用双引号引用的一个字符串通常不分开。如果一定要分开,有的编译系统要求在行尾加续行符(\)。

书写 C++ 程序时要尽量提高可读性。为此采用适当的缩格书写方式是很重要的。表示同一类内容的语句行要对齐。例如,一个循环的循环体中各语句要对齐,同一个 if 语句中的 if 体内的若干语句或 else 体内的若干语句都要对齐。

关于程序中大括号的书写方法较多。本书采用的方法如下：

每个大括号占一行,并与使用大括号的语句对齐。大括号内的语句采用缩格书写方式,一般缩进两个字符。

书写对提高可读性帮助很大,下面举个例子来说明这一点。

[**例 1.2**] 分析下列程序的输出结果。

```
# include ⟨iostream. h⟩
void
main
(){
int a
,b;
a=5;b
=7; cout
≪"a * b="
≪a *
b≪endl;}
```

该例程序很简单,但是由于书写方法不当,阅读起来比较困难,难以分析输出结果。将这个程序书写成例 1.3 中的程序,分析起来就容易多了。

[**例 1.3**] 分析下列程序的输出结果。

```
# include ⟨iostream. h⟩
void main()
{
  int a,b;
  a=5;
  b=7;
  cout≪"a * b="≪a * b≪endl;
}
```

这样书写显然易读。该程序是用来求两个 int 型变量 a 和 b 的乘积的,因此输出结果如下:

```
a * b=35
```

例 1.2 和例 1.3 对同样一个程序提供了两种不同形式的书写方法,可以看出正确的书写方法会提高程序的可读性。因此,读者书写程序时要做到尽量提高可读性。

1.5　C++ 程序的实现

使用 C++ 语言编写源程序后,如何在计算机上实现呢?

C++ 源程序的实现与其他高级语言源程序实现的原理一样,一般都要经过下述三个步骤:编辑、编译、运行。

1.5.1 C++程序的编辑、编译和运行

1. 编辑

编辑是将编写好的 C++ 源程序输入到计算机中,生成磁盘文件的过程。

C++ 程序的编辑可以使用计算机软件所提供的某种编辑器进行编辑。将 C++ 程序的源代码录入到磁盘文件中。磁盘文件的名字要用扩展名.CPP。

在实际应用中,所选用的 C++ 编译器本身都提供编辑器,使用所选用的 C++ 编译器中的编辑器来编写 C++ 源程序是十分方便的。例如,Turbo C++ 6.0 版本就提供了编辑功能,将 C++ 程序输入后,给定文件名便可存入磁盘文件。然后,选用编译的菜单项,便可编译执行。其他 C++ 编译器也都有编辑功能,可用来进行编辑,不必再去选用其他编辑软件。它们采用的编辑方法都大致相同,是全屏幕编辑方法。插入、覆盖、删除等简单操作都与 Word 相同或相近,也有块操作。例如,删除块、复制块、移动块都可以通过编辑菜单中的菜单项进行。更详细的讲述见所选用的编译系统的操作手册。

2. 编译

C++ 语言是以编译方式实现的高级语言。C++ 程序的实现,必须要使用某种 C++ 语言的编译器对程序进行编译。

编译器可将程序的源代码转换成为机器代码的形式,称为目标代码;然后,再对目标代码进行连接,生成可执行文件,等待下一步的执行过程。现将编译、连接的过程用框图表示出来,如图 1-1 所示。

编译过程又可分为三个子过程。

1) 预处理过程

源程序经过编译时,先进行预处理过程。如果源程序中有预处理命令,则先执行这些预处理命令,执行后再进行下面的编译过程。可见,预处理命令是最先执行的。如果程序中没有预处理命令,就直接进行下面的编译过程。

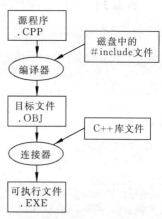

图 1-1 编译、连接的过程

2) 编译过程

这阶段的编译过程主要是进行词法分析和语法分析,又称源程序分析。这阶段基本上与机器硬件无关,主要进行对程序语法结构的分析。分析过程中,发现有不符合要求的语法错误,及时报告给用户,显示在屏幕上。在这个过程中还要生成一个符号表,并最终生成目标代码程序,完成编译阶段的任务。下面再对编译过程中主要工作的原理进行一些讨论,这将有助于读者理解 C++ 语言程序。

① 进行词法分析。主要是对由字符组成的单词进行词法分析,检查这些单词的使用是否正确,删除程序中的冗余成分。单词是程序使用的基本符号,是最小的程序单元。按照 C++ 语言所使用的词法规则逐一检查,并登记造册。若发现错误,则及时显示错误信息。

② 进行语法分析。语法又称文法,主要是指构造程序的格式。分析时按该语言中使用的文法规则来分析检查每条语句是否有正确的逻辑结构,如发现有错误,便及时通报用户。

③ 生成符号表。符号表又称字典。它用来映射程序中的各种符号及它们的属性。例如,某个变量的类型、所占内存的大小和所分配的内存的相对位置等。该表是在进行词法分析和语法分析时生成的,它在生成中间代码和可执行的机器代码时使用。

④ 进行错误处理。在进行词法分析和语法分析的过程中,将所遇到的词法或语法错误交给错误处理程序处理。该程序根据所出现的错误的性质分为警告错和致命错显示给用户,并且尽可能指出出错的原因,供用户修改程序时参考。

⑤ 生成目标代码。将词法分析和语法分析的结果以及使用符号表中的信息,由中间代码进而生成机器可以执行的指令代码,又称为目标代码。将这些代码以. OBJ 为扩展名存在磁盘文件中,称为目标代码文件。这种文件中的代码机器可以识别,但是这种文件机器并不能直接执行,还需要对它进行连接,才能生成可执行文件。

3) 连接过程

这是编译的最后一个过程。编译后的目标代码文件还不能由计算机直接执行,其主要原因是编译器对每个源文件分别进行编译。如果一个程序有多个源文件,编译后这些源文件的目标代码文件还分布在不同的地方,因此需要把它们连接到一起。即使该程序只有一个源文件,这个源文件生成的目标代码文件也还需要系统提供的库文件中的一些代码,因此,也需要把它们连接起来。总之,基于上述原因,将用户程序生成的多个目标代码文件和系统提供的库文件中的某些代码连接在一起还是十分必要的。这种连接工作由编译系统中的连接程序(又称连接器)来完成。连接器将由编译器生成的目标代码文件和库中的某些文件连接处理,生成一个可执行文件,存储这个可执行文件的扩展名为. EXE。因此,有人又称它为 EXE 文件。库文件的扩展名为 LIB。

3. 运行

一个 C++ 源程序经过编译和连接后生成可执行文件。运行可执行文件的方法很多,一般在编译系统下有运行功能,通过选择菜单项便可实现;也可以在 MS-DOS 系统下,在DOS 提示符后,直接输入可执行文件名,按回车键即可执行。有时需要给出可执行文件的全名,包含路径名,扩展名一般省略。如果需要参数,则还应在命令行中命令字的后面输入所需要的参数。

程序被运行后,一般在屏幕上显示出运行结果。用户可以根据运行结果来判断程序是否还有算法的错误。一个程序编好后,在生成可执行文件之前需要改正编译和连接时出现的一切致命错和警告错,这样才可能生成无错的可执行文件。在程序中存在警告错时,也会生成可执行文件,但是一般要求改正警告错后再去运行可执行文件。有的警告错也会造成结果的错误。

1. 5. 2　Visual C++ 6. 0 版本的基本用法

Visual C++ 6.0 版本是当前国内比较流行的一种 C++ 编译系统。它的功能较强,需要在 Windows 95 以上版本和 NT 2.0 以上版本下运行,字长是 32 位。

由于本书篇幅有限,不准备讲述VC++编译系统的具体使用方法。为了能够实现C++程序,下面简单介绍在该编译系统下如何编辑、编译和运行C++语言的源程序,更多功能请参见VC++ 6.0操作说明。另外,读者如果不是使用该版本的编译系统,则这部分内容可以不看;但需阅读所选用的C++编译系统的操作说明书中的基本操作部分,学会对C++源程序的编辑、编译和运行方法。

下面讲述如何使用Visual C++ 6.0版本编译系统编写C++源程序,编译连接C++程序,以及运行C++程序以获得结果。

1. 编辑C++源程序

启动Visual C++ 6.0编译系统后,出现Microsoft Developer Studio窗口,该窗口有如下菜单条:

<u>F</u>ile <u>E</u>dit <u>V</u>iew <u>I</u>nsert <u>P</u>roject <u>B</u>uild <u>T</u>ools <u>W</u>indow <u>H</u>elp

其中共有9个菜单项。

编辑C++源程序时,选择File菜单项,出现一个下拉式菜单,再选择该菜单中的New选项(热键为Ctrl+N),这时又出现一个New对话框。该框中有4个菜单项和选择框。选择File菜单,在它的选项中,双击C++ Source File选项,出现编辑屏幕。上述选择动作归结如下:

File→New→File→ C++ Source File

在编辑屏幕上,可以输入C++源程序。现以例1.4为例,输入该C++源程序。

[例1.4] 输入源程序。

```
#include <iostream.h>
int add(int,int);
void main()
{
    int a,b;
    a=5;
    b=7;
    int c=add(a,b);
    cout<<"a+b="<<c<<endl;
}
int add(int x,int y)
{
    return x+y;
}
```

该程序由两个函数组成。一个是main(),它是主函数;另一个是add()函数,它是被主函数调用的一个函数。这两个函数存放在一个文件中。

主函数中,先定义两个int型变量a和b,接着给a和b赋值。又定义一个变量c,并将调用函数add()的返回值赋给c。函数add()有两个参数x和y,它的函数体内只有一个语句,即返回语句,将x+y的值返回给调用函数。该调用函数将其值赋给c,于是变量

c中存放了 a＋b 的值。在主函数中，还有一个输出语句。该语句输出一个字符串"a＋b＝"，又输出一个变量 c 的值，即 a＋b 的值。

将该程序键入后，先检查是否有输入时产生的错误。检查的方法是与源程序对照，若发现有错误，则使用全屏幕编辑方法进行修改。修改后，将该源程序存放到磁盘文件中，其方法如下：

选择 File 菜单，在 File 的下拉式菜单中选择 Save 菜单，屏幕上出现 Save As 对话框。在该对话框中，先确定要存入文件的文件夹，然后键入文件名。例如，该程序名为 f1.cpp，则键入 f1，这时该程序以 f1.cpp 文件名存入磁盘。在对话框中，按 OK 按钮或在键入的文件名后按回车键。完成该程序的存盘工作。通常键入文件名时，可省略扩展名 cpp。

2. 编译连接和运行源程序

下面分单文件程序和多文件程序两种情况进行讲述。

1）单文件程序

单文件程序是指该程序只有一个文件，前面讲过的例 1.4 就是一个单文件程序。

选择菜单项 Build，出现 Build 的下拉式菜单。在该下拉式菜单中选择 compile f1.cpp菜单项，这时系统开始对当前的源程序进行编译。在编译过程中，将所发现的错误显示在屏幕下方的 Build 窗口中。所显示的错误信息中，指出了该错误所在的行号和该错误的性质。用户可根据这些错误信息进行修改。当用鼠标双击错误信息行时，该错误信息行将加亮显示，并在程序中出现错误的行前面用一个箭头加以指示。在修改时采用全屏幕编辑方式根据提示信息中指出的错误性质进行更改。有时一个错误会出现多行错误信息，因此，常常在修改一条错误后再重新编译。如果有错误，再继续修改，直到没有错误为止。没有错误时，显示错误信息的窗口内将显示如下信息：

xx.obj — 0 error(s)，0 Warning(s)

编译无错后，再进行连接，这时选择 Build 菜单中的 Build ××.exe 选项。同样，对出现的错误要根据错误信息行中的显示内容进行更改，直到编译连接无错为止。这时，在 Build 窗口中会显示如下信息：

××.exe — 0 error(s)，0 Warning(s)

这说明编译连接成功，并生成以源文件名为名字的可执行文件(.exe)。

运行可执行文件的方法是选择 Build 菜单项中的 Execute ××.exe 选项。这时，运行该可执行文件，并将结果显示在另外一个显示执行文件输出结果的窗口中。执行例 1.4 程序的可执行文件后，在屏幕上显示出如下结果：

a＋b＝12
Press any key to continue

按任意键后，屏幕恢复显示源程序的窗口。

2）多文件程序

多文件程序是指该程序至少包含两个文件。下面以一个具体例子来说明编译连接和运行这种程序的方法。

[例 1.5] 分析两个文件组成的程序的编译连接和运行方法。

f2.cpp 文件的内容如下：

```
#include <iostream.h>
int add(int,int);
void main()
{
    int a,b;
    a=5;
    b=7;
    int c=add(a,b);
    cout<<"a+b="<<c<<endl;
}
```

f3.cpp 文件内容如下：

```
int add(int x,int y)
{
    return x+y;
}
```

该程序由两个文件 f2.cpp 和 f3.cpp 组成。编译这种程序的方法如下：

① 在某个指定文件夹中创建 C++ 的源文件。例如,在 d:\user\lf 下,建立 C++ 的源文件 f2.cpp 和 f3.cpp。

② 创建一个新的项目文件(Project file)。方法是先选择菜单栏中的菜单项 File,在它的下拉式菜单中选取 New 菜单项,屏幕上出现 New 对话框。在该对话框中选择 Project 标签,出现 New Project 对话框。在对话框中,要做如下三件事。

ⓐ 选择项目类型为 Win32 Console Application,这时,项目的目标平台选框中出现: Win 32。

ⓑ 输入项目名字。在 Project name 选框中输入所指定项目的名字,例如,KKK。

ⓒ 输入路径名。在 Location 选框中,输入建立项目文件所需源文件所在的路径名。例如,因为 f2.cpp 和 f3.cpp 在 d:\user\lf 路径下,所以该选取路径: d:\user\lf。

选择该对话框中的 OK 按钮,该项目文件已建立。

③ 向项目文件中添加文件。先从菜单栏中选取 Project 菜单项,在该菜单项的下拉式菜单中选取 Add File to Project 选项。接着在下级菜单中再选取 Files 菜单项,这时屏幕上显示出 Insert File into Project 对话框。在该话框中,从指定的目录下选取所要添加到该项目文件的文件,可以使用鼠标双击文件名。

这里,可以添加一个文件,也可以添加多个文件。将来需要编译的文件名是项目文件名。

④ 编译连接项目文件。选取菜单条中的 Build 菜单项,在该菜单项的下拉式菜单中,再选择 Build All 菜单项。这时便对项目文件中所添加的 C++ 源文件进行编译和连接。

如果发现有错误,将在显示错误信息的窗口中显示出错误信息。需根据错误信息行的内容对源程序中出现的错误进行修改,直到没有错误信息为止。这时就生成了可执行文件,其名字是项目文件名。

⑤ 运行项目文件。经过前面 4 步后,生成了以项目文件名为名字的可执行文件。执行该文件的方法是选择菜单条中的 Build 菜单项,在该菜单项的下拉式菜单中选择 Execute ××.exe 选项。这时执行该文件并将输出结果显示在另一个窗口中。该程序执行后输出结果如下:

a+b=12

练习题

1. 面向对象语言最早是在什么年代出现的? 它所提出的对象的含义是什么?
2. 什么是面向对象方法?
3. 类类型和 C 语言中的结构类型有何异同?
4. 如何理解下述三个概念:
（1）对象 （2）类 （3）继承
5. C++ 语言具有面向对象程序设计语言的哪些主要特征? 如何理解 C++ 是一种面向对象的程序设计语言?
6. C++ 语言与 C 语言的关系如何? 为什么说 C 语言是 C++ 语言的一个子集?
7. C++ 语言与 C 语言的本质差别是什么?
8. C++ 语言的词法中有哪些单词? 它们各自的规则是什么?
9. C++ 程序在其结构上有什么特点?
10. C++ 程序中的标准输入输出语句的格式如何?
11. C++ 程序的基本组成部分包含哪些内容?
12. C++ 程序的书写格式有哪些特点? 对大括号的书写格式有哪些规定?
13. C++ 程序将如何实现? C++ 源程序的编译过程包含了哪些内容?
14. C++ 程序在编译中会出现哪两类错误? 这两类错误在本质上有什么区别?
15. 如何使用 Visual C++ 6.0 版本编译系统编译运行一个 C++ 的源程序?

作业题

1. 选择填空。
（1）下列各种高级语言中,（   ）是面向对象的程序设计语言。
    A. BASIC   B. PASCAL   C. C++   D. C
（2）下列各种高级语言中,（   ）最早提出了对象的概念。
    A. Algol 60   B. Simula 67   C. Smalltalk   D. C++

（3）下列关于面向对象语言的基本要素的描述中,正确的是(　　　)。

　　A. 封装性和重载性　　　　　　　　　B. 多态性和继承性

　　C. 继承性和聚合性　　　　　　　　　D. 封装性和继承性

（4）下列关于对象的描述中,错误的是(　　　)。

　　A. 对象是类的别名　　　　　　　　　B. 对象是类的实例

　　C. 一个类可以定义多个对象　　　　　D. 对象之间通过消息进行通信

（5）关于 C++ 语言与 C 语言的关系的描述中,(　　　)是错误的。

　　A. C 语言是 C++ 语言的一个子集　　B. C 语言与 C++ 语言是兼容的

　　C. C++ 语言对 C 语言进行了一些改进　　D. C++ 语言和 C 语言都是面向对象的

（6）下面关于对象概念的描述中,(　　　)是错误的。

　　A. 对象就是 C 语言中的结构变量

　　B. 对象代表着正在创建的系统中的一个实体

　　C. 对象是一个状态和操作(或方法)的封装体

　　D. 对象之间的信息传递是通过消息进行的

（7）下面关于类概念的描述中,(　　　)是错误的。

　　A. 类是抽象数据类型的实现

　　B. 类是具有共同行为的若干对象的统一描述体

　　C. 类是创建对象的样板

　　D. 类就是 C 语言中的结构类型

（8）C++ 语言对 C 语言做了很多改进。下列描述中,(　　　)使得 C 语言发生了质变,即从面向过程变成了面向对象。

　　A. 增加了一些新的运算符

　　B. 允许函数重载,并允许设置默认参数

　　C. 规定函数说明必须用原型

　　D. 引进了类和对象的概念

（9）按照标识符的要求,(　　　)符号不能组成标识符。

　　A. 连接符　　　　　B. 下划线　　　　　C. 大小写字母　　　　D. 数字字符

（10）下列符号中,(　　　)不可作为分隔符。

　　A. ,　　　　　　　B. :　　　　　　　C. ?　　　　　　　　D. ;

2. 判断下列描述的正确性,对者划√,错者划×。

（1）C++ 语言引进了引用的概念,为编程带来了很多方便。

（2）C++ 语言允许使用友元,但是友元会破坏封装性。

（3）C++ 语言中使用了新的注释符(//),C 语言中的注释符(/ * … * /)不能在 C++ 语言中使用。

（4）为了减轻使用者的负担,与 C 语言相比 C++ 语言中减少了一些运算符。

（5）C++ 程序中,每条语句结束时都加一个分号(;)。

（6）C++ 语言中标识符内的大小写字母是没有区别的。

（7）C++ 语言中不允许使用宏定义的方法定义符号常量,只能用关键字 const 来定义符号常量。

（8）在编写 C++ 程序时，一定要注意采用人们习惯使用的书写格式，否则将会降低其可读性。

（9）C++ 语言是一种以编译方式实现的高级语言。

（10）在 C++ 程序编译过程中，包含预处理过程、编译过程和连接过程，并且这三个过程的顺序是不能改变的。

（11）预处理过程是在一般编译过程之后、连接过程之前进行的。

（12）源程序在编译过程中可能会出现一些错误信息，但在连接过程中将不会出现错误信息。

3. 分析下列程序的输出结果。

（1）

```
#include <iostream.h>
void main()
{
    cout<<"BeiJing"<<"   ";
    cout<<"ShangHai"<<"\n";
    cout<<"TianJing"<<endl;
}
```

（2）

```
#include <iostream.h>
void main()
{
    int a,b;
    cout<<"Input a,b:";
    cin>>a>>b;
    cout<<"a="<<a<<","<<"b="<<b<<endl;
    cout<<"a-b="<<a-b<<"\n";
}
```

假定输入如下两个数据：

8␣5 ↙

（3）

```
#include <iostream.h>
void main()
{
    char c='m';
    int d=5;
    cout<<"d="<<d<<";";
```

```
    cout<<"c="<<c<<"\n";
}
```

4. 编译下列程序,改正所出现的各种错误信息,并分析输出结果。

(1)

```
main()
{
    cout<<"This is a string!"
}
```

(2)

```
#include <iostream.h>
void main()
{
    cin>>x;
    int p=x*x;
    cout<<"p="<<p<<"\n";
}
```

(3)

```
#include <iostream.h>
void main()
{
    int i,j;
    i=5;
    int k=i+j;
    cout<<"i+j="<<k<<"\n";
}
```

5. 通过对第 4 题中三个程序所出现问题的修改,回答下列问题。

(1) 根据对第 4 题中第(1)题的修改,总结编程时应注意哪三个问题。

(2) C++程序中所出现的变量是否都必须先说明才能引用?

(3) 使用 cout 和运算符<<输出字符串时应注意什么问题?

(4) 有些变量虽然说明了但是没有赋值,这时能否使用?

(5) 一个程序通过了编译并且运行后得到了输出结果,这个结果是否一定是正确的?

第 2 章　数据类型和表达式

在C++语言中,数据类型是十分丰富的。数据类型是对一组变量或对象以及它们的操作的描述。类型是对系统中的实体的一种抽象。它描述了某种实体的基础特性,包括值的表示以及对该值的操作。C++语言的数据类型包括基本数据类型和构造数据类型两类。构造数据类型又称为复合数据类型,它是一种更高级的抽象。变量或对象被定义了类型后,就可以享受类型保护,确保对其值不进行非法操作。

C++语言提供了十分丰富的运算符,保证了方便实现各种操作。多种类型的表达式表现了 C++ 语言对数值运算和非数值运算的强大功能。

本章所介绍的数据类型和表达式是 C++ 程序设计的基础内容。

2.1　基本数据类型

C++ 语言的基本数据类型有如下 5 种:

- 整型,说明符为 int;
- 字符型,说明符为 char;
- 浮点型(又称实型),说明符为 float(单精度浮点型)、double(双精度浮点型)、long double(长精度浮点型);
- 空值型,说明符为 void,用于函数和指针;
- 布尔型,说明符为 bool,取值只有 true(真)和 false(假)。

为了满足各种情况的需求,除了 void 和 bool 类型外,在上述其他基本数据类型前面还可以加上如下修饰符,用来增添新的含意。

- signed 表示有符号;
- unsigned 表示无符号;
- long 表示长型;
- short 表示短型。

上述 4 种修饰符都适用于整型和字符型,只有 long 还适用于双精度浮点型。

表 2-1 给出了 C++ 语言中所有的基本数据类型,它是根据 ANSI 标准给定的类型、字宽和范围,其中字宽和范围是指字长为 32 位的计算机。对 16 位字长的计算机来讲,

int，signed int 和 unsigned int 分别与 short int，signed short int 和 unsigned short int 的
值域相同，其他类型的字宽和范围保持不变。

表 2-1　C++ 语言的基本数据类型

类　型　名	长度/B	范　　围
bool	1	true, false
char	1	−128～127
signed char	1	−128～127
unsigned char	1	0～255
short [int]	2	−32 768～32 767
signed short [int]	2	−32 768～32 767
unsigned short [int]	2	0～65 535
int	4	−2 147 483 648～2 147 483 647
signed [int]	4	−2 147 483 648～2 147 483 647
unsigned [int]	4	0～4 294 967 295
long [int]	4	−2 147 483 648～2 147 483 647
signed long [int]	4	−2 147 483 648～2 147 483 647
unsigned long [int]	4	0～4 294 967 295
float	4	约 6 位有效数字
double	8	约 12 位有效数字
long double	10	约 15 位有效数字

说明：

(1) 在表 2-1 中，出现的[int]可以省略，即在 int 之前有修饰符出现时，可以省去关键
字 int。

(2) 在表 2-1 中，单精度类型 float、双精度类型 double 和长精度类型 long double 统
称为浮点类型。

(3) char 型和各种 int 型有时又统称为整数类型，因为这两种类型的变量/对象是很
相似的。char 型变量在内存中是以字符的 ASCII 码值的形式存储的。

(4) 在表 2-1 中，各种类型的长度是以字节(B)为单位的，1 个字节等于 8 个二进制位
(b)。

(5) bool 型的长度在不同编译系统中有所不同，在 Visual C++ 6.0 编译系统中占 1
个字节。

2.2　常量和变量

2.2.1　常量

常量是在程序中不被改变的量。在 C++ 语言中,常量常用符号来表示,又被称为文字量。

常量有各种不同的数据类型,不同数据类型的常量是由它的表示方法决定的。常量的值存储在不能被访问的匿名变量中,常量或常量符号可以直接出现在表达式中。

下面介绍各种不同数据类型常量的表示方法。

1. 整型常量

整型常量可以用十进制、八进制和十六进制来表示。

(1) 十进制整型常量由 0～9 的数字组成,没有前缀,不能以 0 开始,没有小数部分。例如 56,702 等。

(2) 八进制整型常量以 0 为前缀,其后由 0～7 数字组成,没有小数部分。例如 076,0123 等。

(3) 十六进制整型常量以 0x 或 0X 为前缀,其后由 0～9 的数字和 A～F(大小写均可)的字母组成,没有小数部分。例如,0x7A,0X8ef 等。

整型常量中的长整型用 L(或 l)作后缀表示,例如 32765L、4793l 等。整型常量中的无符号型用 U(或 u)作后缀表示,例如 4352U、3100u 等。

如果一个常量的后缀是 U(或 u)和 L(或 l),或者是 L 和 U,则表示为 unsigned long 类型的常量,例如 49321ul、37845LU、41152Lu 等。

2. 浮点型常量

浮点型常量是由整数部分和小数部分组成的。它只有十进制表示。

浮点型常量有两种表示形式:一种是小数表示法,又称一般表示形式,它由整数部分和小数部分组成。这两个部分可以省去一个,不可两者都省去。例如 5.、.25、4.07 等。另一种表示是科学表示法,它常用来表示很大或很小的浮点数。表示方法是在小数表示法后面加 E(或 e)表示指数。指数部分可正可负,但都是整数。例如 3.2E$-$5、5.7e10、3e5 等。

浮点型常量的后缀用 F(或 f)表示单精度类型,而后缀用 L(或 l)表示长精度类型(即 long double 型)。例如,0.5E2f 表示单精度类型,3.6e5L 表示长精度浮点型。

3. 字符常量

字符常量是用一对单撇号括起一个字符来表示的,例如 'A'、'+'、'␣'(空格)等。

C++ 语言中的字符可以用该字符的图形符号来表示,例如 'a'、'*'、'>' 等。另外,还可以用字符的 ASCII 码值来表示,称这种表示方法为转义序列表示法。具体表示方法如下:

以反斜杠(\)开头,后面跟上字符的 ASCII 码值。反斜杠表示消除它后面字符的原

有含义(转义),有两种形式:一种是用字符的八进制 ASCII 码值,表示为:

\ddd

另一种是用字符的十六进制 ASCII 码值,表示为:

\xhh

其中,ddd 表示 3 位八进制数,hh 表示两位十六进制数。例如,字符'A'可表示为:

\101

或

\x41

在实际应用中,有图形符号的可打印字符,常用其图形符号来表示;而无图形符号的不可打印字符,常用转义序列表示法表示。例如,响铃符用\007 表示。

一些常用的转义序列表示的字符见表 2-2 所示。该表中给出了一些常用的不可打印字符的转义序列表示法。

表 2-2　C++ 语言中常用转义序列符

符　号	含　义	符　号	含　义
\a	响铃	\\	反斜杠
\n	换行符	\'	单撇号
\r	回车符	\"	双撇号
\t	水平制表符(Tab 键)	\0	空字符
\b	退格符(BackSpace 键)		

4. 字符串常量

字符串常量又称串常量或字符串。字符串是用双撇号括起来的字符序列。例如:

"This is a string."
"abcdef\n"
"\tabc\txyz! \
mnp\tefg!"

就是字符串。在最后一个字符串中的反斜杠是续行符,它表示下面一行的字符与上面是同一行的。使用续行符可使一行写不下的文本写在下一行中。通常,在字符串和宏定义中需要续行时才用续行符,一般续行不需要用续行符。在使用续行符时系统会忽略续行符本身以及其后的换行符。在字符串中出现反斜杠时应该用转义序列表示为\\。

字符串中可以包含空格符、转义序列或其他字符,也可包含 C++ 语言字符集以外的字符,如汉字等,只要 C++ 编译器支持汉字系统就可以。

由于双撇号是字符串的定界符,因此在字符串再出现双撇号时必须以"\""表示。例如:

"Please enter \" Y\" or \"N\":"

这个字符串被解释为:

Please enter ″Y″ or ″N″:

下面介绍串常量与字符常量的区别。

串常量用一个一维字符数组来存放,而字符常量可用一个字符型变量存放。除此之外,两者还有如下不同。

(1) 字符常量用单撇号括起,而串常量用双撇号括起。

(2) 一个字符常量被存放在内存中,仅占 1 个字节。例如,′a′仅占 1 个字节,用来存放字符 a 的 ASCII 码值;而串常量″a″需占 2 个字节,除了用一个字节存放字符 a 的 ASCII 码值外,还有一个字节存放串常量的结束符′\0′,这里的′\0′表示空字符的转义序列。请记住,在 C++ 语言中,凡是字符串都有一个结束符,该结束符用′\0′表示。

(3) 字符常量与串常量所具有的操作功能也不相同。例如,字符常量具有加法和减法运算,而字符串常量不具有这种运算。例如:

′m′−′p′+1

是合法的。

″m″+″p″+1

是非法的。

字符串常量有连接、复制等功能,在后面的章节中将进行讲解。

5. 布尔常量

布尔常量的值只有 true 和 false 两种。

6. 符号常量

在 C++ 语言中的常量常用符号常量来表示,即用一个与常量相关的标识符来替代常量出现在程序中。这种相关的标识符称为符号常量。例如,用 pi 来代表圆周率 π,即 3.1415926。使用符号常量有许多好处。一是增加可读性。如在程序中出现 3.14159265,很难知道是什么含义,用 pi 表示,便可知是 π。二是增强可维护性。使用符号常量会使修改变得更加方便。如果在程序中直接使用某个常量,而该常量又在程序中多处出现;则修改该常量时,需要在出现该常量的每个地方都加以修改。如果使用符号常量,则只需修改一处便可。另外,符号常量还有简化书写等好处。

定义符号常量的方法是使用类型说明符 const,它将一个变量变为一个符号常量。例如:

const int size=80;

将 size 定义为一个符号常量,并初始化为 80。size 可以用来表示某个数组的大小。这时,在程序中任何要改变 size 的值的企图都将导致编译错误,这比使用一个变量要安全得多。一个符号常量可以作为一个只读变量。

由于用 const 定义的变量的值不可再改变,因此,在定义符号常量时必须初始化,否则将出现编译错误。

2.2.2　变量

变量是在程序执行中其值可以改变的量。变量具有三个基本要素：名字、类型和值。

1. 变量的名字

变量的名字同标识符，即按标识符的规定来命名变量。在组成变量名字的字母中，大小写是不同的。C++语言对于变量名字的长度没有限制，变量名的有效长度依赖于机器类型。

在命名变量时应注意如下事项：

(1) 系统规定的保留字（即关键字）不可再作为变量名、函数名、类型名等其他名字使用。

(2) 命名变量应尽量做到"见名知意"，这样既有助于记忆，又增加了可读性。

(3) 一般用多个单词构成的名字，常用下划线来分隔单词或者将中间单词的第一个字母用大写字母。例如，is_byte 或 isByte，而不写成 isbyte。

(4) 变量名字一般常用小写字母。

2. 变量的类型

每种变量都应该具有一种类型，在定义或说明变量时要指出其类型。

变量的类型应该包含数据类型和存储类两部分。

变量的数据类型又包含基本数据类型和构造数据类型两种。变量的基本数据类型如本章表 2-1 所示。变量的构造类型有数组、结构、联合和枚举。构造类型会在本章后面讲述。

变量的存储类与变量的作用域和寿命相关。变量存储类包含自动类、寄存器类、外部类和静态类，其中静态类又分内部静态和外部静态类。有关存储类的讲述见第 4 章。

变量的存储类可决定该变量的存放位置，寄存器变量存放在 CPU 的通用寄存器中，其余的存放在内存的静态区域或动态区域内。

一个变量的数据类型不仅决定了该变量存储时所占的大小（字节数），而且也规定了该变量的合法操作。因此，类型对变量来说是很重要的。

3. 变量的值

变量具有两个有用的值：一个是变量所表示的数据值，另一个是变量的地址值。例如：

```
char c;
c='a';
```

其中，第一个语句是定义一个变量，其名字为 c，其类型为 char 型。第二个语句是给变量 c 赋值，使变量所存放的数据值为'a'，该值便是存放在变量 c 的内存地址中的值，实际上内存存放的是字符 a 的 ASCII 码值。变量 c 被定义以后，它就在内存中对应存在着一个内存地址值，该地址值可以被输出（后面会讲到）。

4. 变量的定义

在 C++语言中，任何一个变量在被引用之前必须定义。与 C 语言不同的是：C++语言可以在程序中随时定义变量,不必集中在执行语句之前。

定义变量是用一个说明语句实现的,其格式如下:

〈类型〉〈变量名表〉;

当有多个变量名时,其间用逗号分隔,例如:

int a,b,c;
double x,y,z;

其中,a,b,c 被定义为整型变量;x,y,z 被定义为双精度浮点型变量。

定义变量时,要指出变量的数据类型和名字。定义后,系统将给变量分配内存空间,每一个被定义的变量都具有一个内存地址值。

在同一个程序块内,不可以定义同名变量,在不同程序块内可以定义同名变量。程序块的概念在第 3 章中介绍。

定义一个变量时可给该变量赋一个初始值,该变量被称为已初始化的变量。例如:

double price=15.5;
int size=100;

这里的两个变量 price 和 size 都是被初始化的变量。

一个变量被初始化后,它将保存此值直到被改变时为止。如果变量定义后没有被初始化,那么并不意味着这个变量中没有数值,该变量中要么是默认值,要么是无效值。后面将讲到,对外部和静态类变量定义后,其默认值对 int 型的为 0,对浮点型的为 0.0,对 char 型的为空。而自动类变量未初始化又未被赋值时其值是无效的,这是因为该变量所在地址中的内容是先前保留下来的无意义的值。

变量在定义后,它的值可能是被初始化的值、默认值或无意义的值。当变量是无意义值时,只能进行赋值运算,不可进行其他操作。

2.3 数　　组

数组是一种构造类型,它是数目固定、类型相同的若干个变量的有序集合。一个数组包含了若干个变量,每个变量称为一个元素,每个元素的类型都是相同的。

2.3.1 数组的定义

定义数组的格式如下:

〈类型〉〈数组名〉[〈大小 1〉][〈大小 2〉]…

在定义数组时,要指出数组中各个变量的类型;要给定数组名,数组名同标识符的规定;〈数组名〉后面的方括号([])表示数组的维,一个方括号表示一维数组,两个方括号表示二维数组……n 个方括号表示 n 维数组;方括号中的〈大小 1〉表示第一维的大小,〈大小 2〉表示第二维的大小,依此类推。例如:

```
int a [3];
char b [3][5];
float c [3][5][7];
```

其中,a 是一个一维数组的数组名,该数组有 3 个元素,每个元素都是 int 型的变量。b 是一个二维数组的数组名,该数组有 15 个元素,每个元素是一个 char 型的变量。c 是一个三维数组的数组名,该数组有 105 个元素,每个元素都是 float 型的变量。

一般地,表示某维大小的必须是一个大于 1 的常量表达式,其值在编译时能计算出来。可用符号常量来指定数组的大小。例如:

```
const int size=80;
int m[size];
```

这是合法的数组定义。

2.3.2　数组的赋值

数组的赋值是给数组的各个元素赋值。数组的元素可以被赋值也可以被赋初值。

1. 数组元素的表示

C++ 语言中,数组元素可用下标表示,也可用指针表示。这里只讲下标表示,指针表示将在后面讲述。

数组元素的下标表示如下:

〈数组名〉[〈下标表达式 1〉][〈下标表达式 2〉]…

其中,〈下标表达式〉为一般表达式。C++ 语言的数组下标从 0 开始,并且各个元素在内存中是按其下标的升序顺序连续存放的。

(1) 一维数组元素的表示。例如:

int a [5];

数组 a 是一个一维数组,该数组的 5 个元素依次表示为 a[0],a[1],a[2],a[3],a[4]。它们在内存中存放的顺序就是这样。

(2) 二维数组元素的表示。例如:

int b [2][4];

数组 b 是一个二维数组,该数组共有 8 个元素,依次表示为 b[0][0],b[0][1],b[0][2],b[0][3],b[1][0],b[1][1],b[1][2],b[1][3]。它们在内存中也是按这个顺序存放的。

(3) 三维数组元素的表示。例如:

int c [2][3][4];

数组 c 是一个三维数组,该数组共有 24 个元素,它们依次表示为 c[0][0][0],
c[0][0][1],c[0][0][2],c[0][0][3],c[0][1][0],c[0][1][1],c[0][1][2],c[0][1][3],
c[0][2][0],c[0][2][1],c[0][2][2],c[0][2][3],c[1][0][0],c[1][0][1],c[1][0][2],
c[1][0][3],c[1][1][0],c[1][1][1],c[1][1][2],c[1][1][3],c[1][2][0],c[1][2][1],
c[1][2][2],c[1][2][3]。它们在内存中也是按这个顺序存放的。

2. 数组元素的赋初值

在定义数组时,可以给数组的各元素赋初值,称为数组元素的初始化。其方法是用一
个初始值表实现的。初始值表是用一对花括号({})括起来的若干个数据项组成的,多个
数据项之间用逗号分隔。数组初始化时规定:数组元素的个数要大于等于初始值表中数
据项的个数,否则将出现编译错误。这说明数组在静态赋值时是判越界的。

下面列举一、二、三维数组初始化的例子。

一维数组初始化,例如:

int a[5]={1,2,3,4,5};

初始化后,数组 a 的 5 个元素将获取数值。其中,a[0]的值为 1,a[1]的值为 2,a[2]的值
为 3,a[3]的值为 4,a[4]的值为 5。

例如:

int a[4]={5,4};

初始化后,数组 a 中只有两个元素 a[0]和 a[1],获取值分别为 5 和 4;而其余元素a[2]和
a[3]没有被初始化,它们的值是默认值 0。

二维数组初始化,例如:

int b[2][3]={{1,2,3},{4,5,6}};

或者

int b[2][3]={1,2,3,4,5,6};

上述两种初始化是等价的,其结果使 b[0][0]为 1,b[0][1]为 2,b[0][2]为 3,b[1][0]为
4,b[1][1]为 5,b[1][2]为 6。

例如:

int b[2][3]={{1,2},{3}};

初始化后,b[0][0]为 1,b[0][1]为 2,b[1][0]为 3,而其余各元素为默认值 0。

三维数组的初始化。例如:

int c[2][3][2]={{{1,2},{3,4},{5,6}},
                {{7,8},{9,10},{11,12}}};

初始化后,该数组各元素按存放顺序依次获取值为 1,2,3,…,12。它等价于:

int c[2][3][2]={1,2,3,4,5,6,7,8,9,10,11,12};

例如：

```
int c [2][3][2]={{{5,4},{3}},{{2},{1,0}}};
```

该数组中有哪些元素被赋了初值？其值是多少？这些问题请读者自己分析，并上机验证。

3. 数组元素的赋值

数组元素的赋值很简单，就是用赋值表达式（后面讲解）给每个数组元素赋值。例如：

```
int m [3];
m [0]=5; m[1]=3; m[2]=1;
```

如果数组元素的值间存在某种关系，则可以用循环语句（后面讲解）给各元素赋值。
例如：

```
int a[10];
for (int i=0; i<10; i++)
   a[i]=i*2+1;
```

赋值后，a[0]为 1,a[1]为 3,a[2]为 5……a[9]为 19。

2.3.3　字符数组

前面讲过的关于数组的定义和赋值适用于一切数组，也适用于字符数组。但是，字符数组还有一些特殊的规定，这里专门介绍如下。

字符数组是指数组元素是 char 型的一种数组。字符数组也分为一维、二维、三维和多维的。字符数组中可以存放字符或字符串。一维字符数组可以用来存放一个字符串，多维字符数组可以用来存放多个字符串。例如：

```
char s1[4]={'a','b','c','d'};
```

其中，s1 是一个一维字符数组名。它有 4 个元素，每个元素是一个 char 型变量。经过初始化后，使 s1[0]为'a',s1[1]为'b',s1[2]为'c',s1[3]为'd'。s1 的 4 个元素分别是一个有效字符。

例如：

```
char s2[5]={'a','b','c','d','\0'};
```

其中，s2 也是一个一维字符数组，它有 5 个元素。经过初始化后，该数组的前 4 个元素分别为字符 a,b,c,d,而最后一个元素 s2[4]为'\0',因此，s2 数组存放着字符串常量"abcd"。

在将一个一维字符数组初始化为一个字符串时，可用如下简捷方式：

```
char s2[5]="abcd";
```

要注意，下面的初始化是不正确的。

```
char s3[5]="abcde";
```

因为 s3 有 5 个元素，而初始化时有 6 个字符作为数据项，其中 5 个是'a','b','c','d','e',

还有一个为$'\backslash 0'$。这个字符串的结束符是系统自动增加的。因此,这种初始化是越界的,是不正确的。为了避免上述错误可以这样初始化:

```
char s3[]="abcde";
```

这时,数组 s3 的元素个数没有被指定,它的大小取决于初始化时数据项的个数,该数组 s3 初始化后为 6 个元素。这种方法同样适用于其他类型的数组。

二维字符数组的初始化可以用前面讲过的初始值表的方法,也可以用字符串常量的方法。例如:

```
char ss[3][4]={{'a','b','c','\0'},{'m','n','p','\0'},
               {'x','y','z','\0'}};
```

或者

```
char ss[3][4]={"abc","mnp","xyz"};
```

或者

```
char ss[][4]={"abc","mnp","xyz"};
```

这三种方式都是等价的。

下面是一个给三维字符数组初始化的例子:

```
char sss[][3][5]={"wang","hang","lang", "tang","fang","kang"};
```

初始化后,sss 数组的第一维大小是 2,即共有 6 个字符串,每个字符串有 4 个有效字符和一个结束符。

虽然字符数组在赋初值时,可以用字符串常量,但是不能将一个字符串直接赋给一个字符数组名,只能对字符数组的元素逐个赋以字符值。

2.4 枚 举

枚举是一种构造的数据类型。它是若干个有名字的整型常量的集合。

2.4.1 枚举类型和枚举变量

定义一个枚举变量之前,必须先定义一个枚举类型。一个枚举变量是属于一定的枚举类型的。

枚举类型的定义格式如下:

```
enum〈枚举名〉{〈枚举表〉};
```

其中,enum 是一个关键字,〈枚举名〉同标识符的规定。〈枚举表〉是由若干个枚举符组成的,多个枚举符之间用逗号分隔。每个枚举符是一个用标识符表示的整型常量,又称为枚举常量。具有某种枚举名的枚举变量的值,只能够取该枚举表中某一个枚举符,因此,枚举变量的值,实际上是一个有名字的常量。

例如:

enum day {Sum，Mon，Tue，Wed，Thu，Fri，Sat}；

其中,day 是一个枚举名,该枚举表中有 7 个枚举符。每个枚举符所表示的整型数值在默认的情况下,最前边一个为 0,接着一个为 1,后一个总是前一个的值加 1。枚举符的值可以在定义时被显式赋值。被显式赋值的枚举符将获得该值,没被显式赋值的枚举符仍按默认值,并按后一个是前一个值加 1 的规律。例如:

enum day {Sum＝7，Mon＝1，Tue，Wed，Thu，Fri，Sat}；

这里,Sum 值为 7,Mon 值为 1,Tue 值为 2,Wed 值为 3……Sat 值为 6。

枚举变量的定义格式如下:

enum〈枚举名〉〈枚举变量名表〉；

其中,在〈枚举变量名表〉中,如有多个枚举变量名,则用逗号分隔。例如:

enum day d1,d2,d3；

这里,day 是前面定义的枚举名;d1,d2 和 d3 是三个枚举变量名,这三个枚举变量属于枚举名为 day 的枚举变量,它们的值便是上面枚举表中规定的 7 个枚举符之一。

枚举变量的定义也可以与枚举类型的定义连在一起来写。上例可以写成:

enum day {Sum，Mon，Tue，Wed，Thu，Fri，Sat} d1, d2, d3；

例如:

enum color {RED，BLUE，YELLOW，BLACK，WHITE}；
enum color c1, c2, c3；

其中,c1,c2 和 c3 是三个具有 color 枚举名的枚举变量。

2.4.2　枚举变量的值

枚举变量的值是该枚举变量所属的枚举类型的枚举表的某一个枚举符。例如:

d1＝Sum；
d2＝Sat；
c1＝RED；
c2＝BLUE；

上述给枚举变量的赋值都是正确的。下面的赋值是错误的:

d3＝YELLOW；
c3＝3；

因为 d3 枚举变量对应的枚举符中没有 YELLOW。c3 不能用一个整型数值直接赋值。

如果要用某个枚举符所表示的整型值给枚举变量赋值,就需要进行强制类型转换(后面会讲到)。例如:

c3＝(enum color) 3;

或者

c3＝enum color (3);

它与下列赋值等价:

c3＝BLACK;

因为 BLACK 枚举符所表示的整型值为 3。

输出某个枚举变量的值总是整型数值,而不是枚举符。如果要输出其枚举符,则需编程实现。采用枚举变量会增加其可读性。给一个简单数值命名为枚举符,有助于"见名知意"。关于枚举变量的应用在后面的章节中将会看到,这里不再详述。

2.5　指针和引用

2.5.1　指针

指针是一种数据类型,具有指针类型的变量称为指针变量。实际上,可以将指针直接看成是一种特殊的变量。

1. 什么是指针

指针是一种特殊的变量。它具有一般变量的三个基本要素,与一般变量的不同主要在于类型和值。因为变量名都用标识符,所以指针命名与一般变量命名是一样的。

指针是用来存放某个变量的地址值的一种变量。这一点与一般变量不同。指针变量所表示的数据值是某个变量在内存中的地址值。一个指针所存放的是某个变量的地址值,称这个指针指向被存放地址的变量。这就是说,指针存放哪个变量的地址值,它就指向哪个变量。这说明了指针这种变量在数据值上与一般变量是不同的。

指针的类型是它所指向变量的类型,而不是指针本身数据值的类型,因为任何指针本身数据值的类型都是 unsigned long int 型的。指针的类型是它所指向的变量的类型。若所指向变量的类型不同,则指针的类型也不同。指针不仅可以指向各种类型的变量,而且还可以指向数组(也可以指向数组元素)、函数、文件,甚至也可以指向指针。于是,有指向数组的指针、指向函数的指针、指向文件的指针和指向指针的指针(即称多级指针)等。

为将指针的含义搞清楚,请看下例:

int a (5);
int ＊p＝&a;

这里,定义了一个 int 型变量 a,它被初始化为 5。int ＊p＝&a 是定义一个指针 p。p 是一个指向 int 型变量的指针,它被初始化,使 p 指向 int 型变量 a,这里 &a 表示变量 a 的地址值。于是,p 是一个指向变量 a 的指针,p 的数据值便是变量 a 的地址值。p 与 a 这两个变量的关系如图 2-1 所示。

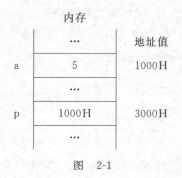

图 2-1

图 2-1 表示,变量 a 的地址值为 1000H(假定的),变量 a 的数据值为 5。指针 p 的地址值为 3000H(假定的),指针 p 的数据值为 1000H,这说明指针 p 是指向变量 a 的。指针 p 的类型便是变量 a 的类型,即 int 型。

2. 如何定义指针

前面已讲过了,定义指针时要指出该指针的类型,即在指针名前冠以 ＊,表示 ＊ 后面的变量是指针。其格式如下所示:

〈类型〉＊〈指针名 1〉,＊〈指针名 2〉,…;

例如:

```
int ＊ pi;          //pi 是一个指向 int 型变量的指针
float ＊ pl;        //pl 是一个指向 float 型变量的指针
char ＊ pc;         //pc 是一个指向 char 型变量的指针
char (＊ pa)[3];    //pa 是一个指向一维数组的指针
int (＊ pf)();      //pf 是一个指向函数的指针,该函数的返回值为 int 型数值
int ＊＊ pp;        //pp 是一个指向指针的指针,即二级指针
```

定义一个指针后,系统便给指针分配一个内存单元,各种不同类型的指针被分配的内存空间的大小是相同的,因为不同类型的指针存放的数据值都是内存地址值。

3. 指针的赋值

任何一种类型的指针所赋的值都是内存地址值。但是,不同类型指针的内存地址值的表示不尽相同。

一般变量、数组元素、结构成员等其地址值都表示为变量名前加运算符 &。例如:

int a,b[10];

变量 a 的地址值表示为 &a;数组元素 b[3] 的地址值表示为 &b[3] 等。

数组的地址值用该数组名来表示。例如:

int a [10], ＊p＝a;

这表明 p 是一个指向一维数组 a 的指针,即指向 a 数组的首元素。

C ＋＋ 语言规定,任何数组的数组名都是一个常量指针,其值是该数组首元素的地址值。

又如:

int b[2][3],(＊p)[3];

```
p＝b;
```

这表明 p 是一个指向一维数组的指针, p 所指向的是 3 个元素的一维数组。b 是一个二维数组, 将 b 赋值给 p, 是让 p 指向二维数组的第 0 行, 因为二维数组可以看成由若干个行数组组成, 每个行数组对应一个一维数组, 这个一维数组由若干个列元素组成。上面所说的"第 0 行"是指这个二维数组的第 0 行所对应的一维数组, 它是由 3 个 int 型元素组成的。

函数的地址值可用该函数的名字来表示, 一个指向函数的指针可用它所指向的函数名字来赋值。例如:

```
double sin (double x);
double ( * pf ) (double);
pf＝sin;
```

这表明 pf 是一个指向函数的指针, 它所指向的函数是 sin。这里用 sin 给 pf 赋值, 实际上是让 pf 指针指向 sin 函数在内存中的入口地址。

上面列举了一些不同类型指针的赋值, 有些指针的赋值在后面还会看到, 例如, 指向文件的指针等。

定义了一个指针后, 必须先给它赋值后才能引用, 否则将有可能造成系统的故障。

4. 指针的运算

指针是一种特殊的变量, 指针运算是很有限的。一般来说, 指针所允许的运算有如下 4 种。

(1) 赋值运算:

前面讲过, 可以将一个指针所指向的变量的地址值赋给它, 还可将一个数组名或者一个函数在内存中的入口地址值赋给所对应的指针。

对于一个暂时不用的指针, 为了安全起见, 可以将 0 值赋给该指针, 使它变为空指针。还可将一个已被赋值的指针赋给另外一个相同类型的指针。例如:

```
int a, * p＝&a, * q;
q＝p;
```

使 q 指向与指针 p 所指向的变量相同, 即 p 和 q 都是指向变量 a 的指针。

指针赋值时要求类型相同和级别一致。类型相同是指指针的类型要与地址值中存放的变量类型相同, 级别一致是指指针的级别应与地址值的级别一致。

(2) 一个指针可以加上或减去一个整数值, 包括加 1 或减 1 运算。

(3) 在一定条件下, 两个指针可以相减。例如, 指向同一个数组的不同元素的两个指针可以相减, 其差便是这两个指针之间相隔的元素个数。又例如, 在一个字符串中, 让一个指针指向该串的首元素, 让另一个指针指向字符串的结束符, 这两个指针相减, 其差值便是这个字符串的长度。

(4) 在一定条件下, 两个指针可以相比较。例如, 指向同一个数组元素的两个指针可以比较。当这两个指针相等时, 说明这两个指针是指向同一个数组元素的。

2.5.2 指针和数组

在 C++ 语言中,数组的元素可以用下标表示,也可用指针表示,但是最好还是用指针表示,因为指针表示要比下标表示处理起来更快。因此,C++ 程序中,要尽量使用指针来引用数组元素。

1. 数组元素的指针表示

1) 一维数组的指针表示

例如:

int a[5];

其中,a 是一维数组名,它有 5 个 int 型变量。用下标方法表示如下:

a[i]

其中,i=0,1,2,3,4。用指针方法表示如下:

*(a+i)

其中,i=0,1,2,3,4。a 是数组名。C++ 语言中规定任何一个数组的名字是一个常量指针,该指针的值便是该数组的首元素的地址值。在一维数组中,数组名就是首元素地址。在上例中,a 与 &a[0] 是一样的。

请读者注意:常量指针与变量指针的区别。在下例中:

int a[10], *p;
p=a;

表达式 p+1,a+2,p++,p=p+1,p−a 等都是合法的。而表达式 a++,a=a+1,a=a−1 等是非法的。

2) 二维数组的指针表示

例如:

int b[2][5];

b 是二维数组名,它有 10 个 int 型变量。

用下标方法表示如下:

b[i][j]

其中,i=0,1; j=0,1,2,3,4。用指针方法表示如下:

((b+i)+j)

其中,i=0,1; j=0,1,2,3,4。这种表示方法可以这样理解:

一个二维数组可以看作一个一维数组,它的元素又是一个一维数组。b[2][5] 可以看成是有两个元素的一维数组,即行数组,每个元素(即每个行数组)又是具有 5 个元素的一维数组,称为列数组。因此,b[2][5]可以看成为两个元素的一维数组,其中每个元素又由 5 个元素的一维数组组成。前面讲过了一维数组的指针表示。将二维数组看成一维数组的一维数组,将它的行、列的一维数组都用指针表示,便得到如下形式:

  ∗(∗(b+i)+j)

这是一个二级指针。

将二维数组的行数组用下标表示,列数组用指针表示,得到如下形式:

  ∗(b[i]+j)

再将二维数组的行数组用指针表示,列数组用下标表示,又得到如下形式:

  (∗(b+i))[j]

另外,按二维数组各个元素在内存中存放的顺序,用指向数组首元素的一级指针表示如下:

  ∗(&b[0][0]+5∗i+j)

其中,&b[0][0]是 b 数组的首元素地址。

3) 三维数组的指针表示

搞清楚一、二维数组的指针表示后,不难理解三维数组的指针表示。三维数组可以看成是每个元素为一维数组的二维数组,而二维数组可以看成是每个元素为一维数组的一维数组。可以理解为三维数组是由行数组、列数组和组数组组成的,它们都是一维数组。根据一维数组的指针表示不难得知三维数组的各种表示法。例如:

  int c[3][5][7];

其中,c 是一个三维数组,它的各元素的下标、指针表示法如下:

① c[i][j][k] 其中,i=0,1,2;j=0,1,2,3,4, k=0,1,2,3,4,5,6。
② ∗(&c[0][0][0]+5∗7∗i+7∗j+k) 其中,i,j,k 的取值同上。
③ ∗(∗(∗(c+i)+j)+k) 其中,i,j,k 的取值同上。
④ (∗(c+i))[j][k] 其中,i,j,k 的取值同上。
⑤ (∗(c[i]+j))[k] 其中,i,j,k 的取值同上。
⑥ ∗(c[i][j]+k) 其中,i,j,k 的取值同上。
⑦ (∗(∗(c+i)+j))[k] 其中,i,j,k 的取值同上。
⑧ ∗((∗(c+i))[j]+k) 其中,i,j,k 的取值同上。
⑨ ∗(∗(c[i]+j)+k) 其中,i,j,k 的取值同上。

关于指针在数组、函数、结构、类、文件等各方面的应用在后面的程序中将会看到。

下面列举几个例子,熟悉数组和指针的基本概念。

[例 2.1] 分析下列程序的输出结果。

```
#include〈iostream.h〉
void main()
```

```
{
    static int a[5]={5,4,3,2,1};
    int i,j;
    i=a[0]+a[4];
    j=*(a+2)+*(a+4);
    cout<<i<<endl<<j;
}
```

说明:该程序中,出现的关键字 static 是说明符,说明数组 a 是静态类整型数组。经过初始化后,a 数组的各个元素将获取数值。i 和 j 是两个 int 型变量,它们用来存放两个数组元素的和,这里使用了两种不同方式表示的数组元素:一种是下标方式;另一种是指针方式。最后,通过一个输出语句将变量 i 和 j 的值显示在屏幕上。请读者分析一下输出结果。

[例 2.2] 分析下列程序的输出结果。

```
#include <iostream.h>
void main()
{
    static char s1[]="abcde",s2[5]={'m','n','p','q','\0'};
    char * ps=s1;
    cout<<s1<<" or "<<s2;
    cout<<'\n';
    cout<<s2[1]<<s2[2]<<s1[3]<<s1[4]<<endl;
    cout<< * ps<< * (ps+2)<< * (ps+4)<< * ps+2;
}
```

执行该程序后,屏幕上显示如下结果:

abcde ⊔ or ⊔ mnpq

npde

ace99

说明:该程序中出现了两个字符数组 s1 和 s2,并且进行了初始化。此外,又定义了一个指针 ps 指向 s1 数组的首地址。

使用输出表达式输出一个字符串时,可使用字符数组名或指向该字符串首地址的指针名。使用输出表达式输出字符数组中某个元素时,可直接引用该数组元素,用下标或指针表示都可以。

程序中,输出表达式 * ps+2 的值为 99。因为 * ps 是字符'a',它的 ASCII 码值为 97,所以,该表达式的值为 99,实际上是字符'c'的 ASCII 码值。

[例 2.3] 分析下列程序的输出结果。

```
#include <iostream.h>
void main()
{
    static int b[][3]={{1,2,3},{4},{5,6}};
```

```
      b[0][2]=7;
      b[1][2]=8;
      cout≪ * * b≪"\t"≪ * * (b+1)≪"\t"≪ * ( * (b+1)+2)≪"\n";
      cout≪b[0][2]+b[1][2]+b[2][2];
}
```

执行该程序输出结果如下：

```
1    4    8
15
```

说明：程序中，b 是一个被初始化的二维数组，又对它的两个元素赋值，即改变了它初始化后的数值。

输出 * * b，* * (b+1)和 * (* (b+1)+2)的值分别为 1，4，8。这与 b[0][0]，b[1][0]和 b[1][2]的值是相同的。由于 b[0][2]，b[1][2]和 b[2][2]的值分别为 7，8 和 0，因此这三个元素的和为 15。

［例 2.4］ 分析下列程序的输出结果。

```
#include ⟨iostream. h⟩
void main()
{
   static char t[][3][5]={"abcd","efgh","ijkl","mnop","qrst","uvwx"};
   cout≪t[1][2][3]≪ * (t[1][2]+3)≪ * ( * ( * (t+1)+2)+3)≪ * ( * (t[1]+2)+3)
        ≪endl;
   cout≪ * * t≪"\t"≪ * ( * (t+1)+1)≪"\t"≪t[0][2]≪"\t"≪ * * t+1 ≪endl;
}
```

执行该程序输出结果如下：

```
xxxx
abcd    qrst    ijkl    bcd
```

说明：该程序中定义了一个三维字符数组 t，并且对它进行了初始化。然后，按照三维数组元素的不同表示形式进行字符和字符串的输出。上述结果请读者自行分析。

2. 指针数组和指向数组的指针

1）指针数组

数组元素为指针的数组称为指针数组。这里仅介绍一维一级指针数组。例如：

```
int * pa[3];
```

其中，pa 是一个一维一级指针数组的数组名。该一维数组有 3 个元素，每个元素是一级 int 型指针。

指针数组的各个元素是相同类型的指针，可用同类型变量的地址值对它初始化或赋值。例如：

```
int a[3]={1,2,3};
int * pa[3]={&a[0],&a[1],&a[2]};
```

这里,pa 是一个一维一级指针数组,它有 3 个元素,使用一维数组 a 的 3 个元素的地址值对其初始化。

可以使用指针数组名 pa 对数组 a 的各个元素进行操作。pa 是一个二级指针。* pa 表示 & a[0]值;** pa 表示数组 a 的首元素 a[0]的值,即为 1。例如,语句:

    ** pa=8;

将数组 a 中 a[0]的值改变为 8。

[例 2.5]　分析下列程序的输出结果。

程序内容如下:

```
#include <iostream. h>
void main()
{
    int a[3]={1,2,3};
    int * pa[3];
    pa[0]=&a[0];
    pa[1]=&a[1];
    *(pa+2)=a+2;
    cout<< * pa[0]<<','<< * *(pa+1)<<','<< * pa[2]<<endl;
}
```

执行该程序后,输出结果如下:

1,2,3

程序分析:

数组 a 是被初始化的一维 int 型数组。pa 是一维一级指针数组名,该数组有 3 个元素,每个元素是 int 型指针。给数组 pa 的每个元素赋一个数组 a 元素的地址值。& a[0]表示 a[0]元素的地址值,a+2 表示 a[2]元素的地址值。* pa[0]和 **(pa+1)分别是指针数组 pa 的元素 pa[0]和 pa[1]所指向的变量值。

2) 指向数组的指针

这里仅介绍指向一维数组的指针。该指针是一个二级指针。因为它指向一维数组,而一维数组可表示为一级指针,因此它是指向一级指针的指针,故为二级指针。指向一维数组的指针通常用一个二维数组的行地址,即用二级指针的地址值给它赋值。例如:

```
int a[2][3]={1,2,3,4,5,6};
int (* pa)[3];
pa=a+1;
```

这里,a 是二维 int 型数组名;pa 是指向一维数组的指针名,它所指向的是一个具有 3 个 int 型元素的数组。pa 指向二维数组 a 的第 1 行(从 0 行数起)。可使用 pa 表示数组 a 的各元素值。例如,pa[0][0]表示 a[1][0]的值等。

[例 2.6]　分析下列程序的输出结果。

程序内容如下:

```
♯include ⟨iostream.h⟩
int a[2][3]={1,2,3,4,5,6};
void main()
{
    int (*pa)[3];
    pa=a+1;
    cout≪pa[-1][0]≪','≪pa[0][0]≪','≪*(*pa+2)≪endl;
}
```

执行该程序后,输出结果如下:

1,4,6

程序分析:

该程序中,先定义一个外部类的二维数组 a,并进行了初始化。

在 main()内定义了一个指向一维数组的指针 pa,它所指向的一维数组共有 3 个元素。给 pa 赋值后,让该指针指向二维数组 a 的第 1 行,即指向元素值为 4,5,6 的一维数组。然后,使用 pa 表示二维数组 a 的元素值,进行输出。pa[-1][0]表示 a[0][0]的值,*(*pa+2)表示 a[1][2]的值,pa[0][0]表示 a[1][0]的值。

2.5.3 字符指针

1. 字符指针

字符指针是指向字符串的指针。定义字符指针的目的是为了便于字符串的操作。使用字符指针比用字符数组对字符串操作更方便、灵活。

字符指针可用字符串常量初始化和赋值,这比字符数组存放字符串更方便。例如:

```
char *p="abcd", *q;
q="mnpq"
```

[例 2.7] 分析下列程序的输出结果。

程序内容如下:

```
♯include ⟨iostream.h⟩
void main()
{
    char *p, s1[10],s2[10];
    p="teacher";
    for (int i(0); i<7; i++)
    s1[i]=*p+++1;
    s1[i]='\0';
    cout≪s1≪endl;
    for (i=0; i<7; i++)
        s2[i]=*(s1+i)-1;
```

```
        s2[i]='\0';
        cout<<s2<<endl;
    }
```

执行该程序后,输出结果如下:

```
ufbdifs
teacher
```

程序分析:

该程序的主函数中,定义了一个字符指针 p,并对它赋值,让它指向字符串"teacher"的首字符。然后,通过字符指针 p 对所指向的字符串进行操作,这要比用数组名进行操作方便得多。

该程序提供了一种对字符串进行加密的简单方法。

2. 字符指针数组

字符指针数组是指元素为字符指针的数组。字符指针数组有一维和二维的。字符指针数组可用来存放多个字符串。例如:

```
char *ps[3]={"abc","def","ijk"};
```

这里,ps 是一个一维字符指针数组。该数组有 3 个元素,每个元素对应一个字符串。通过字符数组名 ps 可对该数组中存放的字符串进行方便的操作。

[例 2.8]　分析下列程序的输出结果。

程序内容如下:

```
#include <iostream.h>
char *s[]={"char","long","int"};
void main()
{
    s[0]="double";
    *(s+1)="float";
    cout<<s[0]<<endl;
    cout<<*(s+1)<<endl;
    cout<<s[2]<<endl;
    cout<<*(*s+2)<<','<<*(s[2]+1)<<endl;
}
```

执行该程序后,输出结果如下所示:

```
double
float
int
u,n
```

程序分析:

该程序中定义了一个字符指针数组 s,并对它进行了初始化。它具有 3 个元素。程序又对字符指针数组的元素进行了改变,即用一个字符串赋值给字符指针数组的元素。最后,输出该字符指针数组的各元素值和某个元素的字符值。

2.5.4 引用

1. 引用的概念

1) 什么是引用

简单地说,引用是某个已知变量或对象的别名。引用不是变量,它自身没有值,也没有地址值,它不占有内存空间。

引用的值实际上是被它引用的变量或对象的值,引用的地址值是被它引用的变量或对象的地址值。可见,某个变量或对象的引用是被"绑定"在该变量或对象上。引用的值将随被引用的变量或对象的值而改变,引用值的改变也将改变被它引用的变量或对象的值。

2) 如何创建引用

创建引用的格式如下:

〈类型〉&〈引用名〉=〈初始值〉;

其中,〈类型〉是被引用的变量或对象的类型。〈引用名〉同标识符。& 是一个说明符,说明其后边的标识符是引用名。在创建引用时,必须给出被引用变量或对象的名字,即对引用进行初始化。

例如:

```
int m;
int &rm=m;
```

这里,rm 是一个引用名,是变量 m 的别名,它们都是 int 型的。& 是说明符,说明 rm 是一个引用名。

[**例 2.9**] 分析下列程序的输出结果,总结引用的特点。

```
#include〈iostream.h〉
void main()
{
    int a(10);
    int &ra=a;
    cout<<"a="<<a<<','<<"ra="<<ra<<endl;
    a+=5;
    cout<<"a="<<a<<','<<"ra="<<ra<<endl;
    ra+=5;
    cout<<"a="<<a<<','<<"ra="<<ra<<endl;
    cout<<"&a="<<&a<<','<<"&ra="<<&ra<<endl;
    int b(-10);
    ra=b;
```

```
    cout≪"a="≪a≪','≪"b="≪b≪','≪"ra="≪ra≪endl;
    cout≪"&a="≪&a≪','≪"&b="≪&b≪','≪"&ra="≪&ra≪endl;
}
```

执行该程序输出结果如下：

a=10,ra=10

a=15,ra=15

a=20,ra=20

&a=0x0065FDF4,&ra=0x0065FDF4

a=-10,b=-10,ra=-10

&a=0x0065FDF4,&b=0x0065FDEC,&ra=0x0065FDF4

程序分析：

该程序中创建了一个 int 型变量的引用 ra,ra 是 int 型变量 a 的引用。

通过该程序的输出结果,可以看出引用具有下述特点：

① 引用 ra 的值与被引用变量 a 的值相同。

② 如果变量 a 的值改变了,那么它的别名即引用 ra 的值也将会有相同的改变。

③ 如果引用 ra 的值改变了,那么被它引用的变量 a 的值也将会有相同的改变。

④ 引用的地址值与被它引用的变量的地址相同。

⑤ 将另一个变量 b 的值赋给引用 ra,这时,引用 ra 的值和变量 a 的值都为变量 b 的值。而引用 ra 的地址值仍为变量 a 的地址值。

2. 引用的应用

在 C++语言中,引用作为函数的参数和返回值。使用引用作为函数参数取代指针为函数参数有很多好处,因为它们都具有相同的特性,而引用作为函数参数比指针作为函数参数更方便、更直观。关于引用作为函数参数和返回值的详述,将在后面章节中讲述。

2.6 运 算 符

C++语言中的运算符比较多,有些不同功能的运算符使用了相同的符号。运算符具有较多的优先级,还具有结合性等,这些将给学习和使用运算符带来一些困难。读者一定要把这节学好,为以后编程打下基础。

学习运算符时要掌握每种运算符的功能、优先级和结合性以及在使用中应注意的事项。

下面先按其功能分类进行讲解。

2.6.1 算术运算符

1. 普通算术运算符

• 单目算术运算符：−(取负)、＋(取正)。

单目运算符的优先级要比双目运算符高。

- 双目算术运算符:＋(相加)、－(相减)、*(相乘)、/(相除)和％(取余数)。

在这 5 个运算符中 * 、/和％的优先级比＋、－要高。

关于四则运算加、减、乘、除不再详述。它们对 int 型、float 型和 double 型变量都适用,而％运算符只用于 int 型运算。求两个数的余数的公式如下:

已知:〈操作数 1〉％〈操作数 2〉,其余数为:

$$余数＝〈操作数 1〉－〈操作数 2〉*〈整商〉$$

其中,〈整商〉是〈操作数 1〉除以〈操作数 2〉所取的整数商。例如:

5％8　　余数为 5

16％8　　余数为 0

37％8　　余数为 5

请读者回答:－5％3 和 5％－3 的余数是否相等? 为什么?

2. 增 1 和减 1 运算符

单目运算符:＋＋(增 1)、－－(减 1)。

这两个运算符功能相近,下面着重讲解＋＋。＋＋运算符也是一个算术运算符,但与上面介绍的普通算术运算符有不同之处,因此单独讲解。

＋＋运算符的功能有两个:一是由该运算符组成的表达式具有一定的值;二是由该运算符组成的表达式计算后,其变量值要发生改变。后一种功能不是所有运算符都具有的。例如:

```
int a(1);
++a;
```

表达式＋＋a 的值为 2,它是 a＋1 的值;变量 a 的值改变为 2,它是 a＝a＋1 的值。可见,＋＋运算符会使表达式产生一个值,同时变量又改变了值。通常称后者为一种副作用。在 C++ 语言中具有副作用的运算符除＋＋和－－外,还有赋值运算符。

＋＋运算符作用于变量有两种方式:一是前缀方式,二是后缀方式。上例中是属于前缀方式,即＋＋运算符作用在变量 a 的前边,而后缀方式是＋＋运算符作用在变量的后边。例如:

```
int b(2);
b++;
```

表达式 b＋＋的值为 2,b 变量的值改变为 3。

可见:＋＋运算符的前缀运算表达式的值为原来变量值加 1,后缀运算表达式的值为原变量值;不论前缀运算还是后缀运算变量的值都加 1。

同样地,－－运算符的前缀运算表达式的值为原来变量值减 1,后缀运算表达式的值为原变量值;不论前缀运算还是后缀运算变量的值都减 1。

2.6.2　关系运算符

关系运算符都是双目的,共有如下 6 种:>(大于)、<(小于)、>=(大于等于)、<=(小于等于)、==(相等)、!=(不相等)。其中,前面 4 种的优先级高于后面的两种。

关系运算符的功能比较简单,使用时应注意相等运算符是由两个代数式中的等号组成,不要写成一个,因为一个代数式中的等号是 C++ 中的赋值运算符(在后面介绍)。

由关系运算符组成的关系表达式的值是逻辑类型的。有的编译系统中有 bool 类型,其关系表达式的值为 bool 型。有些编译系统中,常常将逻辑真用 1 表示,逻辑假用 0 表示,即用数字 1 和 0 表示真和假。

2.6.3　逻辑运算符

- 单目逻辑运算符:!(逻辑求反)。
- 双目逻辑运算符:&&(逻辑与)、‖(逻辑或)。

其中,逻辑与的优先级高于逻辑或。

由逻辑运算符组成逻辑表达式,其类型是 bool 型。有些编译系统没有这种类型,规定:非零为真,真用 1 表示;0 为假,假用 0 表示。在这两句话中,前半句都是指操作数,后半句都是指表达式值。

- 逻辑求反:真求反后为假,假求反后为真。
- 逻辑与:两个操作数都为真时结果为真,有一个操作数为假时结果为假。
- 逻辑或:两个操作数都为假时结果为假,有一个操作数为真时结果为真。

2.6.4　位操作运算符

位操作运算符是用来进行二进制位运算的运算符。它又分为两类:逻辑位运算符和移位运算符。

1. 逻辑位运算符

- 单目逻辑位运算符:~(按位求反)。
- 双目逻辑位运算符:&(按位与)、|(按位或)、^(按位异或)。

在双目逻辑位运算符中,& 高于^,而^又高于|。

逻辑位运算符实质上是算术运算符,因为用该运算符组成的表达式的值是算术值。

按位求反是将各个二进制位由 1 变 0,由 0 变 1。

按位与是将两个二进制位的操作数从低位(最右位)到高位依次对齐后,每位求与的结果是:只有两位均为 1 时才为 1,否则为 0。

按位或是将两个二进制位的操作数从低位到高位依次对齐后,每位求或的结果是:只要有一位为 1 结果就为 1,否则为 0。

按位异或是将两个二进制位的操作数从低位到高位依次对齐后,每位求异或的结果是：当两位不相同时为 1,否则为 0。

2. 移位运算符

移位运算符都是双目的,它们是：≪(左移)、≫（右移）。

移位运算符组成的表达式的值也是算术值。左移是将一个二进制的数按指定移动的位数向左移位,移掉的被丢弃,右边移出的空位一律补 0。右移是将一个二进制的数按指定移动的位数向右移位,移掉的被丢弃,左边移出的空位或者一律补 0,或者补符号位,这要由机器而定。在使用补码作为机器数的机器中,正数的符号位为 0,负数的符号位为 1。读者要掌握机器数的补码表示法。

2.6.5 赋值运算符

C ++ 语言中的赋值运算符是一种具有副作用的运算符。赋值运算符共有 11 种,分为两类：一是简单的赋值运算符；二是复合的赋值运算符,又称为带有运算的赋值运算符。

- 简单的赋值运算符：＝(赋值运算符)。
- 复合的赋值运算符：＋＝(加赋值)、－＝(减赋值)、＊＝(乘赋值)、/＝(除赋值)、%＝(求余赋值)、&＝(按位与赋值)、|＝(按位或赋值)、^＝(按位异或赋值)、≪＝(左移位赋值)、≫＝(右移位赋值)。

赋值运算符的副作用是：一个赋值表达式计算后将会改变其变量的值。例如：

```
int c(7);
c=9;
```

计算赋值表达式 c＝9 后,该表达式的值为 9,同时变量 c 的值由原来的 7 改变为 9。

关于复合赋值运算符的理解是：先进行一种算术运算后,再进行赋值。例如：

```
int a(5);
a * =2;
```

表达式 a ＊ ＝2 可以等价为：

```
a=a * 2;
```

变量 a 的值乘以 2 以后,将其积值赋给 a,这时 a 的值为 10。

其他复合赋值运算符的含义相似。例如：

```
a&=b;
```

等价为：

```
a=a&b;
```

复合赋值运算符的写法比其等价写法不仅简练,而且更重要的是编译后的代码较少。因此,在 C ++ 程序中应尽量采用复合赋值运算符的写法。

2.6.6 其他运算符

在 C++ 语言中还有如下几种运算符。

1. 三目运算符

C++ 语言中仅有一个三目运算符。该运算符需要三个操作数,是一种功能很强的运算符。三目运算符格式如下:

d1? d2:d3

其中,d1,d2 和 d3 是三个操作数。

三目运算符的功能是先计算 d1 的值,并且进行判断。如果其值非零,则表达式的值为 d2 的值,否则表达式的值为 d3 的值,而表达式的类型为 d2 和 d3 中较高的那个类型。

2. 逗号运算符

逗号运算符的优先级是所有运算符中最低的。使用逗号运算符(,)可以将多个表达式组成为一个表达式。例如:

d1,d2,d3,d4

便是一个逗号表达式,其中 d1,d2,d3 和 d4 各为一个表达式。整个逗号表达式的值和类型由最后一个表达式决定。计算一个逗号表达式的值时,从左至右依次计算各个表达式的值,最后计算的一个表达式的值和类型便是整个逗号表达式的值和类型。上例中,d4 表达式的值和类型为整个逗号表达式的值和类型。不难看出,逗号表达式的用途仅在于解决只能出现一个表达式的地方却要出现多个表达式的问题。

3. sizeof 运算符

该运算符用来返回其后的类型说明符或表达式所表示的数据在内存中所占有的字节数。

该运算符有两种使用形式,如下所示:

sizeof (〈类型说明符〉);

或者

sizeof (〈表达式〉);

例如:

int a[10];
sizeof(int);
sizeof(a);
sizeof(a)/sizeof(int);

这里,第一个表达式的值是 int 型数占内存的字节数,第二个表达式的值是数组 a(这是一个表达式)占内存的字节数,第三个表达式的值是 a 数组的元素个数。

读者可以使用 sizeof 运算符来测试一下，C++语言中各种数据类型在所使用的计算机上所占内存的字节数。

4. 强制类型运算符

该运算符用来将指定的表达式的值强制为所指定的类型。该运算符的使用格式如下：

〈类型说明符〉(〈表达式〉)

或者

(〈类型说明符〉)〈表达式〉

将所指定的〈表达式〉的类型转换为指定的〈类型说明符〉所说明的类型。这种强制转换是一种不安全转换，它可能将高类型转换为低类型，使数据精度受到影响。例如：

```
int a;
double b=3.8921;
a=int(b)+(int)b;
```

这里，a 的值为 6。因为 int(b)的值和(int)b 的值都是 3。

强制类型转换是暂时的、一次性的。上例中，b 的类型在被强制为 int 型时，它的值为 3，在没有被强制时它的值仍然还是 3.8921。

5. 单目运算符 & 和 *

运算符 & 和 * 可以作为双目运算符，前面已经讲过了。它们还可以作为单目运算符，& 表示取地址，* 表示取内容。这实际上在前面讲述指针时也已经讲过了。这里再强调一下。

& 运算符作为单目运算符时，它常作用在变量名前，表示取该变量的地址值。例如：

```
int a, * pa;
pa=&a;
```

这里，定义了变量 a 和指针 pa。要让 pa 指向变量 a，就需要将变量 a 的地址值赋给 pa，于是就用 &a 表示变量 a 的地址值。

* 运算符作为单目运算符时，它常作用在指针名前，表示取该指针的内容，即取该指针所指向的变量的值。例如：

```
int a, * pa=&a;
* pa=5;
```

这里，表达式 * pa=5 表示将 5 赋给 pa 指针所指向的变量 a，即等价于 a=5。其中，* pa 就表示指针 pa 所指向的变量 a。

现将 C++语言中一般常用的运算符的功能、优先级和结合性列于表 2-3 中。其中有一些运算符将在后面遇到时再说明。

表 2-3　C++语言常用运算符的功能、优先级和结合性

优 先 级	运　算　符	功　能　说　明	结　合　性
1	()	改变优先级	从左至右
	::	作用域运算符	
	[]	数组下标	
	•、->	成员选择符	
	• * 、-> *	成员指针选择符	
2	++、--	增1、减1	从右至左
	&	取地址	
	*	取内容	
	!	逻辑求反	
	~	按位求反	
	+、-	取正数、取负数	
	()	强制类型	
	sizeof	取所占内存字节数	
	new、delete	动态存储分配	
3	* 、/、%	乘法、除法、取余	从左至右
4	+、-	加法、减法	
5	<< 、>>	左移位、右移位	
6	<、<=、>、>=	小于、小于等于、大于、大于等于	
7	==、!=	相等、不等	
8	&	按位与	
9	^	按位异或	
10	|	按位或	
11	&&	逻辑与	
12	||	逻辑或	
13	?:	三目运算符	
14	=、 +=、 -=、 *=、/= 、%=、& =、^=、|=、<<=、>>=	赋值运算符	从右至左
15	,	逗号运算符	从左至右

说明：表 2-3 中的大多数运算符前面已经介绍过了，后面还要通过表达式来讲解它们的使用方法，还有少数运算符将在后面的章节中讲述。

2.6.7 运算符的优先级和结合性

从表 2-3 可以很清楚地看到各类运算符的优先级和结合性。

1. 优先级

每种运算符都有一个优先级,优先级是用来标志运算符在表达式中的运算顺序的。优先级高的先作运算,优先级低的后作运算,优先级相同的由结合性决定计算顺序。

表 2-3 中表明 C++ 语言中的运算符具有 15 种优先级。这些优先级如何记忆呢?可以参考下面提供的记忆方法。

去掉一个最高的元素/成员,去掉一个最低的逗号,余下的是:一、二、三、赋值。

这句话可解释如下:优先级最高的是元素/成员,优先级最低的是逗号,余下的是单目运算符(12 个)、双目运算符(18 个)、三目运算符(1)和赋值运算符(11 个)。这样可以记住优先级 1、2、13、14 和 15。剩下的 3~12 优先级是双目运算符。

关于双目运算中的 10 个优先级可以这样记忆:算术、关系和逻辑,移位、逻辑位插中间。这句话讲出了 5 类双目运算符优先级的关系:先算术,再关系,后逻辑。移位和逻辑位插中间是指移位插在算术和关系之间,逻辑位插在关系和逻辑中间。于是变成这样的顺序:算术(2)、移位(1)、关系(2)、逻辑位(3)和逻辑(2)。( )内的数字表示优先级又分成几类。

请读者用这种方法来记住优先级。

2. 结合性

结合性也是决定运算顺序的一种标志。在优先级相同的情况下,表达式的计算顺序便由结合性来确定。

结合性分为两类,大多数运算符的结合性是从左到右,这是人们习惯的计算顺序。只有 3 类运算符的结合性是从右到左,它们是单目、三目和赋值。这一点要记住。

2.7 表 达 式

2.7.1 表达式的种类

表达式是由运算符和操作数组成的式子。运算符在 C++ 语言中是很丰富的,正像前面讲过的那样。操作数包含了常量、变量、函数和其他一些命名的标识符。最简单的表达式是常量或变量。

C++ 语言中由于运算符很丰富,因此表达式的种类也很多。常见的表达式有如下 6 种。

已知:

int a(5);

- 算术表达式。例如，a＋5.2/3.0－9％5。
- 逻辑表达式。例如，!a&&8||7。
- 关系表达式。例如，'m'>='x'。
- 赋值表达式。例如，a＝7。
- 条件表达式。例如，a>4? ++a:--a。
- 逗号表达式。例如，a+5,a＝7,a+＝4。

在书写表达式中,应注意如下几点:

(1) 在表达式中,连续出现两个运算符时,最好用空格符分隔。例如:

```
int a(3) b(5);
a+␣ ++b
```

这里,连续出现＋和++两个运算符,中间用空格符分开了。如果将上述表达式写成如下形式:

```
a+++b
```

则一般编译系统理解为 a++␣ +b,因为系统是按尽量取大的原则来分隔多个运算符的。这就是说,上例中 a 后面可以跟＋,也可以跟++,而++比＋大些,所以确认 a 后面跟++,然后再＋b。如果要使 a+++b 等价于 a+␣ ++b,只有用空格符分隔或加括号改变优先级。

(2) 在写表达式时,如果对某种运算符的优先级记不清了,就可使用括号来改变优先级。

(3) 双目运算符的左右可以用空格符与操作数分开。

(4) 过长的表达式常常分成几个表达式来写。

2.7.2 表达式的值和类型

任何一个表达式经过计算都应有一个确定的值和类型。计算一个表达式的值时应注意下述两点:

(1) 先确定运算符的功能。在 C++ 语言的运算中,有些运算符相同,但是功能不同,因此要先确定其功能。例如,* 运算符、－运算符、& 运算符等,它们有时是单目运算符,有时是双目运算符,在计算表达式前一定要分清。此外,运算符可以重载,即一个运算符还可被定义成不同的功能。因此,确定运算符的功能是进行表达式计算的第一步。

(2) 再确定计算顺序。一个表达式的计算顺序是由运算符的优先级和结合性来决定的。优先级高的先做,优先级低的后做。在优先级相同的情况下,由结合性决定:多数情况下,从左至右,少数情况下,从右向左。因此,记住运算符的优先级和结合性对确定计算顺序是非常重要的。另外,还应注意,括号可以改变计算顺序,括号的使用可以嵌套,先做内层括号,再做外层括号。

一个表达式的类型由运算符的种类和操作数的类型来决定。

不同表达式的求值方法和确定类型的方法详细描述如下。

1. 算术表达式

算术表达式是由算术运算符和位操作运算符组成的表达式,其表达式的值是一个数值,表达式的类型具体由运算符和操作数确定。

下面举例说明。

[**例 2.10**] 分析下列程序的输出结果。

```
#include <iostream.h>
void main()
{
    int a;
    a=7*2+ - 3%5-4/3;
    float b;
    b=510+3.2e3-5.6/0.03;
    cout<<a<<"\t"<<b<<endl;
    int m(3),n(4);
    a=m++ - --n;
    cout<<a<<"\t"<<m<<"\t"<<n<<endl;
}
```

执行该程序输出如下结果:

```
10        3523.33
0         4          3
```

该结果由读者自己分析。

[**例 2.11**] 分析下列程序的输出结果。

```
#include <iostream.h>
void main()
{
    unsigned a(0xab),b(20);
    a&=b;
    a^=a;
    cout<<a<<"\t"<<b<<endl;
    int x(-3),y(5);
    x>>y;
    x<<=y;
    x|=y^~y;
    y&=~x+1;
    cout<<x<<"\t"<<y<<endl;
}
```

该程序的输出结果由读者自己分析,然后上机验证。

通过例 2.10 和例 2.11 可以看出:

一般的算术表达式中,各操作数的类型相同时,表达式的类型是操作数的类型;当各操作数的类型不同时,表达式的类型是操作数中类型最高的操作数的类型。

位操作运算符组成的表达式中,由于操作数都是 int 型,因此表达式的值也是 int 型。

2. 关系表达式

由关系运算符组成的表达式为关系表达式。常用作条件语句和循环语句中的条件表达式。关系表达式值的类型是逻辑类型。在有些编译系统中,将逻辑值用 1 和 0 表示。其中,1 表示真,0 表示假。

[例 2.12] 分析下列程序的输出结果。

```
#include <iostream.h>
void main()
{
    char x('m'),y('n');
    int n;
    n=x<y;
    cout<<n<<endl;
    n=x==y-1;
    cout<<n<<endl;
    n=('y'!='Y')+(5>3)+(y-x==1);
    cout<<n<<endl;
}
```

执行该程序输出结果如下:

```
1
1
3
```

请读者分析该结果。

3. 逻辑表达式

由逻辑运算符组成的表达式称为逻辑表达式。逻辑表达式值的类型为逻辑型。在有的编译系统中,真用 1 表示,假用 0 表示。

在由 && 和 || 运算符组成的逻辑表达式中,C++ 语言规定:只对能够确定整个表达式值所需要的最少数目的子表达式(操作数)进行计算。该规定可以理解为:在由若干个子表达式(或操作数)组成的一个逻辑表达式中,从左至右计算子表达式的值;当计算出一个子表达式的值后便可确定整个逻辑表达式的值时,后面的子表达式就不再计算了。例如:

```
int a(3),b(0);
!a&&a+b&&a++;
```

在逻辑表达式"!a&&a+b&&a++"中,当计算出 !a 的值为 0 时,便可确定整个表达式的值为 0,于是,后面的子表达式 a+b 和 a++ 就不再计算了。又例如:

```
int a(3),b(0);
a||b||b++;
```

在计算第一个操作数 a 的值为 3,即为真值后,就可以确定表达式"a||b||b++"的
值为 1。于是,后面的操作数 b 和子表达式 b++就不再计算了。

[**例 2.13**] 分析下列程序的输出结果。

```
#include〈iostream.h〉
void main()
{
    int x,y,z;
    x=y=z=1;
    --x&&++y&&++z;
    cout<<x<<'\t'<<y<<'\t'<<z<<'\n';
    ++x&&++y&&++z;
    cout<<x<<'\t'<<y<<'\t'<<z<<'\n';
    ++x&&y--||++z;
    cout<<x<<'\t'<<y<<'\t'<<z<<'\n';
}
```

请读者分析该程序的输出结果。

4. 条件表达式

由三目运算符组成的表达式称为条件表达式。因为三目运算符具有 if-else 语句的功
能,因此获取此名。

条件表达式的值取决于"?"号前面的表达式的值,该表达式的值为非零时,整个条件
表达式的值为冒号前面的表达式的值,否则为冒号后面表达式的值。条件表达式的类型
是冒号前、后两个表达式中类型较高的一个表达式的类型。

[**例 2.14**] 分析下列程序的输出结果。

```
#include〈iostream.h〉
void main()
{
    int a(3),b(4),c;
    c=a>b? ++a:++b;
    cout<<a<<","<<b<<","<<c<<endl;
    c=a-b? a+b:a-3? b:a;
    cout<<a<<","<<b<<","<<c<<endl;
}
```

该程序的输出结果如下:

```
3,  5,  5
3,  5,  8
```

注意:三目运算符的结合性是从右至左。

5. 赋值表达式

由赋值运算符组成的表达式为赋值表达式。赋值运算符除一个基本赋值运算符外，还有 10 个复合赋值运算符，这是一些运算与赋值相结合的运算符。

由于赋值运算符的结合性是从右至左，因此，C++ 程序中可出现连赋值的情况。例如，下面的赋值是合法的：

```
int a,b,c,d;
a＝b＝c＝d＝3;
```

由结合性确定，上述表达式中，应先计算 d＝3 的值，计算后 d 值被更新为 3，表达式的值也为 3。接着，又将 d＝3 的表达式值 3 赋给了 c。同理，将 c＝d＝3 表达式的值赋给 b，使 b 更新为 3，最后将 b＝c＝d＝3 表达式值 3 赋给 a，使 a 值更新为 3。经过上述连续赋值，使变量 a,b,c,d 的值都被更新为 3。

在计算复合赋值运算符的表达式中，应该先计算右值表达式的值后再与左值运算，将结果赋给左值。例如：

```
int a(3), b(4);
a * ＝b+1;
```

这里，a 的值应该是 15，而不是 13。

［**例 2.15**］ 分析下列程序的输出结果。

```
#include <iostream. h>
void main()
{
  int x(1),y(3),z(5);
  x＋＝y * ＝z－＝2;
  cout<<x<<','<<y<<','<<z<<endl;
  x * ＝y/＝z－＝x;
  cout<<x<<','<<y<<','<<z<<endl;
  x＝y＝z＝2;
  z＝(x * ＝2)+(y＋＝4)+2;
  cout<<z<<endl;
}
```

该程序的输出结果请读者自己分析。

注意：赋值运算符的结合性是从右至左。

6. 逗号表达式

逗号表达式是用逗号将若干个表达式连起来组成的表达式。该表达式的值是组成逗号表达式的若干个表达式中的最后一个表达式的值，类型也是最后一个表达式的类型。逗号表达式常用在只允许出现一个表达式的地方却要出现多个表达式的时候。逗号表达式计算值的顺序是从左至右逐个表达式分别计算。

［**例 2.16**］ 分析下列程序的输出结果。

```
# include 〈iostream. h〉
void main()
{
    int a,b,c;
    a=1,b=2,c=a+b+3;
    cout≪a≪','≪b≪','≪c≪endl;
    c=(a++,a+=b,a+b);
    cout≪c≪endl;
}
```

执行该程序输出结果如下：

1， 2， 6
6

该结果请读者自己分析。

上述介绍了 6 种常用的表达式的求值和类型的方法。还有一些特殊的表达式将会在本书后面的章节中介绍。

2.7.3 表达式中的类型转换

表达式中的类型转换分为两种，一种是隐含转换，另一种是强制转换。

1. 隐含转换

一般地，对双目运算符中的算术运算符、关系运算符、逻辑运算符和位操作运算符组成的表达式，要求两个操作数的类型一致。如果操作数的类型不一致，则转换为较高的类型。

各种类型的高低顺序如下所示：

int→unsigned→long→unsigned long→double
↑   ↑
short，char   float

这里，int 型最低，double 型最高。short 型和 char 型自动转换成 int 型，float 型自动转换成 double 型。这种隐含的类型转换是一种保值映射，即在转换中数据的精度不受损失。

2. 强制转换

这种转换是将某种类型强制性地转换为指定的类型。强制转换又分为显式强制转换和隐式强制转换两种。

显式强制转换是通过强制转换运算符来实现的。其格式有如下两种：

〈类型说明符〉(〈表达式〉)

和

(〈类型说明符〉)〈表达式〉

其作用是将其〈表达式〉的类型强制转换成〈类型说明符〉所指定的类型。对这种转换有两点要说明：

（1）这是一种不安全的转换。因为强制转换可能会出现将高类型转换为低类型的情况，这时数据精度要受到损失。因此，这是不安全的转换。例如：

```
double f=3.85;
int h;
h=int(f);
```

或者

```
h=(int)f;
```

这里，h 的值为 3。因为 double 型的 f 被强制转换为 int 型时，其小数部分被舍弃。

（2）这种转换是暂时性的，是"一次性"的。例如：

```
int a(3), m;
double b;
b=3.56+double(a);
m=a+5;
```

在 b=3.56+double(a)表达式中，通过显式强制转换 a 为 double 型的。而在其后的表达式 m=a+5 中的 a 仍然为 int 型的。可见，显式强制转换仅在强制转换运算符作用在表达式上时，该表达式被强制转换为指定类型，而不被强制转换时，表达式仍是原来类型。

隐式强制转换有如下两种常见的情况：

（1）在赋值表达式中，当左值（赋值运算符左边的值）和右值（赋值运算符右边的值）类型不同时，一律将右值类型强制转换为左值的类型。例如：

```
int a;
double b(3.56);
a=b;
```

在表达式 a=b 中，将右值 b 强制转换成为 int 型值 3，然后赋给右值 a。

（2）在函数有返回值的调用中，总是将 return 后面的表达式的类型强制转换为该函数的类型（当两者类型不一致时）。有关详细情况，在第 4 章中会详述。

在 C++程序中，凡是出现由高类型向低类型转换时，一律采用强制类型转换，否则会出现警告错。例如：

```
int a(5), b;
b=a+3.14;
```

表达式 b=a+3.14 是有问题的，应该写成：

```
b=a+int(3.14);
```

这表明先强制 3.14 转换为 int 型数 3，然后，与 a 相加，再赋给 b。

也可以写成下述形式：

```
b=int(a+3.14);
```

这里,a 先隐含转换为 double 型数后与 3.14 相加,再将其和强制转换为 int 型数,再赋给 b。

[**例 2.17**] 编译下列程序时会出现编译错误,如何修改能消除所有编译错误?
程序内容如下:

```
#include <iostream.h>
void main()
{
    int a(5),b;
    char c('k');
    float d=99.67;        // 1
    b=c;
    cout<<b<<endl;
    c=d;                  //2
    cout<<c<<endl;
    a=d-1;                //3
    cout<<(char)a<<endl;
}
```

程序分析:
编译该程序会出现的错误修改如下:
注释为 1 的语句改为 float d=99.67f;
注释为 2 的语句改为 c=(char)d;
注释为 3 的语句改为 a=int(d-1);
这些错误的原因都是类型转换问题引起的。修改后,该程序的输出结果如下:

75
c
b

通过该程序可以看出:C++ 语言的类型转换比 C 语言要严格,在由高类型向低类型转换时,必须使用强制转换。

2.8 类 型 定 义

在 C++ 语言中可以自定义类型,自定义类型是通过类型定义语句来定义一些"新"类型。这些新类型只是现有类型的同义词,或者称为现有类型的别名。

类型定义的方法是通过关键字 typedef 来实现的,其格式如下:

typedef〈已有类型名〉〈新类型名表〉;

其中,typedef 是类型定义的关键字,〈已有类型名〉是指已存在的类型,包含前面讲过的所有数据类型和已被定义的类型(类型定义可以嵌套)。〈新类型名表〉是被定义的若干个新类型名，多个新类型名之间用逗号分隔。例如：

```
typedef double wages, bonus;
```

表示将定义两种新的类型 wages 和 bonus，它们是 double 类型的别名。使用 wages 和 bonus 来定义的变量都是 double 类型的。例如：

```
wages weekly;
bonus monthly;
```

这里，被定义的变量 weekly 和 monthly 都是 double 类型的。

新定义的类型名可以出现在标准类型名所能出现的位置。

自定义类型的作用主要有如下几种：

（1）改善程序的可读性，增加所定义变量的信息。例如，前面定义的新类型 wages，从字面上可知是工资，用它定义的变量 weekly，除了知道它是双精度类型外，还知道它是用来表示周工资的变量。同理，用前面讲过的 bonus 类型名定义的 monthly 是用来表示月奖金的变量。

（2）减少定义变量的过于繁琐，即达到书写简练的目的。例如：

```
typedef char * string;
typedef string months [3];
months spring={"February","March","April"};
```

这里，使用新类型 months 来定义一个 char 型的指针数组，在书写上简化了一些。

（3）提高程序的可移植性。例如，在一台计算机上使用 int 型表示数就可以了，可是在另一台计算机上需要用 long 型才可以。这时可用一条类型定义语句，移植程序时，只要修改一下这条语句，而不必去改变程序中每一处定义 int 型或 long 型的地方。

下面再从类型表达式的角度来理解类型定义。类型定义就是用一个或多个标识符来命名一个类型表达式，从而得到新的类型名。例如：

```
typedef int * array [5];
```

这里，array 是一个新的类型名，它被命名为 int * [5]的类型。其中，int * [5]是一个类型表达式，说明 array 的类型为 5 个元素的数组，每个元素是一个指向 int 型变量的指针。用 array 来定义的变量就是一个具有 5 个指向 int 变量指针的元素的数组。

类型表达式是由数据类型名与类型修饰符 *，[ ]，& 和（）所构成的式子。例如：

```
int * f(double);
```

这是一个说明语句，该语句是用一个类型表达式 int * （double）来定义标识符 f。可见，在说明语句中，去掉所定义的变量名所剩下的部分就是类型表达式。在上例中，类型表达式为：

```
int * （double）
```

该类型表达式可以解释为：

（double）→ ＊ → int

它表明标识符 f 是一个带有一个 double 型参数的函数，该函数的返回值是一个指向 int 型变量的指针。

在解释复杂的类型说明时，对类型表达式的优先级是这样规定的：

[]（下标）和（）（函数）最高，＊（指针）和 &（引用）其次，数据类型名最低。

例如：

int ＊ s[20]；

去掉标识符 s 后，类型表达式为：

int ＊ ［20］

按优先级解释为：

［20］→ ＊ → int

表明 s 是一个具有 20 个元素的数组，每个元素是一个指向 int 型变量的指针。

［**例 2.18**］ 分析下列程序的输出结果。

```
#include〈iostream.h〉
void main()
{
    int a(7),＊pi;
    double b(5.6321),＊pd;
    void ＊pv;
    pi＝&a;
    pv＝&b;
    cout≪＊pi≪endl;
    pd＝(double ＊)pv;
    cout≪＊pd≪endl;
}
```

该程序中，定义了三个指针：一个是指向 int 型变量的指针 pi；另一个是指向 double 型变量的指针；还有一个是无类型的指针，它的类型将由被赋予的值来决定。如果对它赋予 int 型变量的地址或指针，它就是 int 型的；还可以将它强制成某种类型后，赋给同类型的指针。

该程序结果请读者分析。

2.9　结构和联合

结构和联合都是构造的数据类型，又称为自定义类型。

2.9.1 结构

1. 结构和结构变量的定义

结构是一种类型,具有结构类型的变量称为结构变量。在定义结构变量之前,应先定义结构类型,又称结构模式。任何一个结构变量都是某个结构类型的结构变量。有了结构类型后,再定义该结构类型的结构变量。

定义结构类型的格式如下:

```
struct〈结构名〉
{
    〈若干成员说明〉
};
```

其中,struct 是定义结构的关键字。〈结构名〉同标识符。一对花括号内给出该结构若干成员的类型和名字。结构的成员只能是某种类型的变量,可以是基本数据类型的变量,也可以是构造类型的变量,还可以是指针和引用等。结构成员还可以是另一个结构的结构变量或指针以及自身结构变量的指针。结构成员的类型可以不相同,也可以相同。例如:

```
struct card
{
    int pips;
    char suit;
};
```

该结构类型的定义中,card 是结构名,有两个成员:int 型的 pips,char 型的 suit。该结构类型是用来描述一张扑克牌的,pips 表示点数,suit 表示花色。

定义结构变量的格式如下:

```
struct〈结构名〉〈结构变量名表〉;
```

其中,〈结构变量名表〉中可以是一般结构变量名,也可以是指向结构变量的指针名;或者是结构数组名。〈结构变量名表〉中如有多个结构变量名时,用逗号进行分隔。例如,使用结构类型 card 定义结构变量如下:

```
struct card c1, c2, * pc, cards[52];
```

其中,c1 和 c2 是两个一般的结构变量;pc 是指向结构类型 card 的结构变量的指针;cards 是结构数组,该数组是一维的,有 52 个元素,每个元素是结构类型 card 的结构变量。

定义结构变量也可以直接放在结构类型后面。例如,前例中可写成如下格式:

```
struct card
{
    int pips;
    char suit;
```

```
} c1,c2, * pc, cards [52];
```

2. 结构变量成员的表示和赋值

1）结构变量成员的表示

一般结构变量的成员表示格式如下：

〈结构变量名〉.〈成员名〉

指向结构变量的指针的成员表示格式如下：

〈结构变量指针名〉—〉〈成员名〉

或者

（ * 〈结构变量指针名〉).〈成员名〉

结构数组元素的成员表示格式如下：

〈结构数组名〉[〈下标〉].〈成员名〉

2）结构变量的初始化

在定义结构变量时可以进行初始化，其方法是使用初始值表，即给该结构变量的各个成员赋初值。例如：

```
struct card c1={5,'s'},c2={10,'c'};
```

初始化时，初始值表中给出的数值项的顺序应与定义结构类型时各成员的顺序一致。

3）结构变量赋值方法

结构变量的赋值就是对结构变量的各个成员的赋值。例如：

```
struct card c, * pc;
c. pips=2;
c. suit='d';
pc—>pips=1;
pc—>suit='s';
```

下述赋值也是合法的。

```
struct card c1={2,'d'},c2, * pc;
c2=c1;
pc=&c1;
```

可见，同一个结构类型的两个结构变量可以赋值，一个结构变量的地址值可以赋给指向该结构类型的结构变量的指针。

［**例 2.19**］ 分析下列程序的输出结果。学会结构变量的定义、赋值和运算。

程序内容如下：

```
# include 〈iostream. h〉
struct student
{
```

```
        cher * name;
        long su_no:
        double math, english;
};
void main()
{
        static struct student s1={"zhang",3001,85,92},s2={"Ma",3005,80,85};
        double a1=(s1.math+s1.english)/2;
        double a2=(s2.math+s2.english)/2;
        cout<<s1.name<<'\t'<<al<<endl;
        cout<<s2.name<<'\t'<<a2<<endl;
}
```

执行该程序后,输出结果如下:

```
Zhang       88.5
Ma          82.5
```

程序分析:

该程序中,定义了一个描述学生成绩的结构类型 student,又定义了两个 student 结构类型的结构变量 s1,s2。程序中,求两个学生的两门功课的平均成绩,然后输出显示。

从该例中可以看出:结构变量的运算实际上是结构成员的运算。

3. 结构变量在程序中的应用

(1) 结构变量可作为结构类型的成员:

一个结构类型中允许另一个结构类型的结构变量作为成员,或者用指向自身结构变量的指针作为成员,但不允许用自身结构变量作为成员。

(2) 结构变量可作为数组元素:

结构变量为元素的数组称为结构数组。同时数组还可以作为结构类型的成员。

(3) 结构变量和指向结构变量的指针都可作为函数参数和返回值。

[**例 2.20**] 编程求出 3 个学生中某个学生的平均成绩。

描述该学生成绩的结构类型如下:

```
struct   student
{
    char * name;
    double score[3];
};
```

该结构类型存放在 student. h 文件中。

程序内容如下:

```
# include <iostream. h>
# include <string. h>
# include "student. h"
struct student stu[3]={{"Fan",80,82,87}, {"wang",90,85,80},{"Li",83,78,70}};
```

```
void main()
{
    struct student * p, * find(struct student * s);
    p=find(stu);
    cout≪p—>name≪',';≪(p—>score[0]+p—>score[1]+p—>score[2])/3≪endl;
}
struct student * find(struct student * s)
{
    char name1[20];
    cout≪"Input student's name:";
    cin≫name1;
    for(int i(0);i<3;i++)
        if(strcmp(name1,s[i].name)==0)
            return s+i;
    return 0;
}
```

执行该程序后,显示如下信息:

```
Input student's name:Wang ↙
Wang:85
```

程序分析:

该程序中,定义一个描述学生成绩的结构类型 student,该类型中出现了数组作为成员,同时程序中又出现了结构数组 stu,有 3 个结构变量作为元素。

函数 find()中,有一个结构变量的参数,还有该函数的返回值也是结构变量。

2.9.2 联合

联合又称共用体,它是一种构造的数据类型。

1. 联合的概念

联合类型与结构类型在形式有许多相似之处。在定义上,除了联合使用关键字 union 不同于结构外,其余相同,包括联合类型的定义和联合变量的定义。其格式如下:

```
union〈联合名〉
{
    〈联合成员说明〉
};
union〈联合名〉〈联合变量名〉;
```

例如:

```
union data
{
    char c;
```

```
        int i;
        double d;
};
union data d1,d2, * pd;
```

其中,d1 和 d2 是 data 联合类型的联合变量,pd 是指向 data 联合类型的联合变量的指针。

联合变量成员的表示与结构变量成员表示相同。例如:

d1.c 表示联合变量 d1 的 char 型成员 c。

pd—>i 表示指向联合变量指针所指向的联合变量的 int 型 i 成员。

联合变量通常不进行初始化,给联合变量赋值是指给联合变量的成员赋值。

联合与结构的最大区别是:结构成员各自占有内存单元,即异址;而联合成员是共址的,即所有的联合成员共用一个内存单元。该单元的大小与联合中数据长度最长的相同。

由于联合是共址的,因此,在某一个时刻联合变量的各个成员中只有一个是有效的。在给联合变量赋值时,只保留最近一次的值。联合共址的特性,决定了联合与结构的差别。例如,不能给整个联合变量赋值,同一个时刻只能给联合变量中的某一个成员赋值。

[例 2.21]　分析下列程序的输出结果。

程序内容如下:

```
# include 〈iostream. h〉
void main()
{
    union{
        int a[3]
        char s[12];
    }u;
    u. a[0]=0x20494542;
    u. a[1]=0x474e494a;
    u. a[2]=0x00000a21;
    cout≪u. s;
    cout≪sizeof(u)≪endl;
}
```

执行该程序后,输出结果如下:

BEI JING!

12

程序分析:

该程序的主函数内定义了一个无名联合类型,同时定义一个该类型的联合变量 u。

程序中,先使用 int 型数组 a,给它的各个元素赋值,所赋的值是按字节的十六进制数。然后,使用联合变量的另一个成员 char 型数组 s 输出显示其内容。由于联合成员是共址的,所以获得上述结果。

2. 联合在程序中的应用

联合类型由于其成员是共址的,在某些运算中受到限制,因此,它不像结构、数组的使用那么广泛。一般地讲,联合变量只可作为结构的成员和数组的元素,指向联合变量的指针可作为函数参数。

练习题

1. C++ 语言有哪些基本数据类型? 用于基本数据类型的修饰符有哪些?

2. 常量有哪些种类? 表示常量的前缀和后缀各有哪些? 它们的含意是什么?

3. 字符常量和字符串常量是不是一回事? 为什么?

4. 字符的转义序列表示法是什么意思? 它有什么作用?

5. 什么是符号常量? C++ 语言中符号常量如何定义?

6. 命名变量时应该注意哪些事项? 在 C++ 语言中,变量名中的大写与小写字母是否相同?

7. 变量的类型有什么作用? 怎样给变量定义类型?

8. "变量具有两个有用的值"这句话对吗? 如何理解?

9. 什么是数组? 如何定义数组?

10. 什么是数组元素? 它们在内存中是如何存放的? C++ 语言中,数据元素的下标是从 0 开始还是从 1 开始?

11. 如何给一个数组赋初值?

12. 字符数组和字符串是不是一回事?

13. 什么是枚举类型? 对枚举变量的值有何规定?

14. 什么是枚举符? 枚举符是一个常量,其值是如何规定的?

15. 什么是指针? 它的值和类型是如何规定的?

16. 各种类型的指针是如何定义的?

17. 如何给不同类型的指针赋值和赋初值?

18. 指针有哪些运算? 为什么说"指针运算实际上是地址运算,但指针运算又不同于地址运算"?

19. 如何用指针来表示一、二、三维数组的元素值和元素地址值?

20. 什么是引用? 它与指针有何区别?

21. C++ 语言中有哪些种类的运算符? 各种运算符的功能是什么?

22. 举例说明单目、双目和三目运算符在使用中应注意些什么?

23. 逻辑运算符和逻辑位运算符有何不同?

24. 有哪些运算符具有副作用? 其副作用指的是什么?

25. 位操作运算符有哪些? 它们有什么特点?

26. 三目运算符的功能是什么? 使用时应注意些什么?

27. C++ 语言中,运算符的优先级如何记忆?

28. C++ 语言中,运算符的结合性有几种? 如何记忆?

29. 什么是表达式？C++语言中有哪些常用的表达式？

30. 表达式的值如何计算？表达式的类型如何确定？

31. 书写表达式时应注意哪些事项？

32. 逻辑表达式中的计算值有何特点？

33. 类型高低是什么意思？类型高低是如何规定的？

34. C++语言中，对类型转换有哪些规定？

35. 什么是类型定义？为什么要用类型定义？如何进行类型定义？

36. 什么是结构类型？它与数组有何不同？

37. 如何定义结构类型？如何定义结构变量？

38. 结构变量成员如何表示？如何给结构变量赋值和初始化？

39. 结构变量在程序中有哪些应用？

40. 什么是联合类型？联合与结构有何不同？

作业题

1. 选择填空。

(1) 在 16 位机中，int 型字宽为(　　)字节。

    A. 2　　　　　　　　B. 4　　　　　　　　C. 6　　　　　　　　D. 8

(2) 用类型修饰符 unsigned 修饰(　　)类型是错误的。

    A. char　　　　　　B. int　　　　　　　C. long int　　　　　D. float

(3) 下列十六进制的整型常数表示中，(　　)是错误的。

    A. 0xaf　　　　　　B. 0X1b　　　　　　C. 2fx　　　　　　　D. 0xAE

(4) 下列 double 型常量表示中，(　　)是错误的。

    A. E15　　　　　　B. .35　　　　　　　C. 3E5　　　　　　　D. 3E−5

(5) 下列字符常量表示中，(　　)是错误的。

    A. '\105'　　　　　B. '*'　　　　　　　C. '\4f'　　　　　　　D. '\a'

(6) 下列字符串常量表示中，(　　)是错误的。

    A. "\"yes\" or \"No\""　　　　　　　　B. "\'OK! \'"

    C. "abcd\n"　　　　　　　　　　　　　D. "ABC\0"

(7) 下列变量名中，(　　)是合法的。

    A. CHINA　　　　　B. byte-size　　　　C. double　　　　　D. A+a

(8) 在 int a[5]={1,3,5};中，数组元素 a[1]的值是(　　)。

    A. 1　　　　　　　　B. 0　　　　　　　　C. 3　　　　　　　　D. 2

(9) 在 int b[][3]={{1},{3,2},{4,5,6},{0}};中，a[2][2]的值是(　　)。

    A. 0　　　　　　　　B. 5　　　　　　　　C. 6　　　　　　　　D. 2

(10) 给字符数组进行初始化时，(　　)是正确的。

A. char s1[]="abcd"　　　　　　B. char s2[3]="xyz"

C. char s3[][3]={'a','x','y'}　　D. char s4[2][3]={"xyz","mnp"}

(11) 在 int a=3，*p=&a;中，*p 的值是(　　　)。

  A. 变量 a 的地址值　　　　　　B. 无意义

  C. 变量 p 的地址值　　　　　　D. 3

(12) 对于 int * pa[5];的描述，(　　　)是正确的。

  A. pa 是一个指向数组的指针,所指向的数组是 5 个 int 型元素

  B. pa 是一个指向某数组中第 5 个元素的指针,该元素是 int 型变量

  C. pa[5]表示某个数组的第 5 个元素的值

  D. pa 是一个具有 5 个元素的指针数组,每个元素是一个 int 型指针

(13) 下列关于指针的运算中,(　　　)是非法的。

  A. 两个指针在一定条件下,可以进行相等或不相等的比较运算

  B. 可以用一个空指针赋值给某个指针

  C. 一个指针可以加上两个整数之差

  D. 两个指针在一定条件下,可以相加

(14) 指针可以用来表示数组元素,下列表示中(　　　)是错误的。

  已知：int a[3][7];

  A. *(a+1)[5]　　　　　　B. *(*a+3)

  C. *(*(a+1))　　　　　　D. *(&a[0][0]+2)

(15) 下列表示引用的方法中,(　　　)是正确的。

  已知：int m=10;

  A. int &x=m　　　　　　B. int &y=10

  C. int &z　　　　　　　D. float &t=&m

(16) 下列各运算符中,(　　)可以作用于浮点数。

  A. ++　　　　　B. %　　　　　C. >>　　　　　D. &

(17) 下列各运算符中,(　　)不能作用于浮点数。

  A. /　　　　　　B. &&　　　　　C. !　　　　　D. ~

(18) 下列各运算符中,(　　)优先级最高。

  A. +(双目)　　　B. *(单目)　　　C. <=　　　　D. *=

(19) 下列各运算符中,(　　)优先级最低。

  A. ?:　　　　　B. |　　　　　C. ||　　　　　D. !=

(20) 下列各运算符中,(　　)运算的结合性是从左到右。

  A. 三目　　　　B. 赋值　　　　C. 比较　　　　D. 单目

(21) 下列表达式中,(　　)是非法的。

  已知：int a=5; float b=5.5f;

  A. a%3+b　　　　　　B. b*b&&++a

  C. (a>b)+(int(b)%2)　　　D. ---a+b

(22) 下列表达式中,(　　)是合法的。

已知：double m＝3.2；int n＝3；

A. m≪ 2　　　　　　　　　　　　B. (m＋n)|n

C. ! m * ＝n　　　　　　　　　　　D. m＝5, n＝3.1, m＋n

(23) 下列关于类型转换的描述中，(　　)是错误的。

A. 在不同类型操作数组成的表达式中，其表达式类型一定是最高类型 double 型

B. 逗号表达式的类型是最后一个表达式的类型

C. 赋值表达式的类型是左值的类型

D. 在由低向高的类型转换中是保值映射

(24) 下列各表达式中，(　　)有二义性。

已知：int a(5)，b(6)；

A. a＋b≫ 3　　　　　　　　　　B. ＋＋a＋b＋＋

C. b＋(a＝3)　　　　　　　　　　D. (a＝3)－a＋＋

(25) 用来表示指向结构变量指针的成员是(　　)运算符。

A. •　　　　　　B. →　　　　　　C. ≫　　　　　　D. ≪

(26) 下列关于结构的定义中，有(　　)处错误。

```
struct ab
{
    int a;
    char c;
    double a;
} a, ab;
```

A. 1　　　　　　B. 2　　　　　　C. 3　　　　　　D. 4

(27) 下列关于结构数组的描述中，错误的是(　　)。

A. 结构数组的元素可以是不同结构类型的结构变量

B. 结构数组在定义时可以被赋初值

C. 组成结构数组的结构变量的成员可以是数组

D. 结构数组可定义在函数体内，也可定义在函数体外

(28) 联合成员的地址值和所占的字节数(　　)。

A. 都相同　　　　　　　　　　　　B. 都不相同

C. 前者相同，后者不同　　　　　　D. 前者不同，后者相同

2. 判断下列描述是否正确，对者划√，错者划×。

(1) 任何字符常量与一个任意大小的整型数进行加减都是有意义的。

(2) 转义序列表示法只能表示字符不能表示数字。

(3) 在命名标识符中，大小写字母是不加区分的。

(4) C++程序中，对变量一定要先说明再使用，说明只要在使用之前就可以。

（5）C++语言中数组元素的下标是从 0 开始，数组元素是连续存储在内存单元中的。

（6）数组赋初值时，初始值表中的数据项的数目可以大于或等于数组元素的个数。

（7）枚举变量的取值受到该枚举变量所对应的枚举表中的枚举符的局限。

（8）指针是用来存放某种变量的地址值的变量。这种变量的地址值也可以存放在某个变量中，存放某个指针的地址值的变量称为指向指针的指针，即二级指针。

（9）引用是某个已知变量或对象的别名。对引用的操作，实质上就是对被引用的变量的操作。

（10）运算符的优先级和结合性可以确定表达式的计算顺序。

（11）在说明语句 int a(5)，&b＝a，＊p＝&a;中，b 的值和 ＊p 的值是相等的。

（12）已知：int a(5);表达式(a＝7)＋a 具有二义性。

（13）移位运算符在移位操作中，无论左移还是右移，所移出的空位一律补 0。

（14）某个变量的类型高是指该变量被存放在内存中的高地址处。

（15）隐含的类型转换都是保值映射，显式的类型转换都是非保值映射。

（16）类型定义可用来定义一些 C++语言中所没有的新的类型。

（17）定义结构变量时必须指出该结构变量是属于某种结构类型的。

（18）无名结构是不允许定义结构变量的。

（19）同一结构的不同成员占用不同的内存单元。

（20）联合的所有成员都是没有内存地址的。

3. 计算下列各表达式的值。

（下列各表达式是相互独立的，不考虑前面对后面的影响。）

（1）已知：unsigned int x＝015，y＝0x2b；

   A. x|y； B. x^y； C. x&y； D. ～x＋～y； E. x≪＝3； F. y≫＝4

（2）已知：int i(10)，j(5)；

   A. ＋＋i－j－－； B. i＝i ＊＝j； C. i＝3/2 ＊(j＝3－2)； D. ～i^j；

   E. i&j|1； F. i＋i&0xff

（3）已知：int a(5)，b(3);计算下列表达式的值以及 a 和 b 的值。

   A. ！a&&b＋＋； B. a||b＋4&&a＊b； C. a＝1,b＝2,a＞b? ＋＋a；＋＋b；

   D. ＋＋b,a＝10,a＋5； E. a＋＝b％＝a＋b； F. a!＝b＞2 ≤＝a＋1

（4）已知：int d(5)，＊pd＝&d，&rd＝d；

   A. d＋－rd； B. ＊pd ＊rd； C. ＋＋＊pd－rd； D. ＋＋rd－d

（5）已知：'1'的 ASCII 码值为 49。

   A. 3＋2≪1＋1； B. 2 ＊9|3≪1； C. 5％－3 ＊2/6－3；

   D. 8＝＝3 ≤＝2&5； E. !('3'＞'5')||2＜6； F. 6＞＝3＋2－('0'－7)

4. 按下列要求编写程序。

（1）从键盘上输入两个 int 型数，比较其大小，并输出显示其中较小的数。

（2）从键盘上输入一个 int 型数、一个浮点型数，比较其大小，输出其中较大的数。

（3）输入一摄氏温度，编程输出华氏温度。已知：华氏温度转换为摄氏温度的计算公式如下：

$$C = (F - 32)5/9$$

其中，F 表示华氏温度，C 表示摄氏温度。

（4）编程实现输入千米数，输出显示其英里数。已知：1 英里＝1.60934 千米（用符号常量）。

（5）输入一个 int 型数，将它的低 4 位（右 4 位）都置为 1。

第 3 章　预处理和语句

本章讲述 C++ 语言的预处理功能和 C++ 语言的各种语句,这些都是 C++ 语言编程的最基本内容。这里介绍的预处理功能包括宏定义、文件包含和条件编译等命令。这里介绍的 C++ 语言语句包括表达式语句、复合语句、选择语句、循环语句和转向语句等全部语句。

通过本章的学习,读者将会掌握 C++ 语言程序中最小的可执行单元。C++ 语言程序是由若干个文件组成的,文件又是由若干个函数组成的,而函数便是由若干条语句组成。每条语句实现一种操作,若干条语句实现一种功能。

3.1　预处理功能

C++ 语言的预处理功能是指 C++ 语言源程序中可以包含使用的各种编译命令,而这些编译命令由于它们是在程序被正常编译之前执行的,故称为预处理命令(或指令)。这些命令所实现的功能称为预处理功能。

预处理命令实际上不是 C++ 语言的一部分。它只是用来扩充 C++ 语言程序设计的环境,使得程序书写变得更加简练、清晰。

下面介绍的常用的预处理命令有:

* 文件包含命令;
* 条件编译命令;
* 宏定义命令。

C++ 语言继承了 C 语言的预处理功能,但是应该看到有些 C 语言中的预处理功能也被 C++ 语言中的一些新的功能所替代。因此,预处理功能在 C++ 语言中不像在 C 语言中那么重要。

所有的预处理命令在程序中都是以♯来引导。每一条预处理命令单独占用一行,该行上不得再有其他预处理命令和语句。预处理命令一行写不下,可以续行,但有时需要加续行符(\)。预处理命令实际上是编译命令,它不是语句,不要用分号(;)结束。预处理命令可放在程序开头、中间或末尾,由需要而定。

3.1.1　文件包含命令

文件包含命令格式如下：

　　#include〈文件名〉

或者

　　#include″文件名″

其中，include 是关键字，文件名是指被包含的文件全名。文件包含命令有两种格式，一种是将文件名以尖括号(〈〉)括起，另一种是将文件名以双撇号(″″)括起。使用前一种格式时是指那些由系统提供的并放在指定子目录中的头文件，使用后一种格式时是指那些由用户自己定义的放在当前目录或其他目录下的头文件或者其他源文件。

　　所谓"头文件"是指一些存放着与标准函数有关的信息，或者存放着符号常量、类型定义、类和其他复杂类型的定义以及与程序环境相关信息的.h 文件(即文件扩展名为 h)。头文件有系统提供的。例如，前面程序中已出现过的 iostream.h 便是一个系统提供的有关输入输出操作信息的头文件。头文件也有用户根据需要编写的。

　　通常，将文件包含命令放在程序头是比较明智的。因为被包含文件的内容将被插入到该文件包含命令出现的位置，即被插入在文件头，后面程序就可以方便地对它们进行引用。

　　在定义和使用文件包含时应注意如下几点：

　　(1) 一条文件包含命令只能包含一个文件。若想包含多个文件，则必须用多条文件包含命令。例如：

　　#include〈iostream.h〉
　　#include〈math.h〉
　　　　　⋮

　　(2) 在被包含的文件中还可以使用文件包含命令。文件包含命令可以嵌套使用。例如，定义一个头文件，其名字为 myfile1.h，该文件内容如下：

　　#include″myfile2.h″
　　#include″myfile3.h″
　　　　　⋮

这里又包含了两条文件包含命令。

　　(3) 为使编译后的目标文件不宜过长，在定义被包含文件时，其内容不宜过多。因为内容过多后，常常会使被包含文件的内容利用率变低，因为很多用不到的内容增加了目标文件的长度。

3.1.2　条件编译命令

　　条件编译命令是用来定义某些编译内容要在满足一定条件下才参与编译，否则将不参与编译。因此,利用条件编译命令可以使同一个源程序在不同的编译条件下产生不同的目标代码。利用条件编译可在调试程序时增加一些调试语句,以达到跟踪的目的。当程序调试好后,重新编译时,再让调试语句不参与编译。

常用的条件编译命令有如下 3 种格式:

1. 格式一

　＃ifdef〈标识符〉
　　〈程序段 1〉
　＃else
　　〈程序段 2〉
　＃endif

或者

　　＃ifdef〈标识符〉
　　　〈程序段 1〉
　　＃endif

其中,ifdef, else 和 endif 都是关键字。〈程序段 1〉和〈程序段 2〉是由若干条预处理命令和语句组成的。其功能如下:

如果〈标识符〉被定义过,则〈程序段 1〉参与编译,否则〈程序段 2〉参与编译。如果省略＃else,则无〈程序段 2〉;当〈标识符〉没被定义时,便去执行＃endif 后面的程序。

2. 格式二

　＃ifndef〈标识符〉
　　〈程序段 1〉
　＃else
　　〈程序段 2〉
　＃endif

或者

　　＃ifndef〈标识符〉
　　　〈程序段 1〉
　　＃endif

其中,ifndef, else 和 endif 都是关键字,其余同格式一。其功能如下:

如果〈标识符〉未被定义过,则〈程序段 1〉参与编译,否则〈程序段 2〉参与编译。省略＃else 时,则无〈程序段 2〉;当〈标识符〉已被定义时,便去执行＃endif 后面的程序。

3. 格式三

　＃if〈常量表达式 1〉
　　〈程序段 1〉
　＃elif〈常量表达式 2〉
　　〈程序段 2〉
　＃elif〈常量表达式 3〉
　　〈程序段 3〉

⋮

```
#else
  〈程序段 n+1〉
#endif
```

其中,if,elif,else 和 endif 是关键字。〈常量表达式 1〉……是一个常量表达式,〈程序段 1〉……由若干条预处理命令和语句组成。这里,#if 只有一个;#elif 可以没有,也可以有多个;#else 可以没有,也可以有一个。

这种条件编译格式可以嵌套使用。例如:

```
#if A>10
  #if A>=5&&A<=8
    int a=7;
  #else
    int a=3;
  #endif
#elif A>100
  int a=100;
#endif
```

Visual C++ 还提供了一个类似于函数的运算符 defined()。它的格式如下:

defined(〈标识符〉)

其功能是:当〈标识符〉已被定义,并没有取消时,其表达式值为非 0;当〈标识符〉没有被定义,或已被取消时,其表达式值为 0。它经常用来判断某个〈标识符〉是否已被宏定义。

下面举例说明条件编译的应用。

[例 3.1] 分析下列程序的输出结果。

```
#include〈iostream.h〉
#define A −10
void main()
{
  #if A>0
    cout<<"a>0"<<endl;
  #elif A<0
    cout<<"a<0"<<endl;
  #else
    cout<<"a==0"<<endl;
  #endif
}
```

该程序中,开始出现的 #include 是文件包含命令;接着出现的 #define 是宏定义命令,后面将讲述;在 main()体内出现的是条件编译命令中的格式三。

请读者自己分析输出结果。如果将下述语句:

♯define A －10

改为：

　　♯define A 10

结果又将如何呢？

　　这是一种避免重复引用某个头文件的常用方法。

　　[例 3.2]　在调试程序时，常常在源程序中要插入一些专门调试程序的语句，如输出语句等，其目的是为了检查程序执行的情况。当然，也可以采用系统提供的设置断点和监视表达式等方法。在使用插入语句的方法时，调试完成后，还需要逐一删除，因此带来了麻烦。条件编译命令可使得调试时插入的语句不用删除。其方法是：调试时，用条件编译命令使专用于调试的程序段参与编译；调试结束后，重新编译时，使得专用于调试的程序段不参与编译。例如：

```
♯define DEBUG 1
    ⋮
♯if DEBUG==1
    cout ≪"OK!"≪endl；
♯endif
    ⋮
♯if DEBUG==1
    cout≪a≪"\t"≪b≪endl；
♯endif
    ⋮
```

　　该例中，♯if 和 ♯endif 之间的程序段是调试时参加编译的程序段。当调试完成后，将

　　♯define DEBUG 1

改为：

　　♯define DEBUG 0

重新编译后，调试用的程序段将不参与编译。

3.1.3　宏定义命令

　　宏定义命令用来将一个标识符定义为一个字符串。该标识符被称为宏名，被定义的字符串称为替换文本。

　　宏定义命令有两种格式：一种是简单的宏定义，另一种是带参数的宏定义。

　　1. 简单的宏定义

　　格式如下：

　　♯define〈宏名〉〈字符串〉

其中,define 是关键字,〈宏名〉是一个标识符,〈字符串〉是任意的字符序列。例如:

```
# define PI 3.14159265
# define M 10
# define SIZE 80
# define EPS 1.0e-9
# define LAST_ LETTER Z
```

一个标识符被宏定义后,该标识符便是一个宏名。这时,在程序中出现的是宏名。在该程序被编译时,先将宏名用被定义的字符串替换,这称为宏替换,替换后才进行编译。宏替换是简单的代换。

[例 3.3] 分析下列程序被替换后的结果。

```
# include 〈iostream. h〉
# define PI 3.14159265
void main()
{
    double r,l,s,v;
    cout<<"Input radius:";
    cin>>r;
    l=2 * PI * r;
    s=PI * r * r;
    v=4.0/3.0 * PI * r * r * r;
    cout<<"l="<<l<<"\n"<<"s="<<s<<"\n"<<"v="<<v<<endl;
}
```

该程序中主函数被替换后如下所示:

```
void main()
{
    double r,l,s,v;
    cout<<"Input radius:";
    cin>>r;
    l=2 * 3.14159265 * r;
    s=3.14159265 * r * r;
    v=4.0/3.0 * 3.14159265 * r * r * r;
    cout<<"l="<<l<<"\n"<<"s="<<s<<"\n"<<"v="<<v<<endl;
}
```

该程序执行时,要求输入:

Input radius:5 √

输出结果如下:

l=31.4159
s=78.5398

v=523.599

使用简单的宏定义可以定义符号常量,但在 C++ 语言中,常用 const 来定义符号常量。例如:

const double PI=3.14159265;

与

#define PI 3.14159265

都是将标识符 PI 定义为 3.14159265。但是,两种方法又是有区别的。其主要区别有:

(1) const 将产生一个具有类型的符号,例如:

const int SIZE=80;

说明 SIZE 是一个 int 型的常量。用 #define 命令仅产生文本替换,而不管内容是否正确。

(2) 使用 const 可以定义一个局部常量,使其作用域局限在一个函数体内。而用 #define 定义的常量,尽管在某个函数体内,但它的作用域是从定义时开始,直到使用 #undef 取消其定义时为止;如果不取消其定义,则直到整个文件结束。

(3) 使用 const 定义常量是一个说明语句,以分号结束;而用 #define 定义常量是一个预处理命令,不能用分号结束。

在 C++ 语言中,多数的常量是用 const 来定义的,因此,#define 的应用比在 C 语言中明显减少。

一般在使用宏定义时应注意如下几点:

(1) 在书写 #define 命令时,〈宏名〉和〈字符串〉之间用空格分开,不要用等号连接。

(2) 使用 #define 定义的标识符不是变量,它只用于宏替换,因此,它不占有内存。

(3) #define 是一条预处理命令,一般不用分号结束,因为它所定义的标识符将等价于其后的字符串。例如:

#define M 5;

这里,M 等价于"5;",而不是 5。

(4)〈宏名〉常常用大写字母表示。这是一种习惯约定,其目的是为了与变量名区分。〈宏名〉也可以用小写字母。

(5) 标识符被宏定义后,在取消这次宏定义之前,不允许重新对它宏定义。取消宏定义使用如下命令:

#undef〈标识符〉

其中,undef 是关键字。该命令的功能是取消对〈标识符〉已有的宏定义。取消了宏定义的标识符后可以对它重新定义。

(6) 宏定义可以嵌套,已被定义的标识符可以用来定义新的标识符。例如:

#define M 5

```
＃define WIDTH 10
＃define LENGTH （WIDTH＋50）
＃define AREA (LENGTH ＊ WIDTH)
```

多层嵌套的宏定义在替换时是逐层替换的。例如,在程序中,出现了如下语句:

S＝AREA ＊ M；

替换后:

S＝((WIDTH＋50) ＊ WIDTH) ＊ M；

再替换:

S＝((10＋50) ＊ 10) ＊ 5；

2. 带参数的宏定义

格式如下:

＃define〈宏名〉(〈参数表〉)〈宏体〉

其中,〈宏名〉是一个标识符;〈参数表〉中可以有一个参数,也可以有多个参数,多个参数用逗号分隔。〈宏体〉是替换用的字符序列。在替换时,〈宏体〉中与参数表中相同的标识符的字符序列将被程序中引用这个宏定义时提供的与该标识符对应的字符序列所替换。

例如:

＃define ADD(x,y) x＋y

如果在程序中出现如下语句:

S＝ADD(7,8)；

则被替换为:

S＝7＋8；

如果程序中出现如下语句:

S＝ADD(a＋1,b＋2)；

则被替换为:

S＝a＋1＋b＋2；

可见,宏替换时,只是对〈宏体〉中出现的与宏定义时参数表中参数名相同的字符序列进行替换,上例中〈宏体〉中被替换的是 x 和 y 字符。替换时用程序中引用该宏定义时所提供的参数的字符序列来替换。上例中,用 7 或 a＋1 来替换 x,用 8 或 b＋2 来替换 y。

还可以这样来理解:在宏定义时出现的参数称为形参,在程序中引用宏定义时出现的参数称为实参。上例中,x 和 y 为形参,而 7 和 8 以及 a＋1 和 b＋2 都为实参。在宏替换时,将用实参来替换〈宏体〉中所出现的形参。

〔例 3.4〕 分析下列程序被替换后的内容以及执行后的结果。

```
#include〈iostream.h〉
#define ADD(a,b) a+b
void main()
{
  int x(5),y(7),s;
  s=ADD(x+1,y-2);
  cout<<"s="<<s<<endl;
}
```

该程序被替换后,主函数内容如下:

```
void main()
{
  int x(5),y(7),s;
  s=x+1+y-2;
  cout<<"s="<<s<<endl;
}
```

执行该程序后,输出结果如下:

S=11

使用带参数的宏定义时还要注意如下几点:

(1) 带参数的宏定义的〈宏体〉应写在一行上。如果需要写在多行上时,在每行结束时,使用续行符("\")结束,并在该符号后按下回车键,最后一行除外。

(2) 在书写带参数的宏定义时,〈宏名〉与左括号之间不能出现空格,否则空格右边的都将作为宏体。

例如:

#define ADD (x,y) x+y

这时,将(x,y) x+y作为宏名 ADD 的被定义的替换字符串。

(3) 定义带参数的宏定义时,对宏体中与参数名相同的字符序列适当地加上圆括号是十分重要的,这样可以避免宏替换后在优先级上发生的问题。

例如:

#define SQ(x) x * x

若程序中出现下列语句:

m=SQ(a+b);

则替换后应为:

m=a+b * a+b;

若想替换后为:

m=(a+b) * (a+b);

则应该这样进行宏定义：

```
#define SQ(x) (x)*(x)
```

可见，加圆括号在宏体中将会改变替换后的表达式的优先级。

又如，对上述的宏定义，程序中语句：

```
m=50/SQ(5);
```

替换后：

```
m=50/(5)*(5);
```

即 m 的值为 50。

对下述宏定义：

```
#define SQ(x) ((x)*(x))
```

替换后：

```
m=50/((5)*(5));
```

即 m 的值为 2。

由此可看出，在宏体中适当加圆括号所起的作用。

在 C++ 语言中，带参数的宏定义常用内联函数替代，因为内联函数具有带参数宏定义计算速度较快的优点。关于内联函数将在下一章中讲解。

[**例 3.5**]　分析下列程序的输出结果。

```
#include <iostream.h>
void main()
{
    int b(5);
    #define b 2
    #define f(x) b*(x)
    int y(3);
    cout<<f(y+1)<<endl;
    #undef b
    cout<<f(y+1)<<endl;
    #define b 3
    cout<<f(y+1)<<endl;
}
```

程序中出现了 #define 和 #undef 预处理命令。在宏定义中，有简单的，也有带参数的。在宏定义 #define f(x) b*(x) 中，b 是符号常量的 b，而不是变量 b，因为预处理命令在编译之前执行。

请读者分析输出结果。

3.2　语　　句

C++语言提供了丰富的语句,这些语句足以组成结构化程序设计所需要的3种基本控制结构:连续结构、选择结构和循环结构。

C++语言所提供的语句包括如下几种:

- 表达式语句和空语句;
- 复合语句;
- 选择语句;
- 循环语句;
- 转向语句。

下面介绍这些语句的格式、功能和使用方法。

3.2.1　表达式语句和空语句

C++语言中任何一个表达式加上分号(";")便是表达式语句。在 C++语言程序中,有许多表达式语句。例如:

```
a=3 * b;
x=a|b&c;
y=x <=5;
a=3,b=5,a+b;
a>b? a++:b++;
! a&&b||c;
f(a,b);
y=fun(&a,&b);
```

这些都是表达式语句。

空语句是指只有一个分号(;)的语句。可见,空语句是一种不进行任何操作的语句。该语句用在一些需要一条语句,但又不进行任何操作的地方。例如,作为某些循环语句的循环体,作为 goto 语句要转向的一条空语句等。这些例子将会在后面的程序中看到。

3.2.2　复合语句和分程序

复合语句是由两条或两条以上的语句组成,并由一对花括号({ })括起来的语句。复合语句在语法上相当于一条语句。复合语句又称为块语句。复合语句可以嵌套,即复合语句中还可以包含复合语句。含有一条或多条说明语句的复合语句称为分程序,也称块结构。

复合语句常用来作为 if 语句的 if 体、else 体,或者作为循环语句的循环体等,后面将会看到这方面的例子。

3.3 选 择 语 句

选择语句是 C++ 语言程序经常使用的语句,可用它构成选择结构。

选择语句有两种:一种是条件语句,即 if 语句;另一种是开关语句,即 switch 语句。它们都可以用来实现多路分支。这种语句具有一定的判断能力,它可以根据给定的条件来决定执行哪些语句,不执行哪些语句。

3.3.1 条件语句

条件语句具有如下格式:

```
if (〈条件 1〉)〈语句 1〉
else if (〈条件 2〉)〈语句 2〉
else if (〈条件 3〉)〈语句 3〉
        ⋮
else if (〈条件 n〉)〈语句 n〉
else    〈语句 n+1〉
```

其中,if,else if, else 都是关键字。〈条件 1〉、〈条件 2〉……〈条件 n〉是作为判断条件使用的各种表达式,常用关系表达式或逻辑表达式,其他表达式也可以,但不要用赋值表达式。〈语句 1〉、〈语句 2〉……〈语句 n+1〉可以是单一语句,也可以是复合语句。

上述格式是 if 语句中最复杂的格式。该格式中的 else if 可以没有,也可以有多个;else 也可以没有,也可以有一个。当 else if 和 else 都没有时,就变成了最简单的 if 语句,如下所示:

```
if (〈条件〉)〈语句〉
```

条件语句功能如下:

先计算〈条件 1〉给出的表达式的值。如果该值为非 0,则执行〈语句 1〉,执行完毕后转到该条件语句后面继续执行其后语句。如果该值为 0,则继续计算〈条件 2〉给出的表达式的值。如果该值为非 0,则执行〈语句 2〉,执行完毕后转到该条件语句后面执行其后语句;如果该值为 0,则继续计算〈条件 3〉给出的表达式的值,依次类推。如果所有的条件中给出的表达式的值都为 0,则执行 else 后面的〈语句 n+1〉。如果没有 else,则什么也不做,转到该条件语句后面的语句继续执行。

if 语句可以嵌套,即 if 体、else if 体或 else 体内都可以包含 if 语句。

在 if 语句嵌套的情况下,else 只是与最近的一个没有与 else 配对的 if 配对,因为一个 if 只能有一个 else。

将 if 语句的功能用框图表示,如图 3-1 所示。

[例 3.6] 比较两个数的大小。

```cpp
#include <iostream.h>
void main()
{
    int x,y;
    cout<<"Input x,y: ";
    cin>>x>>y;
    if(x!=y)
        if(x>y)
            cout<<"x>y"<<endl;
        else
            cout<<"x<y\n";
    else
        cout<<"x=y\n";
}
```

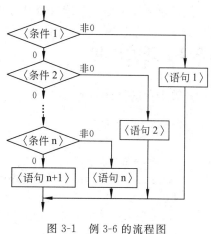

图 3-1 例 3-6 的流程图

运行该程序时,在提示信息:

Input x,y:

后面输入两个 int 型数,中间用空格符或换行符分隔。

该程序中,if 语句的 if 体内又有一个 if-else 语句,这便是 if 语句的嵌套。

[例 3.7] 分析下列程序的输出结果。

```cpp
#include <iostream.h>
void main()
{
    int a,b;
    a=b=5;
    if(a==1)
        if(b==5)
        {
            a+=b;
            cout<<a<<endl;
        }
        else
        {
            a-=b;
            cout<<a<<endl;
        }
    cout<<a+b<<endl;
}
```

该程序中出现了 if 语句的嵌套,这里只有一个 else,它显然应该属于距它最近的 if,即属于 if(b==5)的 else。

该程序的输出结果请读者自己分析。

3.3.2 开关语句

开关语句的格式如下：

```
switch (〈整型表达式〉)
{
    case 〈整常型表达式 1〉:〈语句序列 1〉
    case 〈整常型表达式 2〉:〈语句序列 2〉
             ⋮
    case 〈整常型表达式 n〉:〈语句序列 n〉
    default:    〈语句序列 n+1〉
}
```

其中，switch 是关键字，case 和 default 是子句关键字。〈整型表达式〉是指一个其值为 int 型数值的表达式，〈整常型表达式 1〉、〈整常型表达式 2〉……〈整常型表达式 n〉是指其值为整常型数值，通常使用整型数值或字符常量。〈语句序列 1〉、〈语句序列 2〉……〈语句序列 n〉是由一条或多条语句组成的语句段，也可以是空，即无任何语句。

开关语句功能如下：

先计算 switch 后面括号内的表达式的值，然后，将该值与花括号内 case 后面的〈整常型表达式〉的值进行比较。其顺序是先与〈整常型表达式 1〉比较；如果不相等，再与〈整常型表达式 2〉比较；如果不相等，则顺序向下，直到〈整常型表达式 n〉；如果都不相等，则执行 default 后面的〈语句序列 n+1〉；如果没有 default，则转去执行开关语句后面的语句。在用〈整型表达式〉的值与各个〈整常型表达式 1〉、〈整常型表达式 2〉……〈整常型表达式 n〉的比较过程中，哪个相等时，便去执行其后面的〈语句序列〉；在执行语句序列中遇到 break 语句时，则退出 switch 语句，执行后面的语句。如果执行某个语句序列直到最后一条语句被执行完都没有遇到 break，则接着执行该语句序列下面的一个语句序列，遇到 break 时，退出 switch 语句。如果该语句序列中也没有遇到 break 语句，则再接着执行下一个语句序列，直到遇到 break 语句，再退出 switch 语句。如果其后的语句序列中都没有 break 语句，则依次执行其后的每个语句序列，直到 switch 语句的右花括号时，再退出 switch 语句，执行其后语句。

一般情况下，每个 switch 语句中的语句序列都以 break 结束；而最后一个语句序列可以省略 break 语句，因为 switch 语句的右花括号也有退出 switch 语句的功能。

switch 语句也可以嵌套。

［例 3.8］ 编程实现两个浮点数的四则运算。

```
#include 〈iostream.h〉
void main()
{
    float d1,d2;
```

```
    char op;
    cout<<"Input d1 op d2:";
    cin>>d1>>op>>d2;
    switch(op)
    {
        float temp;
        case '+': temp=d1+d2;
                 cout<<d1<<op<<d2<<"="<<temp<<endl;
                 break;
        case '-': temp=d1-d2;
                 cout<<d1<<op<<d2<<"="<<temp<<endl;
                 break;
        case '*': temp=d1*d2;
                 cout<<d1<<op<<d2<<"="<<temp<<endl;
                 break;
        case '/': temp=d1/d2;
                 cout<<d1<<op<<d2<<"="<<temp<<endl;
                 break;
        default: cout<<"error! \n";
    }
}
```

执行该程序后出现如下提示信息：

Input dlopd2：4.0 * 5.2 ↙

输出结果为：

4 * 5.2＝20.8

[例 3.9]　编程统计从键盘上输入的数字中每种数字的个数和其他字符的个数，并以字符'＄'作为输入结束符。

```
#include <iostream.h>
void main()
{
    char c;
    int nother(0),ndigit[10];
    for(int i=0;i<10;i++)
        ndigit[i]=0;
    cin>>c;
    while(c!='$')
    {
        switch(c)
        {
            case '0':
            case '1':
```

```
        case '2':
        case '3':
        case '4':
        case '5':
        case '6':
        case '7':
        case '8':
        case '9': ++ndigit[c-'0'];
                  break;
        default: ++nother;
      }
      cin>>c;
    }
    cout<<"digiter=";
    for(i=0;i<10;i++)
      cout<<ndigit[i]<<' ';
    cout<<"\nother="<<nother<<endl;
}
```

执行该程序,输入如下字符序列:

<u>1 0 3 8 9 2 7 6 h g i k 5 4 9 & * + $</u> ↙

输出结果如下:

```
digiter=1  1  1  1  1  1  1  1  2
other=7
```

该程序中,使用了 switch 语句。在开关语句中,多个 case 使用同一个语句序列。

[例 3.10] 分析下列程序的输出结果。

```
#include <iostream.h>
void main()
{
  int i(1),j(0),m(1),n(2);
  switch(i++)
  {
  case 1: m++;n++;
  case 2: switch(++j)
          {
            case 1: m++;
            case 2: n++;
          }
  case 3: m++;
          n++;
          break;
  case 4: m++;
```

```
        n++;
    }
    cout≪m≪','≪n≪endl;
}
```

执行该程序后,输出结果如下:

```
4,5
```

说明:该程序中出现了 switch 语句的嵌套。另外,注意 break 语句在该程序中的使用。

3.4 循 环 语 句

C++语言中提供了 3 种循环语句:一种是 while 循环语句,一种是 do-while 循环语句,另一种是 for 循环语句。这些循环语句各自有其特点,可根据不同需要进行选择。在许多情况下,它们之间又可以相互替代。它们的共同特点是根据循环条件来判断是否执行循环体。

3.4.1 while 循环语句

该语句格式如下:

while (〈条件〉) 〈语句〉

其中,while 是关键字。〈条件〉是用来判断是否执行循环体的条件。该条件给出了一个表达式,通过计算该表达式,可决定是否执行循环体。当表达式的值为非零时,执行循环体;否则退出该循环,即执行该循环后边的语句。〈语句〉是该循环的循环体,该语句是一条语句或复合语句。

该循环语句功能如下:

先计算〈条件〉中给出的表达式的值,如果其值为非零,则执行循环体语句;否则退出循环执行该循环后面的语句。当执行过一次循环体后,再次计算条件中给出的表达式的值,如果其值仍为非零,则再次执行循环体,直到表达式值为零,退出循环为止。

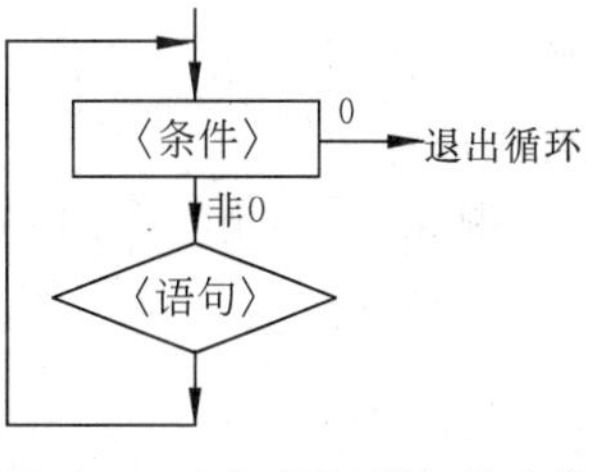

图 3-2   while 循环语句的功能

将该循环语句的功能用框图表示,如图 3-2 所示。

该循环是可以嵌套的。

［例 3.11］ 编程求出自然数 1~10 之和。

```
#include〈iostream.h〉
void main()
{
```

```
    int i(1),sum(0);
    while(i<=10)
    {
        sum+=i;
        i++;
    }
    cout<<"sum="<<sum<<endl;
}
```

请读者分析该程序的输出结果。

将该程序中的 while 循环的循环体写成：

```
sum+=i++;
```

是否可以？请读者验证。

3.4.2 do-while 循环语句

该循环语句格式如下：

do〈语句〉
while(〈条件〉);

其中,do,while 是关键字。〈语句〉是该循环的循环体,它可是一条语句,也可是复合语句。〈条件〉是任意表达式,该表达式值为非零时,再次执行循环体,否则退出循环。

该循环语句的功能如下：

先执行一次〈语句〉(即循环体),然后计算〈条件〉所给出的表达式值。如果其值为非零,则再次执行循环体,直到其值为零才退出该循环,并执行该循环后边的语句。

将该循环功能用框图表示,如图 3-3 所示。

do-while 循环与 while 循环的区别仅在于 do-while 循环至少执行一次循环体,而 while 循环可能一次也不执行循环体。

〔例 3.12〕 用 do-while 循环编程求出自然数 1～10 之和。

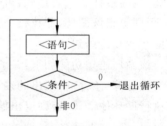

图 3-3 do-while 循环语句的功能

```
#include〈iostream.h〉
void main()
{
    int i(1),sum(0);
    do {
        sum+=i++;
    }while(i<=10);
    cout<<"sum="<<sum<<endl;
}
```

C++ 语言基础教程(第 3 版)

读者可以自己分析该程序的输出结果。

注意：为增加可读性,do-while 的循环体只有一条语句时也可加花括号。

3.4.3　for 循环语句

该循环语句格式如下：

for (d1;d2;d3) 〈语句〉

其中,for 为关键字。〈语句〉是循环体。它可以是一条语句,也可以是复合语句。d1,d2, d3 分别是一个表达式,它们之间用分号("；")分隔。一般情况下,d1 表达式用来表示给循环变量初始化。d2 表达式用来表示循环是否结束的条件。若该表达式值为非零,则执行循环体,否则退出循环。d3 表达式用来作为循环变量的增、减量。

该循环语句功能如下：

先计算 d1 表达式的值,再计算 d2 表达式的值,并判断是否执行循环体。如果表达式 d2 的值为零,则退出循环,执行该循环后面的语件;否则执行一次循环体,然后计算表达式 d3 的值,即改变循环变量。接着再计算表达式 d2 的值,并判断是否执行循环体。循环语句的功能见图 3-4。

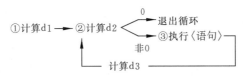

图 3-4　for 循环语句的功能

在 for 循环中,d1 表达式只计算一次可以放在 for 循环语句前面;d3 表达式每执行完循环体后计算一次,可放在循环体中,于是 for 循环格式可以用 while 循环来替代,如下所示：

```
d1;
while (d2)
{
  〈语句〉
  d3;
}
```

for 循环中,for 后面括号内的 3 个表达式可以写在其他位置,但是两个分号不可省略。下面以计算自然数 1～10 之和为例,说明 for 循环的各种变化形式。

[**例 3.13**]　使用 for 循环的各种形式编程求自然数 1～10 之和。

形式一：

```
# include 〈iostream. h〉
void main()
{
```

```
    int i,sum(0);
    for(i=1;i<=10;i++)
        sum+=i;
    cout<<"sum="<<sum<<endl;
}
```

形式二：

```
#include <iostream.h>
void main()
{
  int i(1),sum(0);
  for(;i<=10;i++)
      sum+=i;
  cout<<"sum="<<sum<<endl;
}
```

形式三：

```
#include <iostream.h>
void main()
{
  int i(1),sum(0);
  for(;i<=10;)
      sum+=i++;
  cout<<"sum="<<sum<<endl;
}
```

形式四：

```
#include <iostream.h>
void main()
{
  int i(1),sum(0);
  for(;;)
  {
      sum+=i++;
      if(i==10)
        break;
  }
  cout<<"sum="<<sum<<endl;
}
```

形式五：

```
#include <iostream.h>
void main()
{
```

```
    for(int i(1),sum(0);i<=10;sum+=i,i++)
      ;
    cout<<"sum="<<sum<<endl;
}
```

上述 5 种不同的 for 循环形式,对求自然数 1~10 之和都是等价的。从中不难看出,for 循环中 d1,d2 和 d3 的 3 个表达式位置的灵活性很大。形式五中,d1 和 d3 位置的表达式都是逗号表达式,循环体是一个空语句,因为求和的工作在 d3 位置的逗号表达式中实现了。形式四中,关键字 for 后面括号内的 3 个表达式的功能都被移到 for 循环之前和循环体中去实现了,但是,两个分号不可省略。

[例 3.14]   分析下列程序的输出结果。

```
#include <iostream.h>
void main()
{
  for(int i=0;++i;i<5)
  {
    if(i==3)
    {
      cout<<++i<<endl;
      break;
    }
    cout<<++i<<endl;
  }
}
```

该程序看上去可能会怀疑 for 循环中 d2 和 d3 表达式的位置颠倒了。但是,实际上该程序的这种写法可能现实意义很小,可是在语法上没有错误,d2 和 d3 表达式可以是任意的。该程序分析可以训练对 for 循环语句执行顺序的进一步理解和掌握。具体地讲,表达式++i 的值总是为非零的,无法从这里退出循环,因此实际上是通过循环体内 if 语句中的 break 语句退出循环的。表达式 i++虽然不能由它退出循环,但每计算一次循环变量 i 都增 1。表达式 i<5 的值对于循环变量 i 没有改变,实际上,i 在 d2 中和在循环内被改变了,因此 i<5 对循环不起作用。

执行该程序输出结果如下:

2
4

3.4.4　多重循环

所谓多重循环是指在循环体内还有循环语句,这又称为循环的嵌套。

C++语言中提出的上述 3 种循环不仅可以自身嵌套,而且可以相互嵌套。嵌套时应该注意的是要在一个循环体内包含另一个完整的循环结构。这就是说,无论哪种嵌套关系都必须将一个完整的循环结构全部放在某个循环体内。

下面列举几个合法嵌套的格式。

1. do-while 循环的自身嵌套

```
do {
    ⋮
    do {
        ⋮
    } while (…);
    ⋮
} while (…);
```

2. for 循环内嵌套 while 循环

```
for (…)
{
    ⋮
    while (…)
    {
        ⋮
    }
    ⋮
}
```

3. while 循环内嵌套 for 循环, for 循环又自身嵌套

```
while (…)
{
    ⋮
    for (…)
    {
        ⋮
        for (…)
        {
            ⋮
        }
        ⋮
    }
    ⋮
}
```

4. while 循环内嵌套 do-while 循环

```
while (…)
{
    ⋮
    do {
        ⋮
```

```
    } while (…);
        ⋮
}
```

5. for 循环内嵌套 while 循环和 do-while 循环

```
for (…)
{
        ⋮
    while (…)
    {
            ⋮
    }
    do {
            ⋮
    } while (…);
        ⋮
}
```

对于其他各种循环嵌套不再一一列举,下面举几个程序实例。

[例 3.15] 分析下列程序的输出结果。

```
#include ⟨iostream. h⟩
void main()
{
    int i(1),a(0);
    for(;i<=5;i++)
    {
        do {
            i++;
            a++;
        }while(i<3);
        i++;
    }
    cout<<a<<","<<i<<endl;
}
```

该程序中,for 循环内嵌套了 do-while 循环。

读者可分析输出结果。

[例 3.16] 编程求出 50～100 之内的素数。

```
#include ⟨iostream. h⟩
#include ⟨math. h⟩
#define MIN 51
#define MAX 100
void main()
{
    int i,j,k,n(0);
```

```
    for(i=MIN;i<=MAX;i+=2)
    {
        k=(int)sqrt(double(i));
        for(j=2;j<=k;j++)
            if(i%j==0)
                break;
        if(j>=k+1)
        {
            if(n%6==0)
                cout<<endl;
            n++;
            cout<<"  "<<i;
        }
    }
    cout<<endl;
}
```

求素数的算法很多,比较起来有快有慢。本例中采用一种较快的方法,并将求出的素数以每行 6 列的方式显示在屏幕上。

[**例 3.17**]　编程打印出如下图案。

```
                     1
                  2     2
               3     3     3
            4     4     4     4
         5     5     5     5     5
      6     6     6     6     6     6
   7     7     7     7     7     7     7
 8     8     8     8     8     8     8     8
9     9     9     9     9     9     9     9     9
10    10    10    10    10    10    10    10    10    10
```

编程内容如下:

```
# include <iostream. h>
void main()
{
    for(int i=1;i<=10;i++)
    {
        for(int j=1;j<=11-i;j++)
            cout<<"  ";
        for(j=1;j<=i;j++)
        {
            if(i==10)
                cout<<i<<"  ";
            else
```

　　C++ 语言基础教程(第 3 版)

```
            cout≪i≪"      ";
        }
        cout≪endl;
    }
}
```

3.5 转 向 语 句

C++语言中提供了 goto，break 和 continue 等转向语句。其中，goto 是非结构化控制语句，而 break 和 continue 是半结构化控制语句，它们会改变语句的执行顺序，因此，应在程序中尽量少用。

3.5.1 goto 语句

该语句格式如下：

goto〈语句标号〉;

其中，goto 是关键字。〈语句标号〉是一种用来标识语句的标识符，它的名字同标识符的规定，放在语句的最前面，并用冒号(:)与语句分开。语句标号可以放在语句行的最左边，用冒号分隔；也可以放在语句行的上一行，即独占一行，但也要使用冒号分隔。例如，用 goto 语句构成一个循环，如下所示：

```
            ⋮
        int i(1), s(0);
loop: i++;
        s+=i;
        if (i<=50) goto loop;
        cout≪s≪endl;
            ⋮
```

该程序段中，输出的 s 为自然数 1～50 之和，其中 loop 是语句标号。该语句标号也可以写为：

```
loop:
        i++;
```

它与

```
loop: i++;
```

是等价的。

在 C++语言中，限制了 goto 语句的使用范围，规定使用 goto 语句只能在一个函数体内进行转向。这样就保证了函数是结构化的最小单元。在一个函数中，语句标号是唯一的。使用 goto 语句尽量要少,最好不用。在必须用 goto 语句才会使程序简化,可读性增强时可以使用一下。

[**例 3.18**] 编写程序,从一个已知的二维数组中查找出第一次出现负数的数组元素。

```cpp
#include <iostream.h>
void main()
{
  int j,num[2][3];
  cout<<"Input 6 digiters:";
  for(int i=0;i<2;i++)
    for(j=0;j<3;j++)
      cin>>num[i][j];
  for(i=0;i<2;i++)
    for(j=0;j<3;j++)
      if(num[i][j]<0)
        goto found;
  cout<<"not find! \n";
  goto end;
  found:cout<<"num["<<i<<"]["<<j<<"]="<<num[i][j]<<endl;
  end:;
}
```

该程序中,出现了两次 for 循环嵌套,一次是用来从键盘上给一个二维数组 num[2][3] 赋值;另一次是用来从数组中按顺序查找负值的元素。程序中还两次使用了 goto 语句,其中 found 和 end 是语句标号,而用 end 标识的语句是一个空语句。

请读者试试不用 goto 语句来编写该程序。

3.5.2 break 语句

该语句的格式如下:

break;

其中,break 是关键字。

该语句在程序中可用于下列两种情况:

(1) 该语句用在开关语句的语句序列中,其功能是退出开关语句,执行其后的语句。

(2) 该语句用在循环体中,其功能是用来退出该重循环。退出该重循环的意思是在多重循环中,break 只能退出它所在的那重循环。例如,内重循环体中的 break,只能退出内重循环到外重循环中,要退出外重循环还要在外重循环中使用 break(假如要用 break 退出循环的话)。

[**例 3.19**] 编程将从键盘上输入的若干个正数求和,遇到负数则终止程序,并且输入的数不超过 10 个。

编程如下：

```
#include〈iostream.h〉
#define M 10
void main()
{
  int num,sum(0);
  cout<<"Input number:";
  for(int i=0;i<M;i++)
  {
    cin>>num;
    if(num<0)
      break;
    sum+=num;
  }
  cout<<"sum="<<sum<<endl;
}
```

程序中在 for 循环体内的 if 体中有 break 语句,当输入的数是负数时,则退出 for 循环,并将求和结果输出。如果输入数中没有负数,则输入 10 个数后,根据 for 循环的条件表达式 i<10 退出循环。

3.5.3   continue 语句

该语句格式如下：

continue;

其中,continue 是关键字。

该语句只在循环体中用来结束该次循环。在循环体中遇到 continue 语句时,本次循环结束,回到循环条件判断是否执行下一次循环。

〔**例 3.20**〕 编程计算从键盘上输入的 10 个数中的所有正数之和,对负数不进行计算,并显示求和结果。

编程如下：

```
#include〈iostream.h〉
#define M 10
void main()
{
  int num,sum(0);
  cout<<"Input number:";
  for(int i=0;i<M;i++)
  {
    cin>>num;
```

```
    if(num<0)
        continue;
    sum+=num;
  }
  cout<<"sum="<<sum<<endl;
}
```

该程序与例 3.19 中的程序很类似,区别仅在于该程序中使用了 continue,而例 3.19 中的程序使用了 break。

练习题

1. C++ 语言提供了哪些预处理命令?

2. 文件包含命令的功能是什么? 使用它有什么好处?

3. 条件编译命令的用处是什么? 常用的条件编译命令有哪几种格式?

4. 宏定义命令有何用处? 简单宏定义和带参数宏定义的格式有何不同?

5. 使用宏定义定义符号常量与使用 const 定义符号常量一样吗?

6. 使用宏定义应注意哪些问题?

7. 使用带参数宏定义定义宏体时,为什么要注意括号的使用?

8. C++ 语言提供了哪些常用语句?

9. 什么是表达式语句? 它与表达式有何区别?

10. 什么是空语句? 它有什么用途?

11. 什么是复合语句? 什么是分程序?

12. 条件语句的格式如何? if 语句中对 else 子句有何规定?

13. 开关语句的格式如何? break 语句在开关语句中有何作用?

14. 开关语句中,case 子句的条件有何特点?

15. C++ 语言提供哪些循环语句? 它们各自的特点是什么? 它们可以相互替代吗? 可以相互嵌套吗?

16. while 循环语句与 do-while 循环语句有何区别?

17. for 循环语句有何特点?

18. goto 语句在 C++ 语言中受到了哪些限制? 语句标号的作用范围是什么?

19. break 语句在循环体中有什么作用?

20. continue 语句的功能是什么?

作业题

1. 选择填空。

(1) 预处理命令在程序中都是以(　　　)开头的。

A. ＊   B. ♯   C. ：   D. ／

（2）文件包含命令中被包含的文件的扩展名（   ）。

A. 必须为 . h   B. 不能用 . h   C. 必须是 . c   D. 不一定是 . h

（3）下列条件编译命令中：

```
♯if (    )
  〈语句序列 1〉
♯else
  〈语句序列 2〉
♯endif
```

A. 整常量表达式   B. 任何标识符   C. 任意表达式   D. 被定义的宏名

（4）带参数的宏定义中,程序中引用宏定义的实参（   ）。

A. 只能是常量   B. 只能是整型量
C. 只能是整型表达式   D. 可以是任意表达式

（5）下列（   ）是语句。

A. ；   B. a＝17   C. x＋y   D. cout＜＜″\n″

（6）下列 for 循环的次数为（   ）。

```
for (int i(0), x＝0; ! x&&i ＜＝5; i++)
```

A. 5   B. 6   C. 1   D. 无限

（7）下列 while 循环的次数是（   ）。

```
while (int i＝0) i－－;
```

A. 0   B. 1   C. 5   D. 无限

（8）下列 do-while 循环的循环次数为（   ）。

已知：int i(5);

```
do { cout＜＜i－－＜＜endl;
    i－－;
} while (i!＝0);
```

A. 0   B. 1   C. 5   D. 无限

（9）下列 for 循环的循环体执行次数为（   ）。

```
for (int i(0), j(10); i＝j＝10; i++, j－－)
```

A. 0   B. 1   C. 10   D. 无限

（10）已知：int a,b;下列 switch 语句中,（   ）是正确的。

A. switch (a)
    { case a：a++; break;
      case b：b++;break;
    }

B. switch (a＋b)

```
        { case 1：a＋b；break；
            case 2：a－b
        }
```

C. switch（a＊a）
```
    { case 1,2：＋＋a；
        case 3,4：＋＋b；
    }
```

D. swith（a/10＋b）
```
    { case 5：a/5；break；
        default：a＋b；
    }
```

（11）下述关于循环体的描述中,（   ）是错误的。

A. 循环体中可以出现 break 语句和 continue 语句

B. 循环体中还可以出现循环语句

C. 循环体中不能出现 goto 语句

D. 循环体中可以出现开关语句

（12）下述关于 goto 语句的描述中,（   ）是正确的。

A. goto 语句可在一个文件中随意转向

B. goto 语句后面要跟上一个它所转向的语句

C. goto 语句可以同时转向多条语句

D. goto 语句可以从一个循环体内转到循环体外

（13）下述关于 break 语句的描述中,（   ）是不正确的。

A. break 语句可用于循环体内,它将退出该重循环

B. break 语句可用于开关语句中,它将退出开关语句

C. break 语句可用于 if 体内,它将退出 if 语句

D. break 语句在一个循环体内可以出现多次

（14）下列关于开关语句的描述中,（   ）是正确的。

A. 开关语句中 default 子句可以没有,也可有一个

B. 开关语句中每个语句序列中必须有 break 语句

C. 开关语句中 default 子句只能放在最后

D. 开关语句中 case 子句后面的表达式可以是整型表达式

（15）下列关于条件语句的描述中,（   ）是错误的。

A. if 语句中只有一个 else 子句

B. if 语句中可以有多个 else if 子句

C. if 语句中 if 体内不能是开关语句

D. if 语句的 if 体中可以是循环语句

2. 判断下列描述是否正确,对者划√,错者划×。

（1）预处理命令是在进行编译时首先执行的,然后再进行正常编译。

(2) 宏定义命令是以分号结束的。

(3) 带参数的宏定义只能有 1 个或 2 个参数。

(4) 文件包含命令所包含的文件是不受限制的。

(5) 条件编译命令只在编译时才起作用。

(6) 预处理命令的主要作用是提高效率。

(7) 复合语句就是分程序。

(8) 条件语句不能作为多路分支语句。

(9) 开关语句不可以嵌套,在开关语句的语句序列中不能再有开关语句。

(10) 开关语句中的 default 关键字,只能放在该语句的末尾,不能放在开头或中间。

(11) switch 语句中必须有 break 语句,否则无法退出 switch 语句。

(12) while 循环语句的循环体至少执行一次。

(13) do-while 循环可以写成 while 循环的格式。

(14) for 循环只有在可以确定循环次数时才可使用,否则不能使用。

(15) 只有 for 循环的循环体可以是空语句,其他循环的循环体不能是空语句。

(16) 当循环体为空语句时,说明该循环不做任何工作,只起延时作用。

(17) 循环是可以嵌套的,一个循环体内可以包含另一种循环语句。

(18) 在多重循环中,内重循环的循环变量引用的次数比外重循环多。

(19) break 语句可以出现在各种循环体中。

(20) continue 语句只能出现在循环体中。

3. 分析下列程序的输出结果。

(1)

include 〈iostream. h〉
define M 1.5
define A(a) M * a
void main( )
{
　int x(5),y(6);
　cout≪A(x+y)≪endl;
}

(2)

include 〈iostream. h〉
define MAX(a,b) (a)>(b)? (a):(b)
void main( )
{
　int m(1),n(2),p(0),q;
　q=MAX(m,n+p) * 10;
　cout≪q≪endl;
}

(3)

```cpp
#include <iostream.h>
#include "f1.cpp"
void main()
{
    int a(5),b;
    b=f1(a);
    cout<<b<<endl;
}
```

f1.cpp 文件内容如下：

```cpp
#define M(m) m*m
f1(int x)
{
    int a(3);
    return -M(x+a);
}
```

(4)

```cpp
#include <iostream.h>
void main()
{
    int i(0);
    while(++i)
    {
        if(i==10) break;
        if(i%3!=1) continue;
        cout<<i<<endl;
    }
}
```

(5)

```cpp
#include <iostream.h>
void main()
{
    int i(1);
    do {
        i++;
        cout<<++i<<endl;
        if(i==7) break;
    }while(i==3);
    cout<<"0k! \n";
}
```

（6）

```cpp
#include <iostream.h>
void main()
{
  int i(1),j(2),k(3),a(10);
  if(! i)
    a--;
  else if(j)
    if(k) a=5;
  else
    a=6;
  a++;
  cout<<a<<endl;
  if(i<j)
    if(i!=3)
      if(! k)
        a=1;
      else if(k)
        a=5;
  a+=2;
  cout<<a<<endl;
}
```

（7）

```cpp
#include <iostream.h>
void main()
{
  int i,j,a[8][8];
  **a=1;
  for(i=1;i<8;i++)
  {
    **(a+i)=1;
    *(*(a+i)+i)=1;
    for(j=1;j<i;j++)
      *(*(a+i)+j)= *(*(a+i-1)+j-1)+ *(*(a+i-1)+j);
  }
  for(i=0;i<8;i++)
  {
    for(j=0;j <=i;j++)
      cout<<" "<< *(*(a+i)+j);
    cout<<endl;
  }
}
```

(8)

```cpp
#include <iostream.h>
void main()
{
    int x(5);
    do {
        switch(x%2)
        {
          case 1: x--;
                  break;
          case 0: x++;
                  break;
        }
        x--;
        cout<<x<<endl;
    } while(x>0);
}
```

(9)

```cpp
#include <iostream.h>
void main()
{
    int a(5),b(6),i(0),j(0);
    switch(a)
    {
      case 5: switch(b)
              {
                case 5: i++; break;
                case 6: j++; break;
                default: i++; j++;
              }
      case 6: i++;
              j++;
              break;
      default: i++;j++;
    }
    cout<<i<<","<<j<<endl;
}
```

(10)

```cpp
#include <iostream.h>
char input[]="SSSWILTECH1\1\11W\1WALLMP1";
void main()
```

```cpp
{
    int i;
    char c;
    for(i=2;(c=input[i])!='\0';i++)
    {
        switch(c)
        {
            case 'a': cout<<'i';
                        continue;
            case '1': break;
            case 1: while((c=input[++i])!='\1'&&c!='\0');
            case 9: cout<<'S';
            case 'E':
            case 'L': continue;
            default: cout<<c;
                        continue;
        }
        cout<<' ';
    }
    cout<<endl;
}
```

4. 按下列要求编程,并上机调试。

(1) 求 100 之内的自然数中的奇数之和。

(2) 求 100 之内的自然数中能被 13 整除的最大数。

(3) 求输入的两个正整数的最大公约数和最小公倍数。

(4) 求下列分数序列的前 15 项之和。

$$\frac{2}{1},\frac{3}{2},\frac{5}{3},\frac{8}{5},\frac{13}{8},\frac{21}{13},\cdots$$

(5) 求 $\sum\limits_{i=1}^{10} i!$（即求 $1!+2!+3!+\cdots+10!$ 之和）。

(6) 求出 1～1000 之间的完全平方数。所谓完全平方数是指能够表示成另一个整数的平方的整数。要求每行输出 8 个数。

(7) 输入 4 个 int 型数,要求按其大小顺序输出。

(8) 有一函数如下所示:

$$y=\begin{cases}x, & x<1 \\ x+5, & 1\leqslant x<10 \\ x-5, & x\geqslant 10\end{cases}$$

已知 x 值时,输出 y 值。

(9) 求一元二次方程 $ax^2+bx+c=0$ 的解。

讨论下述情况:

① $b^2-4ac=0$,有两个相等实根；

② $b^2-4ac>0$,有两个不等实根；

③ $b^2-4ac<0$,有两个共轭复根；

④ $a=0$,不是二次方程。

（10）编程输出如下图案。

```
            *
          * * *
        * * * * *
      * * * * * * *
    * * * * * * * * *
      * * * * * * *
        * * * * *
          * * *
            *
```

第 **4** 章　函数和作用域

函数是 C++ 语言的基本特征。它封装了一些程序代码和数据,实现了更高级的抽象。在 C++ 语言编程中,常常把一个程序分成多个函数来实现。这样做除了实现更高级的抽象,即封装或隐藏了具体实现的细节问题,使用户将精力集中在函数的接口外,还是实现参数化和实现结构化的具体表现。函数抽象的实现有利于数据共享,节省开发时间,增强程序的可靠性和便于管理等。因此,本章将讲述函数的定义和说明以及函数的调用等重要的基础内容。此外,本章还将介绍有关作用域的概念,讲述变量、对象和函数的作用域及生存期,并简单介绍函数模板的使用。

4.1　函数的定义和说明

讲述函数的定义和说明之前,先举一个由一个程序中分离出函数的简单例子。

［例 4.1］　求两个浮点数之和的程序。

```
# include 〈iostream. h〉
void main()
{
    double x,y;
    cout≪"Input double x and y:";
    cin≫x≫y;
    double z=x+y;
    cout≪"sum="≪z≪endl;
}
```

该程序用来计算从键盘上输入的两个双精度浮点数 x 和 y 的和。程序中,用标识符 sum_double 对求两个浮点数之和的算法进行如下抽象:

```
double sum_double()
{
    double x,y;
    cout≪"Input double x and y:";
```

```
    cin≫x≫y;
    double s=x+y;
    return s;
}
```

其中,sum_double 是标识符,花括号给这段程序代码限定了边界区域,这就是函数体。

这时,在主函数中,需要使用这个抽象的地方,只要使用这个抽象的标识符(作为抽象的名字)就可以了。主函数如下:

```
#include ⟨iostream. h⟩
void main()
{
    double sum;
    sum=sum_double();
    cout≪″sum=″≪sum≪endl;
}
```

这里使用了高级抽象函数 sum_double(),而读者对这个函数的理解只需知道它是干什么的就够了,而不必去了解它是怎样实现的。因此,可以说标识符(sum_double)是用来对上述的若干条语句序列的抽象,这种抽象被称为函数,而标识符(sum_double)被称为函数名。有了函数这种抽象,就使得用户只关心一个函数是做什么的(即函数的功能),而不必去关心函数内部是如何操作的(即函数实现)。

下面进一步对上述程序中 sum_double()函数的操作数进行抽象,即实现参数化。用下述程序实现:

```
#include ⟨iostream. h⟩
double sum_double(double x,double y)
{
    return x+y;
}
void main()
{
    double a,b;
    cout≪″Input double a and b:″;
    cin≫a≫b;
    double sum=sum_double(a,b);
    cout≪″sum=″≪sum≪endl;
}
```

该程序中,引入函数的目的在于求出两个浮点数的和。因此,函数被执行完成后要返回一个值,来更新主函数中 sum 变量的值。在C++语言中,有的函数抽象也可以没有返回值,这种函数定义时要被指定为 void 的类型。

4.1.1 函数的定义格式

前面的例子分析了使用函数的方法。下面给出在 C++ 语言中定义一个函数的格式：

〈类型〉〈函数名〉(〈参数表〉)
{
　　〈若干条语句〉
}

其中,〈类型〉是该函数的类型,即为该函数返回值的类型。它包含数据类型和存储类,可以是各种数据类型,包含基本数据类型和构造数据类型,也包含指针和引用类型。存储类通常省略,表示为外部函数。如果该函数没有返回值,只是一个过程调用,则该函数的类型为 void。〈函数名〉与标识符的规定相同,函数名也是一种标识符。一般函数的命名最好做到"见名知意"。例如,sum_double 函数名是指浮点数求和的计算,可用 sum_int 作为函数名,表示整数求和计算等。〈参数表〉由 0 个、1 个或多个参数组成；参数个数为 0,表示没有参数,但是圆括号不可省；多个参数之间用逗号分隔。每个参数包括参数名和参数类型。以上部分又称为函数头。用花括号括起来的〈若干条语句〉组成了函数体。〈若干条语句〉可以是 0 条、1 条或多条语句。当函数体是 0 条语句时,称该函数为空函数。空函数作为一种什么都不执行的函数,也是有意义的。函数体内无论多少条语句,花括号是不可省的。例如,下面的 nothing() 就是一个空函数。

void nothing()
{　}

下面是一个求两个 int 型数之和的函数：

int sum_int (int x, int y)
{
　　return x+y;
}

定义函数时,〈参数表〉中的参数称为形式参数,简称形参。形参在该函数被调用时才被初始化。形参的使用将使被调用函数可以从调用函数那里获取数据。如果被调用函数不需要从调用函数那里获取数据,则该函数没有参数。

4.1.2 函数的说明方法

函数的说明又称为函数的声明。在 C++ 语言中,函数的说明原则如下：

如果一个函数定义在先,调用在后,则调用前可以不必说明；如果一个函数定义在后,调用在先,则调用前必须说明。

按上述原则,凡是被调用函数都在调用函数之前定义,就可以对函数不加说明。但是,这样做要在程序中安排函数的顺序上费一些精力,在复杂的调用中,一定要考虑好谁先谁后,否则将发生错误。因此,避免确定函数定义的顺序,并且为了使得程序设计的逻辑结构更加清楚,常常将主函数放在程序头,这样就需要对被调用的函数进行说明。

说明函数的方法如下:

〈类型〉〈函数名〉(〈参数表〉);

显而易见,这种说明的格式与定义函数时的函数头相同。这里,包括函数的类型、函数名、函数参数的个数和类型,其中函数参数名可说明,也可不说明。这种说明称为原型说明,它与 C 语言中的简单说明是不同的。

下面是一个使用原型说明的例子。

[例 4.2]　分析该程序的输出结果。

```
#include <iostream.h>
void fun1(),fun2(),fun3();
void main()
{
    cout<<"It is in main."<<endl;
    fun2();
    cout<<"It is back in main."<<endl;
}
void fun1()
{
    cout<<"It's in fun1."<<endl;
    fun3();
    cout<<"It's back in fun1."<<endl;
}
void fun2()
{
    cout<<"It's in fun2."<<endl;
    fun1();
    cout<<"It's back in fun2."<<endl;
}
void fun3()
{
    cout<<"It's in fun3."<<endl;
}
```

该例子主要说明:如果函数定义在后,调用在前,则调用前必须说明。因此在程序头对要调用的 3 个函数用函数原型进行了说明,这样,后面的函数定义顺序就不必考虑了。这是一种常用的方法。

下面请读者考虑一下,如果程序开头不用原型来说明任意函数,那么这些函数的定义顺序该如何安排呢?

另外,此例子将在后面讲述的函数的嵌套调用中用来说明调用的具体过程。

4.2 函数的调用

一个函数被定义后就是为了将来对它调用。调用函数是实现函数功能的手段。如何调用函数又是 C++ 语言的一个重要的基础内容。C++ 语言中的函数调用要比 C 语言更加丰富。C++ 语言中不仅有传值调用(包含传变量地址值的传址调用),而且还有 C 语言中没有的引用调用。另外,C++ 语言中还允许设置形参的默认值等。

4.2.1 函数的值和类型

函数的调用是用一个表达式来表示的。其调用格式如下:

〈函数名〉(〈实参表〉)

其中,〈实参表〉是由 0 个、1 个或多个实在参数组成的,多个参数用逗号分隔,每个参数是一个表达式。实参的个数由形参决定,实参是用来在调用函数时给形参初始化的。因此,要求在函数调用时,实参的个数和类型要与形参的个数和类型是一致的,即数目相等,类型相同。实参对形参的初始化是按其位置对应进行的,即第一个实参的值赋给第一个形参,第二个实参的值赋给第二个形参,依此类推。

函数调用是一种表达式,而这里的括号可以理解为函数调用运算符。函数调用表达式的值是函数的返回值,其类型是函数类型。通常使用函数调用的返回值来更新某个变量的值。函数的返回值是在被调用函数中,通过返回语句来实现的。返回语句有两种格式。

格式一:

return 〈表达式〉;

格式二:

return;

格式一用于带有返回值的被调用函数中,被调用函数返回的值就是返回语句后面的表达式的值。该值被返回到调用函数中作为调用函数的值。

具有〈表达式〉的返回语句实现过程如下:
- 先计算出〈表达式〉的值。
- 如果〈表达式〉的类型与函数的类型不相同,则将表达式的类型自动转换为函数的类型,这种转换是强制性的,可以出现不保值的情况。
- 将计算出的表达式值返回给调用函数作为调用函数的值。该值可以赋给某变量,也可以直接显示输出。
- 将程序执行的控制权由被调用函数转向调用函数,执行调用函数后面的语句。

当使用无表达式的返回语句时,只返回程序执行的控制权。

关于 return 语句的使用说明如下:

(1)有返回值的 return 语句时,用它可以返回一个表达式的值,从而实现函数之间的信息传递。

(2)无返回值的函数必须用 void 来说明类型。该函数中可以有 return 语句,也可以无 return 语句。当一个被调用函数中无 return 语句时,程序执行到函数体的最后一条语句时,返回调用函数,相当于函数体的右花括号有返回的功能。函数中也可以有多个 return,它们大多出现在 if 语句中。

4.2.2　函数的传值调用

函数调用方式在 C++ 语言中除了传值调用之外,还有引用调用。

由于在 C++ 语言中变量值有两种:变量本身值和变量地址值。因此,传值调用也分两种方式:一种是传递变量本身的值,称为传值调用;另一种是传递变量地址的值,称为传址调用。

1. 传值调用的实现机制和特点

使用传值调用方式时,调用函数的实参用常量、变量值或表达式值,被调用函数的形参用变量。调用时系统先计算实参表达式的值,再将实参的值按位置对应赋给形参,即对形参进行初始化。因此,传值调用的实现机制是系统将实参复制一个副本给形参。在被调用函数中,形参可以被改变,但这只影响副本中的形参值,而不影响调用函数的实参值。所以说,传值调用的特点是形参值的改变不影响实参,参数传递的开销较大。

[例 4.3]　传值调用。

```
#include <iostream.h>
void swap1(int x,int y)
{
    int temp;
    temp=x;
    x=y;
    y=temp;
    cout<<"x="<<x<<","<<"y="<<y<<endl;
}
void main()
{
    int a(5),b(9);
    swap1(a,b);
    cout<<"a="<<a<<","<<"b="<<b<<endl;
}
```

执行该程序,输出如下结果:

x=9,　y=5

a=5, b=9

从该程序的结果来看,在 swap1() 函数中,形参 x 和 y 做了一次交换。但在 main() 中,实参 a 和 b 的值还是原来值,可见在 swap1() 函数的形参值的改变,对实参 a 和 b 没有影响。

如果想让形参的改变影响实参就不能用这种传值调用,而应选用下面将讲述的传址调用或引用调用。

2. 传址调用的实现机制和特点

使用传址调用方式时,调用函数的实参用地址值,被调用函数的形参用指针。调用时系统将实参的地址值赋给对应的形参指针,使形参指针指向实参变量。因此,传址调用与前面讲过的传值调用不同,它的实现机制是让形参的指针直接指向实参。所以,传址调用时,在被调用函数中可以通过改变形参指针所指向的实参变量值来间接改变实参值。传址调用的特点是可以通过改变形参所指向的变量值来影响实参。这也是函数之间传递信息的一种手段。传递调用时只传递地址值,而不复制副本,因此参数传递的开销较小。

[例 4.4] 传址调用。

```
#include ⟨iostream.h⟩
void swap2(int * x,int * y)
{
    int temp;
    temp= * x;
    * x= * y;
    * y=temp;
    cout<<"x="<< * x<<","<<"y="<< * y<<endl;
}
void main()
{
    int a(5),b(9);
    swap2(&a,&b);
    cout<<"a="<<a<<","<<"b="<<b<<endl;
}
```

执行该程序,输出如下结果:

x=9, y=5
a=9, b=5

从该程序的结果来看,在 swap2() 函数中,形参 x 和 y 进行了一次交换。这次交换间接(通过地址)使得实参 a 和 b 也进行了交换,于是在 main() 函数中,a 和 b 的值进行了交换。可见,传址调用可以在被调用函数中通过改变形参所指向的变量的值来改变调用函数的实参值,从而实现函数之间的信息传递。

4.2.3　函数的引用调用

引用调用是C++语言中的一种函数调用方式，C语言中没有这种调用方式。

前面讲过了引用的概念。简单地说，引用是给一个已知变量起个别名，对引用的操作也就是对被它引用的变量的操作。引用主要是用来作为函数的形参和函数的返回值。

使用引用作函数形参时，调用函数的实参要用变量名，将实参变量名传递给形参的引用，相当于在被调用函数中使用了实参的别名。于是在被调用函数中，对引用的改变，就是直接通过引用来改变实参的变量值。这种调用具有传址调用中改变实参值和减少开销的特点，但它又比传址调用更方便、更直接。因此，在C++语言中常常使用引用作为函数形参在被调用函数中改变调用函数的实参值。

[例 4.5]　引用调用。

```
#include ⟨iostream. h⟩
void swap3(int &x,int &y)
{
    int temp;
    temp= x;
    x= y;
    y= temp;
    cout<<"x="<<x<<","<<"y="<<y<<endl;
}
void main()
{
    int a(5),b(9);
    swap3(a,b);
    cout<<"a="<<a<<","<<"b="<<b<<endl;
}
```

执行该程序，输出结果如下：

```
x=9,   y=5
a=9,   b=5
```

该程序中使用了引用调用。在引用调用方式中，实参用变量名，形参用引用，调用时将实参的变量名赋给对应的形参引用。在被调用函数中，改变引用的值就直接改变了对应的实参值。因此，被调用函数中，x 和 y 的交换，就相当于在 main()中将 a 和 b 进行交换。

在C++语言中，经常使用引用调用来实现函数之间的信息交换，因为这样做更方便、更容易，还易于维护。

在C++语言编程中，经常使用的是传值调用和引用调用，较少使用传址调用。因为传址调用要用到指针，而指针用来传递参数容易出错，所以，应尽量使用引用调用来替代传址调用，从而避免了指针的使用。

下面举一个引用作为函数参数和类型的例子，以便理解引用作为函数类型的特点。

［例 4.6］ 分析下列程序的输出结果，并分析引用作为函数参数和类型的使用方法。

该程序的功能是从键盘上输入一些字母和数字，统计显示其中的数字字符的个数和非数字字符的个数。

程序内容如下：

```
#include 〈iostream. h〉
int &fun(char, int &, int &);
void main()
{
    int tn(0), tc(0);
    cout<<"Enter characters：";
    char ch;
    cin>>ch;
    while(ch!='#')
    {
        fun(ch, tn, tc)++;
        cin>>ch;
    }
    cout<<"Number characters："<<tn<<endl;
    cout<<"Other characters："<<tc<<endl;
}
int & fun(char cha, int & n, int & c)
{
    if(cha>='0'&& cha<='9')
        return n;
    else
        return c;
}
```

执行该程序后，显示信息如下：

Enter characters：abc 976235mn 51x# ↙
Number characters：8
Other characters：6

程序分析：

该程序中定义了一个函数 fun()，它的参数中有引用，它的返回值是引用。

由于 fun() 函数的返回值是一个 int 型变量的引用，若对该引用进行增 1 操作，则被引用的变量也被增 1。该例中，n 是 tn 的引用，c 是 tc 的引用；引用 n 增 1，则变量 tn 也增 1。同理，引用 c 增 1，则变量 tc 也增 1。

可见，引用作函数类型时，返回的不是一个值，而是一个变量的引用。

4.3　函数的参数

4.3.1　函数参数的求值顺序

当一个函数带有多个参数时，C++语言没有规定在函数调用时实参的求值顺序。编译器根据对代码进行优化的需要自行规定对实参的求值顺序，有的编译器规定自左至右，有的编译器规定自右至左。这种对求值顺序的不同规定，对一般参数来讲没有影响。但是，如果实参表达式中带有副作用的运算符，就有可能由于求值顺序不同而产生二义性。

［例 4.7］　由于使用对参数求值顺序不同的编译器而产生的二义性。

```
# include 〈iostream. h〉
int add_int(int x,int y)
{
    return x+y;
}
void main()
{
    int x(4),y(6);
    int z=add_int(++x,x+y);
    cout<<z<<endl;
}
```

该程序中，调用表达式：

```
z=add_int (++x, x+y);
```

其中，实参是两个表达式++x 和 x+y。如果编译器对实参求值的顺序是自左至右，则两个实参值分别为 5 和 11。如果编译器对实参求值的顺序是自右至左，则两个实参值分别为 5 和 10。由于实参值可能不同，调用 add_int()函数后，返回值也不同，于是便产生了这个程序在不同编译器下输出不同结果的二义性。

克服这种二义性的方法是改变 add_int()函数的两个实参的写法，尽量避免二义性的出现。在 main()函数中可改写如下：

```
        ⋮
    int x(4), y(6);
    int t=++x;
    int z=add_int (t, x+y);
    cout << z << endl;
}
```

这样，可以避免二义性的出现。对函数 add_int()的两个实参表达式，无论怎样的计算顺序结果都是相同的。

4.3.2 设置函数参数的默认值

在C++语言中,允许在函数说明或定义时给一个或多个参数指定默认值;但是,要求在一个指定了默认值的参数的右边,不能出现没有指定默认值的参数。例如:

int add_int (int x, int y=10);

在上述对函数 add_int()的说明中,对该函数的最右边的一个参数指定了默认值。

在函数调用时,编译器按从左至右的顺序将实参与形参结合。当实参的数目不足时,编译器将按同样的顺序使用说明或定义中的默认值来补足所缺少的实参。例如,下列函数调用表达式:

add_int (15)

与下列调用表达式:

add_int (15,10)

是等价的。

在给某个参数指定默认值时,不仅可以是一个数值,而且还可以是一个表达式。

［例4.8］ 设置默认的参数值的函数。

```cpp
#include ⟨iostream. h⟩
void fun(int a=1,int b=3,int c=5)
{
    cout<<"a="<<a<<","<<"b="<<b<<","<<"c="<<c<<endl;
}
void main()
{
    fun();
    fun(7);
    fun(7,9);
    fun(7,9,11);
    cout<<"OK!";
}
```

执行该程序,输出如下结果:

```
a=1,    b=3,    c=5
a=7,    b=3,    c=5
a=7,    b=9,    c=5
a=7,    b=9,    c=11
OK!
```

该程序中在函数头时设置了参数的默认值。而在调用该函数时,有的无实参,有的实参数目不足,有的实参数目与形参相等,因此分为若干不同情况来说明默认值的使用。

下面再举一个将参数默认值设置在函数的说明中的例子。

[例 4.9] 分析下列程序的输出结果。

```cpp
#include <iostream.h>
int m(8);
int add_int(int x,int y=7,int z=m);
void main()
{
    int a(5),b(15),c(20);
    int s=add_int(a,b);
    cout<<s<<endl;
}
int add_int(int x,int y,int z)
{
    return x+y+z;
}
```

该程序中,在说明函数 add_int()时,给函数参数设置了默认值,而其中一个参数的值被设置为一个已知变量(m)的值。

请读者自己分析该程序的输出结果。

通常,当一个函数有定义又有说明时,参数的默认值要在说明时设置。

4.3.3 使用数组作为函数参数

数组作为函数参数可以分为如下三种情况(这三种情况的结果相同,只是所采用的调用机制不同)。

1. 形参和实参都用数组

调用函数的实参用数组名,被调用函数的形参也用数组名。这种调用机制是形参和实参共用内存中的同一个数组。因此,在被调用函数中改变了数组中某个元素的值,对调用函数该数组中的该元素值也被改变,因为它们共用同一个数组。下面通过例子验证这一点。

[例 4.10] 分析下列程序的输出结果。

```cpp
#include <iostream.h>
int a[8]={1,3,5,7,9,11,13};
void fun(int b[],int n)
{
    for(int i=0;i<n-1;i++)
        b[7]+=b[i];
}
void main()
{
    int m=8;
    fun(a,m);
```

```
    cout≪a[7]≪endl;
}
```

该程序中,开始定义了一个外部的一维数组 a,给它的前 7 个元素赋了值,这时 a[7] 的值为默认值 0。定义的函数 fun() 的形参 b[] 是数组,没有给定大小是因为留给初始化时由实参数组确定。在 main() 中 fun() 的调用表达式中,a 是实参,它的大小是在定义时确定为 8。在被调用函数中,改变了形参数组中 b[7] 的值。在 main() 中,输出数组 a 的元素 a[7] 的值,理应为 b[7] 的值,因为它们共用数组。是不是这样呢? 请读者验证。

2. 形参和实参都用对应数组的指针

在 C++ 语言中,数组名被规定为一个指针。该指针便是指向该数组的首元素的指针,因为它的值是该数组首元素的地址值,因此,数组名是一个常量指针。

实际应用中,形参和实参中一个用指针,另一个用数组也是可以的。在使用指针时可以用数组名,也可以用另外定义的指向数组元素的指针。下面举一个实参用数组名,形参用指向数组元素的指针的例子。

[**例 4.11**] 分析下列程序的输出结果。

```
#include 〈iostream. h〉
int a[8]={1,3,5,7,9,11,13};
void fun(int *pa,int n)
{
    for(int i=0;i<n-1;i++)
        *(pa+7)+=*(pa+i);
}
void main()
{
    int m=8;
    fun(a,m);
    cout≪a[7]≪endl;
}
```

该程序中,定义的函数 fun() 的形参 pa 是一个指向 int 型变量的指针,本程序让它指向数组 a 的首元素。因此,在调用表达式 fun(a,m) 中,a 是数组 a[8] 的数组名,它是一个地址值。这种调用实际上是一种传址调用,将一个已知数组 a 的首地址传给形参的一个指针 pa,让 pa 指向数组 a 的首元素,通过指针 pa 可以在被调用函数中改变数组 a 中的元素。请读者验证本程序的输出结果。

请读者在本例程序中进行如下修改,再观察输出结果:

在 main() 中,增加一条说明语句:

```
int *p=a;
```

并将调用表达式 fun(a,m); 改为:

```
fun (p,m);
```

3. 实参用数组名形参用引用

如何对数组类型使用引用方式,这里先进行如下说明:用类型定义语句定义一个 int 型的数组类型,如下所示:

```
typedef int array[8];
```

然后,使用 array 来定义数组和引用。

[例 4.12] 分析下列程序的输出结果。

```
#include <iostream.h>
typedef int array[8];
int a[8]={1,3,5,7,9,11,13};
void fun(array &b,int n)
{
    for(int i=0;i<n-1;i++)
        b[7]+=b[i];
}
void main()
{
    int m=8;
    fun(a,m);
    cout<<a[7]<<endl;
}
```

程序在 fun()函数中,使用了引用作为形参。调用时所对应的实参应该是一个数组名,这里的引用是给数组起个别名。在 fun()函数中对数组 b 的操作,就相当于对 b 所引用数组 a 的操作。在 C++ 语言中,常用这种调用方式。

4.4　内　联　函　数

4.4.1　内联函数引入的原因

引入内联函数的目的是为了解决程序中函数调用的效率问题。

前面讲过函数是一种更高级的抽象。它的引入使得编程者只关心函数的功能和使用方法,而不必关心函数功能的具体实现;另外,函数的引入可以减少程序的目标代码,实现程序代码和数据的共享。但是,函数调用也会带来降低效率的问题,因为调用函数时实际上是将程序执行顺序转移到函数所存放在内存中的某个地址;将函数的程序内容执行完后,再转回到转去执行该函数前的地方。这种转移操作要求在转去前保护现场并记忆执行的地址,转回后先要恢复现场,并按原来保存的地址继续执行。因此,函数调用要有一定的时间和空间方面的开销,这将影响其效率。特别是对于一些函数体代码不是很大,但又频繁被调用的函数来讲,解决其效率问题更为重要。引入内联函数实际上就是为了解决这一问题。

在程序编译时,编译器将程序中出现的内联函数的调用表达式用内联函数的函数体来进行替换。显然,这种做法不会产生转去转回的问题,但是由于在编译时将函数体中的代码替代到程序中,因此会增加目标程序的代码量,进而增加空间开销,而在时间开销上不会像函数调用时那么大。可见,它是以目标代码的增加为代价来换取时间的节省。

4.4.2 内联函数的定义方法

定义内联函数的方法很简单,只要在函数定义的函数头前面加上关键字 inline 即可。内联函数的定义方法与一般函数一样。例如:

```
inline int add_int (int x, int y, int z)
{
    return x+y+z;
}
```

其中,inline 是关键字。函数 add_int()是内联函数。

[**例 4.13**] 编程求 1~10 中各个数的平方。

```
#include〈iostream. h〉
inline int power_int(int x)
{
    return (x)*(x);
}
void main()
{
    for(int i=1;i<=10;i++)
    {
        int p=power_int(i);
        cout<<i<<"*"<<i<<"="<<p<<endl;
    }
}
```

该程序中,函数 power_int()是一个内联函数。其特点是该函数在编译时被替代,而不是像一般函数那样在运行时被调用。

该程序的结果请读者自己分析。

4.4.3 使用内联函数应注意的事项

内联函数具有一般函数的特性,它与一般函数的不同之处在于对函数调用的处理。一般函数进行调用时,要将程序的执行权转到被调用的函数中,然后再返回到调用它的函数中;而内联函数在进行调用时,是将调用表达式用内联函数体来替换。在使用内联函

数时,应注意如下几点:

（1）在内联函数内不允许用循环语句和开关语句,否则按非内联函数处理。

（2）内联函数的定义必须出现在内联函数第一次被调用之前。

（3）后面讲到的类结构中所有在类体内定义的成员函数都是内联函数。

4.5　函 数 重 载

所谓函数重载是指同一个函数名可以对应着多个函数实现。例如,可以给函数名 add()定义多个函数实现,该函数的功能是求和,即求两个操作数的和。其中,一个函数实现是求两个 int 型数之和,另一个函数实现是求两个浮点型数之和,还有一个函数实现是求两个复数的和。每种实现对应着一个函数体。这些函数的名字相同,但是函数的参数类型不同。这就是函数重载的概念。

函数重载要求编译器能够唯一确定调用一个函数时应执行哪个函数代码,即采用哪个函数实现。确定函数实现时,要求从函数参数的个数和类型上来区分。这就是说,进行函数重载时,要求同名函数在参数个数或类型上不同,或者在参数顺序上不同。否则,将无法实现重载。

4.5.1　参数类型上不同的重载函数

下面举一个参数类型不同的重载函数的例子。

［例 4.14］　求两个操作数之和。

```cpp
#include <iostream.h>
int add(int,int);
double add(double,double);
void main()
{
    cout<<add(5,10)<<endl;
    cout<<add(5.0,10.5)<<endl;
}
int add(int x,int y)
{
    return x+y;
}
double add(double a,double b)
{
    return a+b;
}
```

该程序中,main()函数中调用相同名字 add 的两个函数,前面一个 add()函数对应的是两个 int 型求和的函数实现,后面一个 add()函数对应的是两个 double 型数求和的函数实现。这便是函数的重载。

分析该程序的输出结果如下:

15
15.5

请读者上机验证一下。

4.5.2　参数个数上不同的重载函数

下面举一个在参数个数上不相同的重载函数的例子。

[例 4.15]　找出几个 int 型数中的最小者。

```cpp
#include <iostream.h>
int min(int a,int b);
int min(int a,int b,int c);
int min(int a,int b,int c,int d);
void main()
{
    cout<<min(13,5,4,9)<<endl;
    cout<<min(-2,8,0);
}
int min(int a,int b)
{
    return a<b? a:b;
}
int min(int a,int b,int c)
{
    int t=min(a,b);
    return min(t,c);
}
int min(int a,int b,int c,int d)
{
    int t1=min(a,b);
    int t2=min(c,d);
    return min(t1,t2);
}
```

该程序中出现了函数重载。函数名 min 对应着三个不同的实现,函数的区分依据参数个数的不同。这里的三个函数实现中,参数个数分别为 2,3 和 4。在调用函数时根据实参的个数来选取不同的函数实现。

4.6　函数的嵌套调用和递归调用

4.6.1　函数的嵌套调用

C++程序中允许函数的嵌套调用,所谓嵌套调用指的是在调用 A 函数的过程中,可以调用 B 函数;在调用 B 函数的过程中,还可以调用 C 函数……当 C 函数调用结束后,返回到 B 函数;当 B 函数调用结束后,再返回到 A 函数。前面讲过的例4.2就是函数嵌套调用的一个例子。下面写出该程序执行后的输出结果:

It is in main.

It's in fun2.

It's in fun1.

It's in fun3.

It's back in fun1.

It's back in fun2.

It is back in main.

该结果将给出函数嵌套调用的具体执行过程。下面以图示进一步说明,如图 4-1 所示。图中①、②……⑬表示嵌套调用的执行过程。

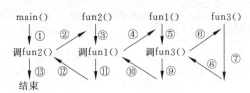

图 4-1　嵌套调用

嵌套调用是经常使用的。下面举一个函数嵌套调用的例子。

[**例 4.16**]　编写程序求出下列式子的和。

$$1^k + 2^k + 3^k + \cdots + n^k$$

假定:k 为 4,n 为 6。

编程如下:

```
#include <iostream.h>
const int k(4);
const int n(6);
int sum_of_powers(int k,int n),powers(int m,int n);
void main()
{
    cout<<"sum of "<<k<<" powers of integers from 1 to "<<n<<"=";
    cout<<sum_of_powers(k,n)<<endl;
```

```
}
int sum_of_powers(int k,int n)
{
    int sum(0);
    for(int i(1);i<=n;i++)
      sum+=powers(i,k);
    return sum;
}
int powers(int m,int n)
{
    int i,product(1);
    for(i=1;i<=n;i++)
      product *=m;
    return product;
}
```

该程序执行后,输出结果如下:

sum of 4 powers of integers of 1 to 6=2275

说明:其中,在 main() 中调用了 sum_of_powers() 函数,而在 sum_of_powers() 函数中又调用了 powers() 函数,这就是函数调用的嵌套。

4.6.2 函数的递归调用

在 C++ 语言的编程中,允许使用函数的递归调用。所谓函数的递归调用是指在调用一个函数的过程中出现直接或间接调用该函数自身的情况。例如,在调用 f1() 函数的过程中,又调用了 f1() 函数,这称为直接递归调用;而在调用 f1() 函数的过程中,调用了 f2() 函数,又在调用 f2() 函数的过程中调用了 f1() 函数,这称为间接递归调用。

1. 递归调用的特点

在实际问题中,有许多问题可以采用递归调用的方法来解决。下面举一个求正整数 5 的阶乘问题,即 5!。由于 5! 可以化为 5×4!,4! 又可以化为 4×3!,3! 可以化为 3×2!,2! 可以化为 2×1!,最后 1! 化为 1×0!,这时,0! 等于 1 是已知的。于是可求出 5! 为 5×4×3×2×1×1 等于 120。这就是一个既简单又典型的递归调用问题的例子。

可见,使用递归调用解决问题的方法如下:

原有的问题能够分解为一个新的问题,而新的问题又用到了原有问题的解法,这就出现了递归。按照这一原则分解下去,每次出现的新问题是原问题简化后的子问题,而最终分解出来的新问题是一个已知解的问题。这便是有限的递归调用。只有有限的递归调用才是有意义的,无限的递归调用在实际中没有意义。

使用递归调用方法编写的程序简洁清晰,可读性强。因此,递归是算法分析与程序设计的一个重要内容。对于能够用递归方法编程的问题,要尽量使用递归。但是,用递归方法编写的程序执行起来在时间和空间的开销上比较大,既要花费较长的计算时间,又要占用较多的内存单元,因为递归的过程中要占用较多的内存单元存放"递推"的中间结果。因此,在过去一些速度慢、内存小的机器上难以使用递归,只好用迭代的方法编程。现在,机器的速度高、内存大,一般来说,在支持递归算法的语言中应尽量使用递归。

2. 递归调用的过程

具体地讲,递归调用的过程可分为如下两个阶段。

(1)"递推"阶段:将原问题不断分解为新的子问题,逐渐从未知向已知的方向推测,最终到达已知的条件,即递归结束条件,这时递推阶段结束。

(2)"回归"阶段:该阶段是从已知的条件出发,按照"递推"的逆过程,逐一求值回归,最后到达递推的开始处,结束回归阶段,完成递归调用。

下面以求 3! 为例,写出递归调用的两个阶段,展示全过程如图 4-2 所示。

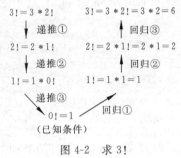

图 4-2　求 3!

从上述递推过程中可以看出,每递推一次得到的新问题仍是原来的求阶乘,但是求阶乘的数减少了;不断递推,直到求 0!;而求 0! 是已知的,其值为 1,这便是递推的结束条件。接着便开始了回归,用已知的值,即 0! 为 1 的值,代回去求出 1!,再求出 2!,最后求出 3! 为 6。于是,就得到了原问题的解。

[**例 4.17**]　编程计算某个正整数的阶乘。

假定从键盘上输入一个数存入变量 n 中,求 n!。程序内容如下:

```cpp
#include <iostream.h>
long int fac(int n);
void main()
{
    int n;
    cout<<"Input a positive integer:";
    cin>>n;
    long fa=fac(n);
    cout<<n<<"!="<<fa<<endl;
}
long int fac(int n)
{
    long int p;
    if(n==0) p=1;
    else
        p=n*fac(n-1);
    return p;
}
```

执行该程序,显示如下提示:

Input a positive integer: 8 ↙

结果为:

8!＝40320

其递归过程前面已经分析过了。

[**例 4.18**] 编程求出 Fibonacci 数列的第 n 项。

Fibonacci 数列定义如下:

$$F(n) = \begin{cases} 0, & n = 1 \\ 1, & n = 2 \\ F(n-1) + F(n-2), & n > 2 \end{cases}$$

假定求出第 8 项。

编程如下:

```
#include〈iostream.h〉
const int N=8;
long Fibo(int n);
void main()
{
    long f=Fibo(N);
    cout≪f≪endl;
}
long Fibo(int n)
{
    if(n==1) return 0;
    else if(n==2) return 1;
    else
        return Fibo(n-1)+Fibo(n-2);
}
```

该程序执行后输出结果如下:

13

请读者自己分析该程序中递归调用的执行过程。

4.7 作 用 域

作用域又称作用范围。在程序中出现的各种标识符,它们的作用域是不同的。不同标识符的作用域是怎样规定的,这就是下边要讨论的内容。

4.7.1 标识符的作用域规则

标识符的作用域规则如下：标识符只能在说明它或定义它的范围内是可见的，而在该范围之外是不可见的。

现将其规则说明如下：

（1）对于大多数标识符，对它进行说明和定义是一回事。只有少数标识符例外，对它说明和定义是两回事。例如，外部变量、函数和类等。

（2）标识符包含了常量名、变量名、函数名、类名、对象名、语句标号等。凡是使用标识符规则定义的各种单词都属于标识符。

（3）这里讲的范围有大有小，最大的是整个程序，最小的是块，中间的有文件、类和函数。标识符是在一定范围内定义的。

（4）可见指的是可以进行存取或访问操作，不可见是指不可进行存取或访问操作。

任何标识符的作用域都遵从上述规则。

4.7.2 作用域的种类

不同标识符定义在不同的范围内，有着不同的作用域。按作用域的大小可分为如下几类：

- 程序级；
- 文件级；
- 函数级；
- 块级。

其中，程序级的作用域最大，它包含着组成该程序的所有文件。属于程序级作用域的有外部函数和外部变量。这类标识符是在某个文件中定义的，在该程序的其他文件中都是可见的，一般在访问之前需要加以说明。

属于文件级作用域的有内部函数和外部静态类变量。这种作用域仅在定义它的文件内。对外部静态变量来讲，作用域是从定义时起到该文件结束为止。另外，用宏定义所定义的符号常量一般是属于文件级的。它也是从定义时起；在没有使用 undef 命令取消宏定义时，作用域到该文件结束时为止。

属于函数级作用域的有函数的形参和在函数内定义的自动类变量、寄存器类变量和内部静态类变量以及语句标号。这些标识符的作用域都是在它所定义的函数体内；即在定义它的函数体内从定义时开始，到该函数体结束为止。需要指出的是：不包括在该函数体内的分程序或者 if 语句、switch 语句以及循环语句中所定义的变量。

属于块级作用域的有定义在分程序、if 语句、switch 语句以及循环语句中的自动类变量、寄存器类变量和内部静态类变量。它们也是从定义时开始在其相应的范围内是可见的。

前面讲述 C++ 语言中的各种作用域时，提到了不同存储类的变量和函数，对它们将在后面进行解释。

4.7.3 关于重新定义标识符的作用域规定

在 C++ 语言中，一般地说，变量不能重复定义。这是指在相同的作用域内，不可有同名变量存在。但是，在不同的作用域内，允许对某个变量进行重新定义。例如，在一个函数体内定义了一个 int 型变量 a，不能同时又定义一个 float 型变量 a。但是，可以在该函数体内的某个分程序中对变量 a 进行重新定义。于是，下列程序段是合法的。

```
void fun()
{
    int a;
       ⋮
    {
        float a;
           ⋮
    }
       ⋮
}
```

这里有两个不同的变量名字都是 a。按作用域的规则规定，int 型变量 a 在整个函数 fun 内都是有效的、可见的。而 float 型变量 a 仅在定义它的分程序内是可见的，在该分程序前、后的函数体内是不可见的。那么，int 型变量 a 在分程序内(已定义了 float 型变量 a)是否可见呢？这将由重新定义标识符的作用域规定来回答。

重新定义标识符的作用域规定如下：

在某个作用范围内定义的标识符在该范围内的子范围内中可以重新定义该标识符。这时原定义的标识符在子范围内是不可见的，但是它还是存在的，只是在子范围内由于出现了同名的标识符而被暂时隐藏起来。过了子范围后，它又是可见的。

在上述例子中，int 型变量 a 在分程序中是不可见的，它被隐藏起来，即是存在的。当过了分程序后，它又是可见的。在分程序中，float 型变量 a 是可见的，出了分程序 float 型变量 a 是不可见的又是不存在的。由此可见，关于一个标识符的可见性和存在性，有时是一致的，例如上例中 float 型变量 a；有时可以是不一致的，例如上例中 int 型变量 a，它在分程序内虽然是不可见的，但是它是存在的。后面还会遇到类似情况。请读者注意有些标识符的可见性和存在性是不一致的。

[例 4.19] 分析下列程序的输出结果。

```
#include <iostream.h>
void main()
{
    int a(5),b(7),c(10);
    cout<<a<<","<<b<<","<<c<<endl;
    {
```

```
int b(8);
float c(8.8);
cout<<a<<","<<b<<","<<c<<endl;
a=b;
{
    int c;
    c=b;
    cout<<a<<","<<b<<","<<c<<endl;
}
cout<<a<<","<<b<<","<<c<<endl;
}
cout<<a<<","<<b<<","<<c<<endl;
}
```

执行该程序后,输出结果如下:

5,7,10
5,8,8.8
8,8,8
8,8,8.8
8,7,10

说明:在该程序中,先在函数体内定义了三个 int 型变量 a,b,c;又在外层分程序中重新定义了 b 和 c。因此在外层分程序中,a 仍然可见,但原来定义的 int 型的 b 和 c 被隐藏起来,是不可见的。而重新定义的 int 型变量 b 和 float 型变量 c 是可见的。在内层分程序中,又重新定义了 int 型变量 c,它在内层分程序中可见,而外层分程序中的 float 型变量 c 被隐藏起来。这里,由于变量 a 没有被重新定义过,因此它在函数体内的各个分程序内都是可见的。变量 a 在外层分程序中被改变了值,并保持改变后的值到内层分程序以及后面各个作用域中。

该程序是训练对重新定义标识符作用域规定的理解的很好的例子。请读者通过分析该程序掌握对重新定义标识符作用域的规定,并能在以后的程序设计中熟练运用。

[例 4.20] 分析下列程序的输出结果。

```
# include <iostream. h>
void main()
{
    int x(3);
    for(;x>0;x--)
    {
        int x(5);
        cout<<x<<"\t";
    }
    cout<<endl<<x<<endl;
}
```

该程序中先在函数体内定义了一个 int 型变量 x,并赋初值为 3。又在 for 循环语句的循环体内重新定义了 int 型变量 x,并赋初值为 5。这时,在循环体内重新定义的 x 是可见的,而其外定义的 x 被隐藏起来了。只有退出循环后,原先定义的 x 才又被恢复为可见。因此,在循环体内输出的 x 是重新定义的 x,在循环体外输出的 x 为原来定义的 x。

该程序的输出结果如下:

```
5    5    5
0
```

4.7.4　局部变量和全局变量

在 C++ 程序中,所定义的变量可分为局部变量和全局变量两大类。

1. 局部变量

局部变量是指作用域在函数级和块级的变量,包括自动类变量、寄存器类变量和内部静态类变量以及函数参数。自动类变量是在函数体或分程序内定义的变量,它们的作用域分别在所定义的函数体或分程序内。

自动类变量是定义在函数体或分程序内的一种变量,定义时可加 auto 说明符,也可以省略。与自动类变量作用域相同的另一种变量是寄存器类变量,这种变量也是定义在函数体内或分程序内,定义时前边加说明符 register。寄存器类变量有可能被存放到 CPU 的通用寄存器中。如果被存放到通用寄存器中便可提高存取速度,如果没被存放到通用寄存器中便按自动类变量处理。能否存放到通用寄存器中取决于当时通用寄存器是否空闲。因此,在定义寄存器类变量时,应注意如下几点。

(1) 该变量的数据长度与通用寄存器的长度相当。一般是 char 型和 int 型变量。

(2) 寄存器类变量不宜定义过多,因为通用寄存器个数有限。

(3) 要选择一些使用频率高的变量优先定义为寄存器类变量。例如,多重循环的内重循环变量等。

内部静态类变量是定义在函数体内或分程序内,并且用说明符 static 说明的一种变量。它的作用域与自动变量相同,但是它的生存期(即寿命)较长。这是一种可见性与存在性不一致的变量,后面还将详述。

2. 全局变量

全局变量是指作用域在程序级和文件级的变量。包含外部变量和外部静态变量。

外部变量的作用域是程序级的,即在一个文件中定义的外部变量,在该程序的其他文件中都可使用。外部变量是一种定义在函数体外,定义时不加任何存储类说明的变量。外部变量在引用之前需要说明,说明外部变量时应在前面加说明符 extern 表示该变量是外部变量。在一个文件中,先引用后定义的外部变量引用前必须说明,这称为外部变量提前说明。在一个文件中定义的外部变量在另外一个文件要引用,则在引用前必须说明。可见,外部变量的定义和说明是两回事。在一个程序中,一个外部变量只能定义一次,但是可以说明多次。

外部静态变量被定义在函数体外,定义时前边加说明符 static 表示为静态变量。外部静态变量的作用域是从定义该变量时起直到该文件结束,因此,称外部静态变量的作用域为文件级的。外部静态变量和外部变量的寿命都是长的。可见,外部静态变量的可见性与存在性是不一致的,因为它的作用域不是整个程序,可它的寿命存在于整个程序。

外部变量和外部静态变量定义时有默认值。int 型为 0,浮点型为 0.0,char 型为空。

[例 4.21] 分析下列程序的输出结果。

```cpp
#include <iostream.h>
void other();
void main()
{
    int a(3);
    register int b(5);
    static int c;
    cout<<"a="<<a<<","<<"b="<<b<<","<<"c="<<c<<endl;
    other();
    other();
}
void other()
{
    int a(5);
    static int b(12);
    a+10;
    b+=20;
    cout<<"a="<<a<<","<<"b="<<b<<endl;
}
```

执行该程序,输出结果如下:

```
a=3, b=5, c=0
a=5, b=32
a=5, b=52
```

说明:该程序中出现了三种不同存储类的局部变量:自动类、寄存器类和内部静态类。这里,值得注意的有如下两点:

(1) 内部静态类的变量定义时有默认值。int 型为 0,浮点型的为 0.0,char 型的为空。外部类和外部静态类也是如此。而自动类和寄存器类的变量定义后在赋初值或赋值前没有默认值,其值是无意义的(通称垃圾值)。

(2) 内部静态变量定义在函数体内,它的作用域定义在它的函数体内或分程序内。然而,在定义它的作用域外,它虽然不可见,但是它仍然存在;它没有被释放掉,一旦回到作用域后,仍然保留其原来的值。这便是内部静态类变量的特点,也是它与自动类变量的区别。理解了这一点,就会分析和选用内部静态类变量了。

[**例 4.22**] 分析下列程序的输出结果。

该程序由三个文件组成,编译时要生成一个项目文件。三个文件的内容如下:

文件 1(main. cpp)

```cpp
#include <iostream.h>
void fun1(),fun2(),fun3();
int i(5);
void main()
{
    i=20;
    fun1();
    cout<<"main():i="<<i<<endl;
    fun2();
    cout<<"main():i="<<i<<endl;
    fun3();
    cout<<"main():i="<<i<<endl;
}
```

文件 file1. cpp 内容如下:

```cpp
#include <iostream.h>
static int i;
void fun1()
{
    i=50;
    cout<<"fun1():i(static)="<<i<<endl;
}
```

文件 file2. cpp 内容如下:

```cpp
#include <iostream.h>
void fun2()
{
    int i=15;
    cout<<"fun2():i(auto)="<<i<<endl;
    if(i)
    {
        extern int i;
        cout<<"fun2():i(extern)="<<i<<endl;
    }
}
extern int i;
void fun3()
{
    i=30;
    cout<<"fun3():i(extern)="<<i<<endl;
```

```
        if(i)
        {
            int i＝10;
            cout≪″fun3():i(auto)＝″≪i≪endl;
        }
    }
```

执行该程序输出结果如下：

```
fun1():i(static)＝50
main():i＝20
fun2():i(auto)＝15
fun2():i(extern)＝20
main():i＝20
fun3():i(extern)＝30
fun3():i(auto)＝10
main():i＝30
```

说明：该例的 main.cpp 文件中开始定义一个外部变量 i，并赋初值 5。在 main() 函数中，更新 i 的值为 20。在 file1.cpp 文件中，开始定义了外部静态变量 i，在 fun1() 函数中，给 i 赋值为 50。在文件 file2.cpp 的函数 fun2() 中，定义自动变量 i，并赋初值 15，而在它的 if 体中，又说明了 i 是外部变量。在 fun3() 函数前，又说明 i 是外部变量。在函数 fun3() 中，更新 i 的值为 30，在它的 if 体内，又重新定义 i 为自动类，并初始化为 10。可见，在该程序中，i 在不同的地方有不同的存储类，分清 i 变量的不同作用域内的不同存储类是十分重要的。因此，第 1 个输出是调用 fun1() 函数中输出的外部静态的 i 为 50。第 2 个输出是 main() 中的外部变量 i 为 20。第 3 个输出是调用 fun2() 函数中的自动变量 i 为 15。第 4 个输出是调用 fun2() 函数中的外部变量 i 为 20。第 5 个输出是 main() 函数中的外部变量 i 为 20。第 6 个输出是调用 fun3() 函数中的外部变量 i 为 30。第 7 个输出是调用 fun3() 函数中的自动变量 i 为 10。最后一个输出 main() 中外部变量 i 的值为 30。

请读者仔细分析一下，不同位置的 i 变量的存储类是什么，这样就会知道 i 的值了。

4.7.5　内部函数和外部函数

函数按其存储类可分为两类：一类是内部函数，另一类是外部函数。

1. 内部函数

内部函数在定义它的文件中可以被调用，而在同一程序的其他文件中不可以被调用。定义内部函数的格式如下：

```
static〈类型说明〉〈函数名〉(〈参数表〉)
{
    〈函数体〉
}
```

其中, static 是关键字, 用它说明的函数是静态函数, 也称内部函数。

[例 4.23] 内部函数的定义和调用。

分析下列程序的输出结果。

```cpp
# include ⟨iostream. h⟩
int i(10);
static int reset(),next(int),last(int),other(int);
void main()
{
    int i＝reset();
    for(int j(1);j<=3;j++)
    {
        cout<<i<<","<<j<<",";
        cout<<next(i)<<",";
        cout<<last(i)<<",";
        cout<<other(i+j)<<endl;
    }
}
static int reset()
{
    return i;
}
static int next(int j)
{
    j=i++;
    return j;
}
static int last(int j)
{
    static int i(20);
    j=i--;
    return j;
}
static int other(int i)
{
    int j(15);
    return i=j+=i;
}
```

该程序执行后的输出结果请读者自己分析。在分析该程序中, 请注意:

(1) 该程序中定义了 4 个静态(即内部)函数, 注意定义和说明的方法。

(2) 注意程序中变量 i 和 j 在各函数中的存储类, 其描述如表 4-1 所示。

表 4-1 变量 i、j 在各函数中的存储类

函数 变量	main()	reset()	next()	last()	other()
i	自动类	外部类	外部类	内部静态类	局部变量
j	自动类	无	局部变量	局部变量	自动类

2. 外部函数

外部函数是一种作用域在整个程序中的函数,包含组成该程序的所有文件。

外部函数的定义格式如下:

[extern]〈类型说明〉〈函数名〉(〈参数表〉)
{
　　〈函数体〉
}

其中,extern 是关键字,它是外部类函数的说明符。一般情况下,它在定义函数时可以省略。

[例 4.24]　外部函数的定义、说明和调用。

该程序由三个文件组成,即 f1.cpp,f2.cpp 和 f3.cpp。

文件 f1.cpp 内容如下:

```
#include〈iostream.h〉
int i(1);
extern int reset(),next(),last(),other(int);
void main()
{
    int i=reset();
    for(int j(1);j<=3;j++)
    {
      cout<<i<<","<<j<<",";
      cout<<next()<<",";
      cout<<last()<<",";
      cout<<other(i+j)<<endl;
    }
}
```

文件 f2.cpp 内容如下:

```
static int i(10);
extern int next()
{
    return i+=1;
}
extern int last()
{
```

```
    return i—＝1;
}
extern int other(int i)
{
    static int j(5);
    return i＝j＋＝1;
}
```

文件 f3.cpp 内容如下：

```
extern int i;
extern int reset()
{
    return i;
}
```

该程序由 3 个文件和 5 个函数组成。除 main()函数外，其余 4 个函数被定义成外部函数。

该程序与例 4.23 有相似之处，但是仔细分析却不一样。分析该程序的输出结果时，仍然要搞清楚变量 i 和 j 在不同的函数中的存储类，否则无法确定它的值。

该程序的输出结果，请读者自己分析。

4.8 C++语言的系统函数

C++语言的编译系统提供了几百个函数供编程者调用。本节将介绍使用系统函数的方法，并且讲述字符串类的系统函数。

4.8.1 C++语言系统函数概述

C++语言系统将所提供的系统函数的说明分类放在不同的.h 文件（又称头文件）中。例如，有关数学常用函数，如指数函数、对数函数、绝对值函数、立方根函数和三角函数及反三角函数等，放在 math.h 文件中。又例如，判断字母、数字、大写字母、小写字母等的函数，放在 ctype.h 文件中。又例如，有关字符串处理的函数放在 string.h 文件中。屏幕处理函数放在 conio.h 中，图形处理函数放在 graph.h 中等。因此，编程者在使用系统函数时，应该注意如下几点：

（1）了解所使用的 C++语言系统提供了哪些系统函数。不同的 C++语言编译系统所提供的系统函数不同，同一种 C++语言编译系统的不同版本所提供的系统函数的多少也不尽相同。只有了解系统所提供的系统函数后，才能根据需要进行选用。

了解某个 C++语言系统所提供的系统函数的方法是阅读该编译系统的使用手册，手册中会给出各种系统函数的功能、函数的参数和返回值以及函数的使用方法。另外，也可以通过联机帮助系统了解一些系统函数的简单情况。

（2）知道某个系统函数说明在哪个头文件中。这件事情很重要。因为要调用某个系统函数，必须将该系统函数的说明所在的头文件包含在调用的程序中，否则连接不上，将报连接错。例如，要使用 sqrt()函数求某个数的平方根时，就需要在程序中，将 math.h 头文件包含进去。math.h 中有关于 sqrt()函数的原型说明，如下所示：

```
double sqrt (double);
```

该原型说明将告诉你 sqrt()的使用方法。即要求一个 double 型的参数，将对该参数值求平方根，并且返回一个 double 型的数。在使用时，应将该函数的返回值赋给一个 double 型的变量，否则需要进行强制类型转换。不然的话，可能出现类型不匹配的警告错。

（3）调用一个函数时，一定要将该函数的功能、参数和返回值搞清楚，否则难以正确使用这个函数。

［**例 4.25**］ 编程求出 $30°$ 角的正弦值、余弦值和正切值。

程序如下：

```
#include ⟨iostream.h⟩
#include ⟨math.h⟩
const double pi(3.14159265);
void main()
{
    double i(30 * pi/180);
    double x=sin(i);
    double y=cos(i);
    double z=tan(i);
    cout<<"sin(30)="<<x<<endl;
    cout<<"cos(30)="<<y<<endl;
    cout<<"tan(30)="<<z<<endl;
}
```

执行该程序输出结果如下：

```
sin(30)=0.5
cos(30)=0.866025
tan(30)=0.57735
```

该程序中，调用了包含在 math.h 中的三个函数 sin()，cos()和 tan()。这三个函数的原型说明如下：

```
double sin (double x)
double cos (double x)
double tan (double x)
```

其中，x 是弧度值。$1° = \pi/180$ 弧度。

4.8.2 字符串处理函数

编译系统提供的字符串处理函数放在 string.h 头文件中,调用字符串处理函数时,要包含 string.h 文件。下面列举一些常用的字符串处理函数的功能、原型说明及使用方法。

1. 字符串长度函数 strlen()

该函数的功能是返回一个字符串的长度。该函数原型说明如下:

int strlen(const char * s);

该函数将计算字符指针 s 所指向的字符串的长度,即字符串中包含的有效字符的个数和,空字符不计算在内。

[例 4.26] 计算已知字符串的长度。

程序内容如下:

```
# include〈iostream. h〉
# include〈string. h〉
void main()
{
    char s1[]="abc mnp";
    char * s2="hello!";
    char s3[80];
    cout<<"Input a word:";
    cin>>s3;
    cout<<"s1:"<<strlen(s1)<<endl;
    cout<<"s2:"<<strlen(s2)<<endl;
    cout<<"s3:"<<strlen(s3)<<endl;
    cout<<strlen("iostream. h");
}
```

执行该程序时,显示如下信息:

Input a word:programing ↙

输出结果如下:

s1:7
s2:6
s3:10
10

说明:该程序中 4 次调用求字符串长度函数 strlen()。请注意,每次调用时给定参数的方法是不同的,有字符数组名、字符指针名,还有字符串常量。

2. 字符串复制函数 strcpy()

该函数的功能是用一个字符串去更新另一个字符串,进而实现字符串的复制。该函数原型说明如下：

```
char * strcpy(char * s1, const char * s2);
```

其中,s1 和 s2 是字符指针或者字符数组,而 s2 的字符串是已知的。该函数将 s2 所指向的字符串复制到 s1 所指向的字符数组中。然后返回 s1 的地址值。该函数是一个指针函数,因为它的返回值是一个指向 char 型的指针。

调用这个函数时,请注意:必须保证 s1 所指向的对象能够容纳下 s2 所指向的字符串,否则将出现数据混乱。

[例 4.27] 使用字符串复制函数将一个已知字符串复制给一个字符数组。

程序内容如下:

```
# include 〈iostream. h〉
# include 〈string. h〉
void main()
{
    char s1[8],s3[8];
    char s2[]="string";
    strcpy(s1,s2);
    strncpy(s3,s1,3);
    s3[3]='\0';
    cout<<"s1:"<<s1<<endl;
    cout<<"s3:"<<s3<<endl;
    char * s4=strcpy(s3,strcpy(s1,s2));
    cout<<"s4:"<<s4<<endl;
}
```

该程序执行后,输出如下结果:

```
s1: string
s3: str
s4: string
```

说明:该程序有以下几点值得注意。

(1) strcpy()函数的第一个参数所使用的字符数组要足够大,能够将第二个参数所指的字符串容纳下。

(2) 字符串复制函数还有一个下述所示的函数原型说明:

```
char * strncpy(char * s1, const char * s2, int n);
```

其中,n 是一个 int 型数,用来表示仅将 s2 所指定的字符串中前 n 个字符复制到 s1 中。使用该函数时,在复制完成后,要对新的字符数组加上一个字符串结束符'\0'。

(3) 使用 strcpy()函数时,第一个参数被更新,而第二个参数保持内容不变,返回的是第一个参数的指针。

（4）程序中，注意下述的函数调用：

strcpy(s3, strcpy(s1, s2))

调用中，将 strcpy(s1,s2)的返回值，作为函数参数，因为 strcpy()返回一个 char 型指针，即 s1 所指向的字符串。这样调用实际是将 s2 中的字符串先复制给 s1，再将 s1 的字符串复制给 s3，这样，s1，s2 和 s3 中都有相同的字符串；又复制给 s4，使它也具有与 s1，s2 和 s3 相同的字符串。

3. 字符串连接函数 strcat()

该函数的功能是将一个字符串添加到另一个字符串的后面，形成一个包含了两个字符串的新字符串。该字符串连接函数的原型说明如下：

char * strcat(char * s1, char * s2);

其中，s1 和 s2 都是字符指针或字符数组，该函数用来返回指针参数 s1 的值。注意，调用该函数时，必须保证 s1 所指向的对象有足够的空间能够容纳 s2 所添加的字符串。一般要求，s1 所指的对象不小于 strlen(s1)＋strlen(s2)＋1。

［例 4.28］ 使用字符串连接函数连接字符串。

分析下列程序的输出结果：

```
#include ⟨iostream. h⟩
#include ⟨string. h⟩
void main()
{
    char s1[30]="first";
    char s2[20]="second";
    char s3[10]="third";
    char s4[30];
    strcpy(s4,s1);
    strcat(s4,s2);
    strcat(s4,s3);
    cout<<"s4:"<<s4<<endl;
    cout<<strcat(s1,strncat(s2,s3,3))<<endl;
}
```

执行该程序输出如下结果：

s4：firstsecondthird

firstsecondthi

说明：

（1）该程序中使用了字符串复制函数 strcpy()、字符串连接函数 strcat()和 strncat()。其中，strncat()函数的原型说明如下：

char * strncat(char * s1, char * s2, int n);

这里,n 是 int 型数,它用来表示在 s1 所指向的字符串后面,仅连接上 s2 所指的字符串中的前 n 个字符。

使用 strncat()函数连接部分字符串时,不必另外再加'\0'作为结束符。

(2) 由于 strcat()函数的返回值是一个字符指针,因此,可以用这个函数的返回值作为某个函数的参数。在该程序中,strcat(s1, strncat(s2, s3, 3))是允许的,这样书写可以更简便,它等价于:

```
char * s=strncat(s2, s3, 3);
strcat(s1, s);
```

4. 字符串比较函数 strcmp()

该函数的功能是用来比较两个字符串是否相等。如果该函数返回值为 0,说明比较的两字符串相等。如果返回值为大于 0 的值,说明比较的两个字符串不相等,第一个大于第二个。如果返回值为小于 0 的值,则说明第一个小于第二个。该函数的原型说明如下:

```
int strcmp(const char * s1, const char * s2);
int strncmp(const char * s1, const char * s2, int n);
```

其中,s1 和 s2 是字符指针或字符数组,n 是一个整型数。

函数 strcmp()用来比较 s1 和 s2 所指向的字符串是否相等;函数 strncmp()用来比较 s1 和 s2 所指向的字符串中前 n 个字符是否相同,而后面字符不再比较。

[例 4.29] 使用字符串比较函数比较两个字符串的大小。

程序内容如下:

```
#include <iostream. h>
#include <string. h>
void main()
{
    int result,n;
    char s1[80],s2[80];
    cout<<"Input string #1: ";
    cin>>s1;
    cout<<"Input string #2: ";
    cin>>s2;
    cout<<"Input a number: ";
    cin>>n;
    result=strncmp(s1,s2,n);
    if(result==0)
        cout<<s1<<" is equal to "<<s2<<endl;
    else if(result<0)
        cout<<s1<<" is less than "<<s2<<endl;
    else
        cout<<s1<<" is greater than "<<s2<<endl;
}
```

执行该程序,按下列提示信息输入:

Input string #1:abcedf ✓
Input string #2:abcdef ✓
Input a number:4 ✓

输出结果如下:

abcedf is greater than abcdef

再执行一遍该程序:

Input string #1:mpsxyz ✓
Input string #2:mpsxzy ✓
Input a number:4 ✓

输出结果如下:

mpsxyz is equal to mpsxzy

这些字符串处理函数用来在 C++ 语言中处理字符串时不是很方便,因此,在标准 C++ 语言中,使用 string 类可以更加方便地实现字符串的处理。

4.9 函 数 模 板

4.9.1 函数模板的概念

1. 什么是模板

模板是一种工具,它是 C++ 语言支持参数化多态性的工具。模板是用来解决代码重用的一种方法。代码重用就是按不同方式重复使用代码,因此,要求重用代码要有通用性,即不受使用的数据类型的影响。这种程序设计类型称为参数化程序设计,而模板就是用来解决这一问题的。

模板实际上是对类型进行参数化。它是由可以使用和操作一定范围内的数据类型的通用代码构成的。

总之,模板是对类型进行参数化的工具。模板通常有两种不同形式:函数模板和类模板。

2. 函数模板

1) 函数模板的引进

前边已讲述过重载函数。重载函数是名字相同而函数体不同的多个函数,根据参数类型、个数和顺序不同进行选择。函数模板是通过对参数类型进行参数化后,获取具有相同形式的函数体。

函数模板是一个通用函数,它可适用于一定范围内的不同类型对象的操作。函数模板将代表着不同类型的一组函数,它们都使用相同的代码,这样可以实现代码重用,避免重复劳动,又可增强程序的安全性。这便是引进函数模板的目的。

2) 函数模板的定义格式

函数模板的定义格式如下:

```
template <〈参数化类型名表〉>
〈类型〉〈函数名〉(〈参数表〉)
{
  〈函数体〉
}
```

其中,template 是定义模板的关键字。〈参数化类型名表〉又称模板参数表,多个表项用逗号分隔。每个表项称为一个模板参数。该表通常使用的格式如下所示:

```
class 〈标识符1〉, class 〈标识符2〉,…
```

这里,〈标识符1〉、〈标识符2〉是模板参数,class 是修饰符,用来表示其后面的标识符说明是参数化的类型名,即模板参数。例如:

```
template 〈class T1, class T2〉
```

表示该函数模板有两个模板参数 T1 和 T2。

下面举一个函数模板的例子,该模板的功能是用来交换两个参数的值。

```
template 〈class T〉
void swap (T &a, T &b)
{
  T t;
  t=a;
  a=b;
  b=t;
}
```

该函数模板所允许的类型范围是对赋值运算符有意义的所有类型。

上例也可写成下述形式:

```
template 〈class T〉 void swap (T &a, T &b)
{
  T t;
  t=a;
  a=b;
  b=t;
}
```

上述两种形式是等价的。

3) 函数模板与模板函数

函数模板是模板函数的一个样板,它可以生成多个重载的模板函数,这些模板函数重用函数体代码。模板函数是函数模板的一个实例。

例如，在上例中，使用 int 型来替代模板参数 T，生成一个如下形式的模板函数：

```
void swap(int a, int b)
{
    int t;
    t=a;
    a=b;
    b=t;
}
```

还可以使用 double 型来替代模板参数 T，又可写出一个模板函数，请读者完成。

可见，一个函数模板通常对应多个模板函数，各模板函数的区别仅在于类型不同。

4.9.2　函数模板的使用

下面通过例子讲解函数模板的定义和使用方法。

［例 4.30］　编写求两个数中最大数的函数模板，并计算几种模板函数的值。

程序内容如下：

```
#include <iostream. h>
template <class T>
T max (T a, T b)
{
    return a>b? a: b;
}
void main()
{
    int n1=8, n2=9;
    double m1=3.14, m2=3.15;
    char c1='m', c2='n';
    cout<<"max(n1, n2)="<<max(n1, n2)<<endl;
    cout<<"max(m1, m2)="<<max(m1, m2)<<endl;
    cout<<"max(c1, c2)="<<max(c1, c2)<<endl;
}
```

执行该程序后，输出结果如下：

```
max(n1,n2)=9
max(m1,m2)=3.15
max(c1,c2)=n
```

说明：该程序中定义了一个函数模板，其名为 max，有一个模板参数 T。主函数中使用了 3 个模板函数，它们分别以 int 型、double 型和 char 型替代模板参数 T。

该程序中函数模板所适应的类型范围是对大于(>)运算符有效。

[**例 4.31**]　编写一个使用冒泡排序法进行排序操作的函数模板，并对 int 型、double 型和 char 型数组元素进行排序。

程序内容如下：

```
#include <iostream.h>
#include <string.h>
template <class stype> void bubble (stype * item, int count);
void main()
{
    char str[]="HUTREADHGKLP";
    bubble (str, (int)strlen (str));
    cout<<"The sorted string is"<<str<<endl;
    int nums1[]={ 4, 7, 2, 9, 3, 7, 6, 1 };
    bubble (nums1, 8);
    cout<<"The sorted numbers are";
    for (int i(0); i<8; i++)
        cout<<nums1[i]<<"    ";
    cout<<endl;
    double nums2[]={ 2.3, 5.3, 6.7, 3.9, 7.2, 1.5 };
    bubble (nums2, 6);
    cout<<"The sorted numbers are";
    for (i=0; i<6, i++)
        cout<<nums2[i]<<"    ";
    cout<<endl;
}
template <class stype>
void bubble (stype * item, int count)
{
    register i, j;
    stype t;
    for (i=1; i<count; i++)
        for(j=count-1; j>=i; j--)
            if(item[j-1]>item[j])
            {
                t=item[j-1];
                item[j-1]=item[j];
                item[j]=t;
            }
}
```

执行该程序后，输出结果如下：

The sorted string is ADEGHHKLPRTU

The sorted numbers are 1 2 3 4 6 7 7 9
The sorted numbers are 1.5　2.3　3.9　5.3　6.7　7.2

说明：该程序中定义了一个函数模板 bubble,它的功能对某些数据类型的若干个数据进行排序,使用的是冒泡排序法。

程序中生成了 3 个模板函数,分别用 char 型、int 型和 double 型替代了模板参数 stype。

练习题

1. 在 C++ 语言中,函数定义的格式如何？为什么说函数定义是更高级的抽象？

2. 什么是函数的说明？说明函数和定义函数有什么区别？是否必须进行函数的说明？

3. 什么是函数的值和函数的类型？函数的返回值如何实现？是否所有的函数都有返回值？

4. 函数的传值调用与函数的传址调用各自有何特点？它们都是怎样来实现的？

5. 函数的传址调用与函数的引用调用各自有何特点？为什么在 C++ 语言编程中常用引用调用？

6. 在什么情况下,由于编译系统的不同会引起在参数计算顺序方面的二义性？

7. 设置函数参数的默认值有何作用？在实际应用中有什么要注意的事情？

8. 数组作为函数参数和数组元素作为函数参数相同吗？

9. 什么是内联函数？为什么要引入内联函数？使用内联函数应注意什么？

10. 什么是函数重载？实现函数重载的原则是什么？

11. 函数在嵌套调用中应注意哪些问题？

12. C++ 语言编程中是否可以用递归调用？递归调用有何特点？

13. 标识符的作用域规则是什么？在 C++ 语言中,作用域的种类有哪些？

14. 关于重新定义标识符的作用域规定是什么？什么是可见？什么是不可见？

15. 什么是局部变量？什么是全局变量？

16. 什么是自动存储类变量？什么是寄存器存储类变量？

17. 什么是静态存储类变量？内部静态类和外部静态类变量有何区别？

18. 什么是外部存储类变量？它的定义和说明是一回事吗？

19. 什么是内部函数？什么是外部函数？

20. 在 C++ 语言编程中,如何使用系统函数？

21. 什么是模板？通常模板有哪两种形式？

22. 如何定义函数模板？函数模板和模板函数有何不同？

23. 模板函数与重载函数有何关系？

24. 模板函数的类型适应范围如何确定？

25. 模板函数的模板参数和函数参数有何不同？

作业题

1. 选择填空。

(1) 当一个函数无返回值时,定义它时函数的类型应是(   )。

    A. void   B. 任意   C. int   D. 无

(2) 在函数说明时,下列(   )项是不必要的。

    A. 函数的类型   B. 函数参数类型和名字

    C. 函数名字   D. 返回值表达式

(3) 在函数的返回值类型与返回值表达式的类型的描述中,(   )是错误的。

    A. 函数返回值的类型是在定义函数时确定,在函数调用时是不能改变的

    B. 函数返回值的类型就是返回值表达式的类型

    C. 函数返回值表达式类型与函数返回值类型不同时,表达式类型应转换成函数返回值类型

    D. 函数返回值类型决定了返回值表达式的类型

(4) 在一个被调用函数中,关于 return 语句使用的描述,(   )是错误的。

    A. 被调用函数中可以不用 return 语句

    B. 被调用函数中可以使用多个 return 语句

    C. 被调用函数中,如果有返回值,就一定要有 return 语句

    D. 被调用函数中,一个 return 语句可返回多个值给调用函数

(5) 下列描述(   )是引用调用。

    A. 形参是指针,实参是地址值

    B. 形参和实参都是变量

    C. 形参是数组名,实参是数组名

    D. 形参是引用,实参是变量

(6) 在传值调用中,要求(   )。

    A. 形参和实参类型任意,个数相等

    B. 实参和形参类型都完全一致,个数相等

    C. 实参和形参对应的类型一致,个数相等

    D. 实参和形参对应的类型一致,个数任意

(7) 在 C++ 语言中,关于下列设置参数默认值的描述中,(   )是正确的。

    A. 不允许设置参数的默认值

    B. 设置参数默认值只能在定义函数时设置

    C. 设置参数默认值时,应该是先设置右边的参数再设置左边的参数

    D. 设置参数默认值时,应该全部参数都设置

(8) 重载函数在调用时选择的依据中,(   )是错误的。

    A. 参数个数   B. 参数的类型   C. 函数名字   D. 参数的顺序

(9) 下列的标识符中,(   )是文件级作用域的。

A. 函数形参　　　　　　　　　　B. 语句标号

C. 外部静态类标识符　　　　　　D. 自动类标识符

(10) 有一个 int 型变量,在程序中使用频度很高,最好定义它为(　　)。

　　A. register　　　B. auto　　　C. extern　　　D. static

(11) 下列标识符中,(　　)不是局部变量。

　　A. register 类　　B. 外部 static 类　C. auto 类　　　D. 函数形参

(12) 下列存储类标识符中,(　　)的可见性与存在性不一致。

　　A. 外部类　　　　B. 自动类　　　C. 内部静态类　　D. 寄存器类

(13) 在一个程序中,要求通过函数来实现一种不太复杂的功能,并且要求加快执行速度,选用(　　)比较合适。

　　A. 内联函数　　　B. 重载函数　　C. 递归调用　　　D. 嵌套调用

(14) 采用函数重载的目的在于(　　)。

　　A. 实现共享　　　B. 减少空间

　　C. 提高速度　　　D. 使用方便,提高可读性

(15) 在将两个字符串连接起来组成一个字符串时,选用(　　)函数。

　　A. strlen()　　　B. strcpy()　　C. strcat()　　　D. strcmp()

(16) 定义函数模板使用的关键字是(　　)。

　　A. class　　　　B. inline　　　C. template　　　D. operator

(17) 下列有关对函数模板参数的描述,错误的是(　　)。

　　A. 模板参数可以是 1 个或多个

　　B. 通常每个模板参数前必须加 class

　　C. 模板参数是一个算术表达式

　　D. 模板参数是参数化的类型

(18) 下列关于函数模板和模板函数的描述中,错误的是(　　)。

　　A. 函数模板是一组函数的样板

　　B. 函数模板是定义重载函数的一种工具

　　C. 模板函数是函数模板的一个实例

　　D. 模板函数在编译时不生成可执行代码

(19) 已知函数模板定义如下:

template 〈class T〉
T min (T x, T y)
{ return x＜y? x; y; }

在下列描述中,错误的是(　　)。

　　A. 该函数模板有一个模板参数

　　B. 该函数模板生成的模板函数中,参数和返回值的类型必须相同

　　C. 该函数模板生成的模板函数中,参数和返回值的类型可以不同

　　D. T 类型所允许的类型范围应对运算符大于(＞)操作有意义

(20) 在上述 19 题所定义的函数模板中，所生成的下列模板函数错误的是(　　)。

A. int min(int，int) B. char min(char，char)

C. double min(double，double) D. double min(double，int)

2. 判断下列描述的正确性，对者划√，错者划×。

(1) 在 C++ 语言中，定义函数时必须给出函数的类型。

(2) 在 C++ 语言中，说明函数时要用函数原型，即定义函数时的函数头部分。

(3) 在 C++ 语言中，所有函数在调用前都要说明。

(4) 如果一个函数没有返回值，定义时需用 void 说明。

(5) 在 C++ 语言中，传址调用可以被引用调用所替代。

(6) 使用内联函数是以牺牲增大空间开销为代价的。

(7) 返回值类型、参数个数和类型都相同的函数也可以重载。

(8) 设置了参数默认值后，调用函数的对应实参就必须省略。

(9) 计算函数参数顺序引起的二义性完全是由不同的编译系统决定的。

(10) for 循环中，循环变量的作用域是在该循环的循环体内。

(11) 语句标号的作用域是在定义该语句标号的文件内。

(12) 函数形参的作用域是在该函数的函数体内。

(13) 定义外部变量时，不用存储类说明符 extern，而说明外部变量时用它。

(14) 内部静态类变量与自动类变量作用域相同，但是生存期不同。

(15) 静态生存期的标识符的寿命是短的，而动态生存期标识符的寿命是长的。

(16) 重新定义的标识符在定义它的区域内是可见的；而与其同名的原标识符在此区域内是不可见的，但是，它是存在的。

(17) 静态类标识符在它的作用域之外是不存在的。

(18) 所有的函数在定义它的程序中都是可见的。

(19) 编译系统所提供的系统函数都被定义在它所对应的头文件中。

(20) 调用系统函数时，要先将该系统函数的原型说明所在的头文件包含进去。

(21) C++ 语言中模板分为函数模板和类模板两种。

(22) 函数模板中模板参数可用任何一种类型替换。

(23) 一个函数模板只生成一个模板函数。

(24) 函数模板中模板参数只能有一个。

(25) 函数模板在编译时不生成可执行代码。

3. 分析下列程序的输出结果。

(1)

```
# include ⟨iostream. h⟩
# define N 5
void fun();
void main()
```

```
{
    for(int i(1);i<N;i++)
        fun();
}
void fun()
{
    static int a;
    int b(2);
    cout<<(a+=3,a+b)<<endl;
}
```

（2）

```
#include <iostream.h>
int add(int a,int b);
void main()
{
    extern int x,y;
    cout<<add(x,y)<<endl;
}
int x(20),y(5);
int add(int a,int b)
{
    int s=a+b;
    return s;
}
```

（3）

```
#include <iostream.h>
void f(int j);
void main()
{
    for(int i(1);i<=4;i++)
        f(i);
}
void f(int j)
{
    static int a(10);
    int b(1);
    b++;
    cout<<a<<"+"<<b<<"+"<<j<<"="<<a+b+j<<endl;
    a+=10;
}
```

（4）

```
#include <iostream.h>
void f(int n)
```

```
{
    int x(5);
    static int y(10);
    if(n>0)
    {
        ++x;
        ++y;
        cout<<x<<","<<y<<endl;
    }
}
void main()
{
    int m(1);
    f(m);
}
```

(5)

```
#include <iostream. h>
int fac(int a);
void main()
{
    int s(0);
    for (int i(1);i<=5;i++)
        s+=fac(i);
    cout<<"5!+4!+3!+2!+1!="<<s<<endl;
}
int fac(int a)
{
    static int b=1;
    b*=a;
    return b;
}
```

(6)

```
#include <iostream. h>
void fun(int,int,int * );
void main()
{
    int x,y,z;
    fun(5,6,&x);
    fun(7,x,&y);
    fun(x,y,&z);
    cout<<x<<","<<y<<","<<z<<endl;
}
void fun(int a,int b,int * c)
{
```

```
        b+=a;
     * c=b-a;
}
```

（7）

```
#include <iostream.h>
int add(int x,int y=8);
void main()
{
    int a(5);
    cout<<"sum1="<<add(a)<<endl;
    cout<<"sum2="<<add(a,add(a))<<endl;
    cout<<"sum3="<<add(a,add(a,add(a)))<<endl;
}
int add(int x,int y)
{
    return x+y;
}
```

（8）

```
#include <iostream.h>
#define N 6
int f1(int a);
void main()
{
    int a(N);
    cout<<f1(a)<<endl;
}
int f1(int a)
{
    return (a==0)? 1:a*f1(a-1);
}
```

（9）

```
#include <iostream.h>
void swap(int &,int &);
void main()
{
    int a(5),b(8);
    cout<<"a="<<a<<","<<"b="<<b<<endl;
    swap(a,b);
    cout<<"a="<<a<<","<<"b="<<b<<endl;
}
void swap(int &x,int &y)
```

```
{
    int temp;
    temp=x;
    x=y;
    y=temp;
}
```

(10)

```
#include ⟨iostream. h⟩
int & f1(int n,int s[])
{
    int &m=s[n];
    return m;
}
void main()
{
    int s[]={5,4,3,2,1,0};
    f1(3,s)=10;
    cout≪f1(3,s)≪endl;
}
```

(11)

```
#include ⟨iostream. h⟩
void print(int),print(char),print(char * );
void main()
{
    int u(1998);
    print('u');
    print(u);
    print("abcd");
}
void print(char x)
{
    cout≪x≪endl;
}
void print(char * x)
{
    cout≪x≪endl;
}
void print(int x)
{
    cout≪x≪endl;
}
```

(12)

```
#include <iostream.h>
void ff(int),ff(double);
void main()
{
    float a(88.18);
    ff(a);
    char b('a');
    ff(b);
}
void ff(int x)
{
    cout<<"ff(int):"<<x<<endl;
}
void ff(double x)
{
    cout<<"ff(double):"<<x<<endl;
}
```

(13)

```
#include <iostream.h>
template <class T>
T sum(T * s1, int n)
{
    T sum(0);
    for(int i(0); i<n; i++)
        sum+=s1[i];
    return sum;
}
void main()
{
    int Ia[]={ 18, 21, 36, 10, 70, 40 };
    double Da[]={ 3.4, 7.8, 1.2, 9.4, 2.5, 4.1 };
    int Is=sum(Ia, 6);
    double Ds=sum (Da, 6);
    cout<<Is<<','<<Ds<<endl;
}
```

(14)

```
#include <iostream.h>
#include <string.h>
template <class M>
M min(M a, M b)
{
    return a<b? a:b;
```

```
    }
    void main()
    {
        char * s1="hfyn", * s2="hfto";
        int i(56), j(65);
        double a=23.43, b=23.54;
        cout<<min(i, j)<<endl;
        cout<<min(s1, s2)<<endl;
        cout<<min(a, b)<<endl;
    }
```

4. 按下列要求编程,并上机验证。

(1) 从键盘上输入 15 个浮点数,求出其和及平均值。要求写出求和及求平均值的函数。

(2) 从键盘上输入 10 个 int 型数,去掉重复的数后,将剩余的数由大到小排序输出。

(3) 给定某个年、月、日的值,例如,1998 年 4 月 7 日。计算出这一天属于该年的第几天。要求写出计算闰年的函数和计算日期的函数。

(4) 写出一个函数,使从键盘上输入的一个字符串反序存放,并在主函数中输入和输出该字符串。

(5) 写出一个函数,要求将输入的十六进制数转换成十进制数。要求函数调用时,使用指针作为函数形参。

(6) 编写两个函数:一个是将一个 5 位 int 型数转换成为每两个数字间加一个空格的空符串,另一个是求出转换后的字符串的长度。由主函数输入 int 型数,并输出转换后的字符串和长度。

(7) 输入 5 个学生 4 门功课的成绩,然后求出:

① 每个学生的总分; ② 每门课程的平均分; ③ 输出总分最高的学生的姓名和总分数。

(8) 使用递归调用方法将一个 n 位整数转换成字符串。

(9) 使用函数重载的方法定义两个重名函数,分别求出 int 型数的两个点间距离和浮点型数的两点间距离。

(10) 已知二维字符数组 s[][5]={"abcd","efgh","ijkl","mnop"};使用字符串处理函数,将该数组的 4 个字符串连接起来,组成一个字符串:

abcdefghijklmnop。

(11) 编程求下式的值:
$$n^1+n^2+n^3+n^4+\cdots+n^{10}, \quad 其中,n=1,2,3$$
编写函数时,设置参数 n 的默认值为 2。

(12) 编一个程序验证哥德巴赫猜想:任何一个充分大的偶数(大于等于 6)总可以表示成两个素数之和。要求编一个求素数的 prime() 函数,它有一个 int 型参数,当参数值为素数时返回 1,否则返回 0。

第 **5** 章 类和对象(一)

　　类是面向对象程序设计的核心,它实际上是一种新的数据类型,也是实现抽象类型的工具,因为类是通过抽象数据类型的方法来实现的一种数据类型。类是对某一类对象的抽象,而对象是某一种类的实例;因此,类和对象是密切相关的。没有脱离对象的类,也没有不依赖于类的对象。类和对象的概念比较复杂,有关内容也比较多,本书分为两章来讲述。这一章讲述有关类和对象的基本概念和基础知识,下一章讲述复杂的对象及其应用。

5.1　类　的　定　义

5.1.1　什么是类

　　类是一种复杂的数据类型,它是将不同类型的数据和与这些数据相关的操作封装在一起的集合体。因此,类具有更高的抽象性,类中的数据具有隐藏性,类还具有封装性。

　　类是一种用户定义的类型,它实际上是一种类型的实现。类使得应用中的实体(抽象的对象)在程序中可以直接被表示为标识符,并可以对它进行引用和操作,从而使程序中的概念与应用中的概念更加一致和对应。这便是类这种抽象数据类型所起到的作用。

　　类的结构是用来确定一类对象的行为的,而这些行为是通过类的内部数据结构和相关的操作来确定的。这些行为是通过一种操作接口来描述的,使用者只关心接口的功能,对它是如何实现的并不感兴趣。这就是通过抽象数据类型实现的类所达到的一种效果。而操作接口又被称为这类对象向其他对象所提供的服务。

　　类是面向对象程序设计方法的核心。在面向对象程序设计中,程序模块是由类构成的,C++语言为了兼顾 C 语言的特性,其程序模块由类和函数构成。函数只是数据和语句的封装,用于完成某种功能;类是数据和函数的封装,用于实现对某个问题的处理。因此,类是更大的抽象和更高的集成。

　　类实际上是一种更复杂的类型,它与基本数据类型不同,与结构类型也不同,因为类这种特殊类型中包含了对数据操作的函数。

5.1.2 类的定义格式

类的定义格式一般分为说明部分和实现部分。说明部分用来说明该类中的成员,包括对数据成员的说明和成员函数的说明。成员函数用来对数据成员进行的操作,又称为"方法"。实现部分用来对成员函数进行定义。概括来说,说明部分将告诉使用者"干什么",而实现部分是告诉使用者"怎么干"。可见,使用者关心的往往是说明部分,而实现部分是一些不必关心的信息。

类的一般定义格式如下:

class〈类名〉
{
    public:
    〈成员函数或数据成员的说明〉
    private:
    〈数据成员或成员函数的说明〉
};
〈各个成员函数的实现〉

其中,class 是定义类的关键字。〈类名〉是一种标识符,通常用 T 字母开始的字符串作为类名,T 用来表示类,以示与对象、函数名区别。一对花括号内是类的说明部分(包括前面的类头),说明该类的成员。类的成员包括数据成员和成员函数两部分。从访问权限上来分,类的成员又分为:公有的(public)、私有的(private)和保护的(protected)3 类。这里,先讨论前两类,保护的成员在继承性一章中讨论。公有的成员用 public 来说明,公有部分往往是一些操作(即成员函数),它是提供给用户的接口功能。这部分成员可以在程序中引用。私有的成员用 private 来说明,私有部分通常是一些数据成员。这些成员是用来描述该类中的对象的属性的,用户是无法访问它们的,只有成员函数或经特殊说明的函数才可以引用它们,它们是被用来隐藏的部分。

关键字 public, private 和 protected 被称为访问权限修饰符或访问控制修饰符。它们在类体内(即一对花括号内)出现的先后顺序无关,并且允许多次出现,用它们来说明类成员的访问权限。

〈各个成员函数的实现〉是类定义中的实现部分,这部分包括所有在类体内说明的函数的定义。如果一个成员函数在类体内定义了,则实现部分将不出现。如果所有的成员函数都在类体内定义了,则实现部分可以省略。

例如,下面给出一个关于日期的类的定义,该类是对日期抽象,该类的对象是某一个具体的日期。

日期类的说明部分:

class TDate
{
    public:

```
        void SetDate(int y, int m, int d);
        int IsLeapYear();
        void Print();
    private:
        int year, month, day;
};
```

在说明部分中,class 是关键字,TDate 是类名,大写字母 T 标识该名是类名。一对花括号内是该类的成员说明,其中有 3 个公有成员,它们都是成员函数。SetDate()函数是设置日期的,用它来使对象获取值;IsLeapYear()函数是一个用来判断是否是闰年的函数。它返回值为 1,表示该年是闰年;返回值为 0,表示该年不是闰年;Print()函数用来将年、月、日的具体值输出显示。关于这 3 个函数的功能通过下面的实现部分可以看出。这里要请读者注意对函数名的命名方法。当函数名用多个英文单词表示时,每个单词的第一个字母用大写字母,其余用小写,单词间不加任何分隔,这是一种习惯性的约定。还有 3 个私有成员,它们是 int 型变量 year,month 和 day。该类共有 6 个成员。

日期类的实现部分如下:

```
void TDate∷SetDate(int y, int m, int d)
{
    year=y;
    month=m;
    day=d;
}
int TDate∷IsLeapYear()
{
    return (year%4==0 && year%100!=0)||(year%400==0);
}
void TDate∷Print()
{
    cout≪year≪"."≪month≪"."≪day≪endl;
}
```

日期类的实现部分中,对类体内说明的 3 个成员函数进行了定义,即具体给出了函数功能的实现。这里出现了作用域运算符"∷",用它来标识某个成员函数是属于哪个类的。该运算符在这里使用的格式如下:

〈类名〉∷〈函数名〉(〈参数表〉)

具体例子上面已见过,后面还会出现。

关于日期类的定义还可以如下所示:

```
class TDate
{
    public:
        void SetDate(int y, int m, int d)
```

```
        {
            year=y;
            month=m;
            day=d;
        }
        int IsLeapYear()
        {
            return (year%4==0&&year%100!=0)||(year%400==0);
        }
        void Print()
        {cout<<year<<"."<<month<<"."<<day<<endl;}
    private:
        int year, month, day;
    };
```

这里,将对成员函数的实现(即函数定义)都写在了类体内,因此类的实现部分被省略了。成员函数如果定义在类体内,它将与一般函数的定义一样;如果成员函数定义在类体外,则在函数头的前面要加上该函数所属类的标识,这时使用作用域运算符"::"。

5.1.3 注意事项

前面给出了定义类的一般格式,并且举了一个例子进行了说明。下面指出在定义类时需要注意的几个问题。

(1) 在类体中不允许对所定义的数据成员进行初始化。例如,在前面讲过的 TDate 类中,下面的定义是错误的。

```
class TDate
{
    public:
        ⋮
    private:
        int year(1998), month(4), day(9);
};
```

这里,不该对数据成员 year,month 和 day 进行初始化。

(2) 类中的数据成员的类型可以是任意的,包含整型、浮点型、字符型、数组、指针和引用等,也可以是对象。另一个类的对象可以作为该类的成员,但是自身类的对象是不可以的,而自身类的指针或引用是可以的。当一个类的对象作为这个类的成员时,如果另一个类的定义在后,则需要提前说明,这种说明称为引用性说明。例如:

```
class N;            // 提前说明类 N
class M
{
    public:
```

```
            ⋮
        private：
            N n;            // n 是 N 类的对象
    }；
    class N
    {
        public：
            void f(M m)；  // m 是 M 类的对象
                ⋮
    }；
```

这里,在 M 类中使用了 N 类的对象 n,而 N 类的定义又在后面,所以,对 N 类要提前说明。而在 N 类中又用了 M 类的对象 m,可不必说明,因为 M 类定义在 N 类之前。

（3）一般地,在类体内先说明公有成员,它们是用户所关心的;后说明私有成员,它们是用户不感兴趣的。在说明数据成员时,一般按数据成员的类型大小,由小至大进行说明,这样可提高时空利用率。

（4）通常习惯地将类定义的说明部分或者整个定义部分（包含实现部分）放到一个头文件中。例如,可将前面定义的类 TDate 放到一个名为 tdate.h 的头文件中,后面引用起来比较方便。

下面再举一个点类的例子,并将下述关于点类的定义放在 tpoint.h 文件中。

```
class TPoint
{
    public：
        void SetPoint(int x, int y);
        int Xcoord()
        {return X;}
        int Ycoord() {return Y;}
        void Move (int xOffset, int yOffset);
    private：
        int X, Y;
}；
void TPoint∷SetPoint(int x, int y)
{
    X＝x；
    Y＝y；
}
void TPoint∷Move(int xOffset, int yOffset)
{
    X＋＝xOffset；
    Y＋＝yOffset；
}
```

说明：点类名为 TPoint,该类有 4 个公有成员,它们都是成员函数。其中,SetPoint()成员函数用来给对象的数据成员赋值,Xcoord()成员函数用来返回数据成员 X 值,

Ycoord()成员函数用来返回数据成员 Y 值，Move()函数用来改变某个点的坐标值。该类有 2 个私有成员，它们是 int 型变量 X 和 Y，用来表示某一点的两个坐标值。

在该类的定义中，有 2 个公有的成员函数 Xcoord()和 Ycoord()直接将函数体写在类体内。因此，在类的实现部分这 2 个函数的定义被省略了。成员函数可以定义在类体内，也可以定义在类体外。定义在类体内外的区别后面将讲述。

5.2　对象的定义

对象是类的实例。对象是属于某个已知的类。因此，定义对象之前，一定要先定义好该对象的类。

5.2.1　对象的定义格式

对象在确定了它的类以后，其定义格式如下：

〈类名〉〈对象名表〉；

其中，〈类名〉是定义的对象所属的类的名字，即所定义的对象是该类类型的对象。〈对象名表〉中可以有一个或多个对象名，多个对象名用逗号分隔。〈对象名表〉中，可以是一般的对象名，还可以是指向对象的指针名或引用名，也可以是对象数组名。这里，先讨论一般的对象名，关于指向对象的指针和对象数组放在下一章中讨论。

例如，前面讲过了两个类的定义，下面用它们来定义对象。

TDate date1, date2, ＊Pdate, data[31];

其中，TDate 为日期类的类名；date1 和 date2 是一般的对象名；Pdate 是指向对象的指针；data 是对象数组的数组名，它有 31 个元素，每个元素是一个对象。这里所说的对象都是 TDate 类的对象。

TStack stack1, stack2, ＊Pstack, &rstack＝stack1;

其中，TStack 为栈类的类名；stack1 和 stack2 是一般的对象名；Pstack 是指向对象的指针；rstack 是一个对象的引用，给它赋以初值，使它是 stack1 的别名。

5.2.2　对象成员的表示方法

一个对象的成员就是该对象的类所定义的成员。对象成员有数据成员和成员函数。

一般对象的成员表示如下：

〈对象名〉.〈成员名〉

或者

〈对象名〉.〈成员名〉(〈参数表〉)

前者用来表示数据成员,后者用来表示成员函数。例如,date1 的成员可表示为:

date1. year, date1. month, date1. day

它们分别表示 TDate 类的 date1 对象的 year 成员、month 成员和 day 成员。

date1. SetDate(int y, int m, int d)

是表示 TDate 类的 date1 对象的成员函数 SetDate( )。这里,"·"是一个运算符,该运算符的功能是表示对象的成员,用法同上。

指向对象的指针的成员表示如下:

〈对象指针名〉->〈成员名〉

或者

〈对象指针名〉->〈成员名〉(〈参数表〉)

这里的"->"是一个表示成员的运算符,它与前面讲过的"·"运算符的区别是,"->"用来表示指向对象的指针的成员,而"·"用来表示一般对象的成员。同样,前者表示数据成员,而后者表示成员函数。

下面的两种表示是等价的:

〈对象指针名〉->〈成员名〉

与

(* 〈对象指针名〉).〈成员名〉

这对于成员函数也适用。

例如,Pdate 的成员可表示为:

Pdate->year, Pdate->month, Pdate->day

或者

(* Pdate). year, (* Pdate). month, (* Pdate). day

都是用来表示指向对象指针 Pdate 的 3 个成员 year,month 和 day 的。

用指向对象的指针 Pdate 表示它的 SetDate( )成员函数如下:

Pdate->SetDate(y, m, d)

或者

(* Pdate). SetDate(y, m, d)

另外,对象引用的成员表示与一般对象的成员表示相同。例如,前面指出过,rstack 是 TStack 类的一个引用,它的成员表示如下:

rstack. number, rstack. Set(int)

由同一个类所创建的对象的数据结构是相同的,类中的成员函数是共享的。两个不同对象的名字是不同的,它们的数据结构的内容(即数据成员的值)通常也是不同的。因此,系统对已定义的对象仅给它分配数据成员的存储空间,而一般数据成员多为私有成员,不同对象的数据成员的值可以是不相同的。

[例5.1] 分析下列程序的输出结果。

```
# include 〈iostream. h〉
# include "tdate. h"
void main()
{
    TDate date1,date2;
    date1. SetDate(1996,5,4);
    date2. SetDate(1998,4,9);
    int leap=date1. IsLeapYear();
    cout≪leap≪endl;
    date1. Print();
    date2. Print();
}
```

执行该程序后,输出结果如下:

```
1
1996.5.4
1998.4.9
```

其中,1 表示 1996 年是闰年。

该程序的主函数中,定义了两个对象 date1 和 date2,并通过成员函数 SetDate() 给对象 date1 和 date2 赋值。程序中,通过成员函数 IsLeapYear() 判断对象 date1 的年份(1996)是否是闰年,本例输出为 1 表示 1996 年是闰年。最后,通过调用成员函数 Print() 输出显示对象 date1 和 date2 的数据成员的值,即年、月和日。

[例5.2] 分析下列程序的输出结果。

```
# include 〈iostream. h〉
# include "tpoint. h"
void main()
{
    TPoint p1,p2;
    p1. SetPoint(3,5);
    p2. SetPoint(8,10);
    p1. Move(2,1);
    p2. Move(1,−2);
    cout≪"x1="≪p1. Xcoord()≪",y1="≪p1. Ycoord()≪endl;
    cout≪"x2="≪p2. Xcoord()≪",y2="≪p2. Ycoord()≪endl;
}
```

请读者自己分析该程序的输出结果。

5.3 对象的初始化

前面讲述了通过定义成员函数的方法给对象的数据成员赋值。下面将讲述如何对对象进行初始化。对对象进行初始化通常不使用成员初始化表,而使用构造函数。

5.3.1 构造函数和析构函数

构造函数和析构函数是在类体中说明的两种特殊的成员函数。构造函数的功能是在创建对象时,用给定的值对对象进行初始化。析构函数的功能是用来释放一个对象。它与构造函数的功能正好相反。

下面将重新定义前面讲过的日期类,并将其定义存放在 tdate1.h 文件中。

```cpp
class TDate1
{
    public：
        TDate1(int y, int m, int d);
        ～TDate1();
        void Print();
    private：
        int year, month, day;
};
TDate1∷TDate1(int y, int m, int d)
{
    year＝y;
    month＝m;
    day＝d;
    cout＜＜"Constructor called. \n";
}
TDate1∷～TDate1()
{
    cout＜＜"Destructor called. \n";
}
void TDate1∷Print()
{
    cout＜＜year＜＜"."＜＜month＜＜"."＜＜day＜＜endl;
}
```

在类 TDate1 的定义中,类体内说明的函数 TDate1()是构造函数,而～TDate1()是析构函数。

构造函数的特点如下:

（1）构造函数是成员函数，函数体可写在类体内，也可写在类体外。

（2）构造函数是一个特殊的成员函数，该函数的名字与类名相同，该函数不指定类型说明，它有隐含的返回值，该值由系统内部使用。该函数可以没有参数，也可以有一个或多个参数。

（3）构造函数可以重载，即可以定义多个参数个数不同的函数。

（4）程序中一般不直接调用构造函数，在创建对象时系统自动调用构造函数。

析构函数的特点如下：

（1）析构函数是成员函数，函数体可写在类体内，也可以写在类体外。

（2）析构函数也是一个特殊的成员函数，它的名字与类名相同，并在前面加"～"字符，用来与构造函数加以区别。析构函数不指定数据类型，并且也没有参数。

（3）一个类中只可能定义一个析构函数。

（4）析构函数通常被系统自动调用。在下面两种情况下，析构函数会被自动调用。

- 如果一个对象被定义在一个函数体内，则当这个函数结束时，即该对象结束生存期时，系统将自动调用析构函数释放该对象。

- 如果一个对象是使用 new 运算符被动态创建的，则在使用 delete 运算符释放它时，delete 将会自动调用析构函数。

[例 5.3]　分析下列程序的输出结果。

```
#include ⟨iostream.h⟩
#include "tdate1.h"
void main()
{
    TDate1 today(1998,4,9),tomorrow(1998,4,10);
    cout≪"today is ";
    today.Print();
    cout≪"tomorrow is ";
    tomorrow.Print();
}
```

执行该程序后，输出结果如下：

```
Constructor called.
Constructor called.
today is 1998.4.9
tomorrow is 1998.4.10
Destructor called.
Destructor called.
```

说明：该程序中，定义了两个对象，并对它们进行了初始化，初始化是由构造函数实现的，而构造函数又是自动调用的。在输出结果中可看出，调用了两次构造函数，因为输出了两个字符串"Constructor called."。析构函数在该程序中也是被自动调用的，在主函数结束前，调用了两次析构函数，因为输出了两次字符串"Destructor called."

5.3.2　默认构造函数和默认析构函数

没有参数的构造函数称为默认构造函数。默认构造函数有两种：一种是系统自动提供的，另一种是程序员定义的。

在程序中，程序员可以根据需要定义默认构造函数。在一个类中，如果没有定义任何构造函数，则系统自动生成一个默认构造函数。

使用系统提供的默认构造函数给创建的对象初始化时，外部类对象和静态类对象的所有数据成员为默认值，自动类对象的所有数据成员为无意义值。

在前面讲过的例 5.1 中，下列语句：

TDate date1，date2；

执行时，系统自动调用由系统提供的默认构造函数对 date1 和 date2 两个对象进行初始化。读者可以输出这两个对象的数据成员值，看一下是默认值还是无意义值。

请记住，创建对象时都要调用构造函数进行对象初始化。

如果一个类中没有定义析构函数，则系统提供一个默认析构函数，用来释放对象。系统提供的默认析构函数格式如下：

〈类名〉∷〈默认析构函数名〉
{ }

默认析构函数是一个空函数。

程序员定义的析构函数可以不是一个空函数，要根据需要给出适当的函数体。

5.3.3　复制构造函数

前边讲过了两类构造函数：一类是带参数的构造函数，可以是一个参数，也可以是多个参数；另一类是默认构造函数，即不带参数的构造函数。下面再讲述一种构造函数，即复制构造函数。

复制构造函数是用一个已知对象来创建一个新对象，而新创建的对象与已知对象的数据成员的值可以相同，也可以不同。

复制构造函数除了具有前边讲过的带参数构造函数相同的特性外，它只有一个参数，并且是对象引用。

复制构造函数的格式如下：

〈类名〉∷〈复制构造函数名〉(〈类名〉&〈引用名〉)
{
　　〈函数体〉
}

如果一个类中没有定义复制构造函数，则系统会自动提供一个默认复制构造函数，作为该类的公有成员,用来根据已知对象创建与其相同的新对象。

用户定义复制构造函数时,可以用已知对象创建一个与已知对象的数据成员值不完全相同的新对象。

[例5.4] 将例5.2中点类 TPoint 作如下修改后,存放在名为 tpoint1.h 的头文件中。

```
class TPoint
{
    public：
        TPoint(int x, int y)
        {X=x; Y=y;}
        TPoint(TPoint & p);
        ~TPoint()
        {cout<<"Destructor Called. \n";}
        int Xcoord()
        {return X;}
        int Ycoord()
        {return Y;}
    private：
        int X, Y;
};
TPoint::TPoint(TPoint & p)
{
    X=p. X；
    Y=p. Y；
    cout<<"Copy_initialization Constructor Called. \n";
}
```

上述定义的 TPoint 类与例5.2中的类区别在于：

(1) 新的 TPoint 类体中说明并定义了一个构造函数和析构函数,并去掉了 SetPoint() 函数和 Move() 函数。

(2) 新的 TPoint 类体中增加了一个复制构造函数,并在类体外给出了定义。

分析下列程序执行后的输出结果。

```
# include <iostream. h>
# include "tpoint. h"
void main()
{
    TPoint P1(5,7)；
    TPoint P2(P1)；
    cout<<"P2="<<P2. Xcoord()<<","<<P2. Ycoord()<<endl;
}
```

执行该程序后,输出结果如下：

Copy_initialization Constructor Called.

P2＝5，7

Destructor Called.

Destructor Called.

说明：从输出结果中可以看出，该程序中调用过一次复制构造函数，用来给对象 P2 赋初值。程序中又调用了两次析构函数，是在退出程序前系统在释放对象 P1 和 P2 时自动调用的。

关于复制构造函数的其他用法，可从下例中看出。

［例 5.5］ 分析下列程序的输出结果。

```
# include 〈iostream. h〉
# include "tpoint1. h"
TPoint f(TPoint Q);
void main()
{
    TPoint M(20,35),P(0,0);
    TPoint N(M);
    P＝f(N);
    cout≪"P＝"≪P. Xcoord()≪","≪P. Ycoord()≪endl;
}
TPoint f(TPoint Q)
{
    cout≪"ok\n";
    int x,y;
    x＝Q. Xcoord()＋10;
    y＝Q. Ycoord()＋20;
    TPoint R(x,y);
    return R;
}
```

执行该程序后，输出如下结果：

Copy_initialzation Constructor Called.

Copy_initialzation Constructor Called.

ok

Copy_initialzation Constructor Called.

destructor Called.

destructor Called.

destructor Called.

P＝30，55

destructor Called.

destructor Called.

destructor Called.

从该程序的输出结果中可以看出：

（1）复制构造函数共调用了 3 次。第 1 次是在主函数中执行 TPoint N(M);语句时,对对象 N 进行初始化。第 2 次是在调用 f()函数时,实参 N 传递给形参对象 Q 时,即实参给形参初始化时。第 3 次是在执行 f()函数中的返回语句 return R;时。由于对象 R 是自动存储类的,因此系统自动调用复制构造函数创建一个与 R 相同的无名对象返回给调用函数。

（2）关于析构函数的自动调用问题,这里作如下说明:从输出结果可以看到,该程序先后共调用了 6 次析构函数。在退出 f()函数时,调用了 2 次析构函数,用来释放对象 R 和 Q。在主函数中,将 f()函数的值赋给对象 P 后,无名对象被析构。退出整个程序时,又调用了 3 次析构函数,分别是用来释放主函数中定义的对象 M,P 和 N 的。所以,总共调用了 6 次析构函数。

通过前面两个例子的分析可以看到,复制构造函数就是用一个已知的对象来初始化另一个对象。在下述 3 种情况下,需要调用复制构造函数来由一个对象初始化另一个对象。

（1）明确表示由一个对象初始化另一个对象时:

例如,例 5.4 中,在 main()函数内,下述语句:

TPoint P2(P1);

便是属于这一种情况,这时需要调用复制构造函数。

（2）当对象作为函数实参传递给对象作为函数形参时:

例如,在例 5.5 的 main()函数中,下列语句:

P=f(N);

便是属于这一种情况。在调用 f()函数时,对象 N 是实参,要用它来初始化被调用函数的形参 Q,这时需要调用复制构造函数。

（3）当一个自动存储类对象作为函数返回值时:

例如,例 5.5 的 f()函数中,下列语句:

return R;

便是属于这一种情况。执行返回语句 return R;时,系统将用对象 R 来创建一个无名对象,这时需要调用复制构造函数。

5.4 成员函数的特性

在类的定义中规定在类体中说明的函数作为类的成员,称为成员函数。前面讲过一般的成员函数,它是根据某种类的功能的需要来定义的;又讲述了一些特殊的成员函数:构造函数、析构函数、复制构造函数等;后面还会介绍一些成员函数。

成员函数除了说明和定义在类中之外,还有些什么特性,这是本节要讨论的问题。

5.4.1 内联函数和外联函数

类的成员函数可以分为内联函数和外联函数。内联函数是指那些定义在类体内的成员函数,即该函数的函数体放在类体内。说明在类体内、定义在类体外的成员函数叫外联函数。外联函数的函数体在类的实现部分。

内联函数在调用时不是像一般函数那样要转去执行被调用函数的函数体,执行完成后再转回调用函数中,执行其后的语句;而是在调用函数处用内联函数体的代码来替换,这样将会节省调用开销,提高运行速度。

内联函数与前面讲过的带参数的宏定义比较,它们的代码效率是一样的,但是内联函数要优于宏定义,因为内联函数遵循函数的类型和作用域规则,它与一般函数更相近。在一些编译器中,一旦关上内联扩展,将与一般函数一样进行调用,调试比较方便。有关内联函数在使用时应注意的事项在函数一章中都已讲过,这里不再赘述。

外联函数变成内联函数的方法很简单,只要在函数头的前面加上关键字 inline 就可以了。

[例 5.6] 分析下列程序的输出结果。

```
class A
{
    public:
      A(int x,int y)
      { X=x; Y=y;}
      int a()
      { return X;}
      int b()
      { return Y;}
      int c();
      int d();
    private:
      int X,Y;
};
inline int A::c()
{
    return a()+b();
}
inline int A::d()
{
    return c();
}
#include <iostream.h>
void main()
{
```

```
    A m(3,5);
    int i=m. d();
    cout≪"d() return: "≪i≪endl;
}
```

执行该程序输出结果如下：

```
d() return: 8
```

说明：类 A 中，直接定义了 3 个内联函数，又使用 inline 定义了 2 个内联函数。内联函数一定要在调用之前进行定义，而且内联函数无法递归调用。

5.4.2 重载性

一般的成员函数都可以进行重载，前面介绍过构造函数可以重载，而析构函数不能重载。函数重载的规则在函数一章中已经讲过。

[例 5.7] 分析下列程序的输出结果。

```
class M
{
    public:
      M(int x,int y)
      { X=x; Y=y;}
      M(int x)
      { X=x; Y=x*x;}
      int Add(int x,int y);
      int Add(int x);
      int Add();
      int Xout() { return X;}
      int Yout() { return Y;}
    private:
      int X,Y;
};
int M::Add(int x,int y)
{
    X=x;
    Y=y;
    return X+Y;
}
int M::Add(int x)
{
    X=Y=x;
    return X+Y;
}
int M::Add()
```

```
    {
        return X+Y;
    }
    #include <iostream.h>
    void main()
    {
        M a(10,20),b(4);
        cout<<"a="<<a.Xout()<<","<<a.Yout()<<endl;
        cout<<"b="<<b.Xout()<<","<<b.Yout()<<endl;
        int i=a.Add();
        int j=a.Add(3,9);
        int k=b.Add(5);
        cout<<i<<endl<<j<<endl<<k<<endl;
    }
```

执行该程序输出结果如下:

```
a=10,20
b=4,16
30
12
10
```

说明:该程序中,M类里定义了两个重载的构造函数和 3 个重载的 Add()函数。这两组重载函数的区别是使用的参数个数不同。

5.4.3 设置参数的默认值

成员函数可以被设置参数的默认值。一般的成员函数和构造函数都可以被设置参数的默认值。关于设置函数参数默认值的方法和应该注意的事项,详见第 4 章。

[例 5.8] 分析下列程序的输出结果。

```
class N
{
    public:
        N(int a=3,int b=5,int c=7);
        int Aout()
        { return A;}
        int Bout()
        { return B;}
        int Cout()
        { return C;}
    private:
        int A,B,C;
};
```

```
N::N(int a,int b, int c)
{
    A=a;
    B=b;
    C=c;
}
#include〈iostream. h〉
void main()
{
    N X,Y(9,11),Z(13,15,17);
    cout<<"X="<<X. Aout()<<","<<X. Bout()<<","<<X. Cout()<<endl;
    cout<<"Y="<<Y. Aout()<<","<<Y. Bout()<<","<<Y. Cout()<<endl;
    cout<<"Z="<<Z. Aout()<<","<<Z. Bout()<<","<<Z. Cout()<<endl;
}
```

执行该程序输出结果如下：

```
X=3，5，7
Y=9，11，7
Z=13，15，17
```

说明：在该程序的 N 类中，定义了一个构造函数，它有 3 个参数。在类体内说明该函数时，对其 3 个参数设置了默认值。在 main() 中，创建对象 X 时，由于没有给定实参，因此，X 对象利用设置的默认值对它进行初始化。创建对象 Y 时，给定了两个实参值，因此，前两个参数由实参值确定，最后一个参数使用默认值。创建对象 Z 时，由于给定了 3 个实参，因此，Z 对象初始化时，默认值没有用，按其实参进行初始化。

5.5 静 态 成 员

静态成员的提出是为了解决数据共享的问题。实现共享有许多方法，前面讲过了设置全局性的变量或对象是一种方法。但是，全局变量或对象是有局限性的。下面先看一个例子，其中设有全局变量。

[例 5.9] 分析下列程序的输出结果。

```
#include〈iostream. h〉
int g=5;
void f1(),f2();
void main()
{
    g=10;
    f1();
    f2();
```

```
    cout≪g≪endl;
}
void f1()
{
    g=15;
}
void f2()
{
    g=20;
}
```

执行该程序后,输出如下结果:

20

说明:在该程序中,设置了外部类变量 g,它是全局性的。该程序中,在 main(),f1(),f2()3 个函数中都可以改变 g 的值,因此达到了数据可以被共享的目的。但是,应该看到使用全局量会带来不安全性。因为全局量在程序的任何地方都可以更新,如果不小心更新了它,将会影响到更新后的程序,这就是对它的可见范围没法控制,即在整个程序内都是可见的。因此,为了安全起见,在程序中很少使用全局量。实现多个对象之间的数据共享,可以不使用全局对象,而使用静态的数据成员。

静态成员包含静态数据成员和静态成员函数。它们都属于类,即属于类的所有对象。使用静态成员时可以用对象引用,也可以用类来引用。静态数据成员和静态成员函数在没有对象时就已存在,并可以用类来引用。

5.5.1　静态数据成员

静态数据成员可以实现多个对象之间的数据共享,并且使用静态数据成员还不会破坏隐藏的原则,即保证了安全性。因此,静态数据成员是类的所有对象共享的成员,而不是某个对象的成员。

使用静态数据成员可以节省内存,静态数据成员只存储一处,供所有对象共用。静态数据成员的值对每个对象都是一样的,但它的值是可以更新的。某个对象对静态数据成员的值更新一次,就可保证所有对象都可存取更新后的相同的值,这样可以提高时间效率。静态数据成员相当于类中的"全局变量"。

静态数据成员的使用方法和注意事项如下所述。

1. 静态数据成员在定义或说明时前面加关键字 static
例如:

```
private:
    int a, b, c;
    static int s;
```

其中,a,b 和 c 是非静态数据成员,而 s 是静态数据成员。

2. 静态数据成员的初始化与一般数据成员不同

静态数据成员初始化应在类体外进行,其格式如下:

〈数据类型〉〈类名〉::〈静态数据成员名〉=〈初值〉;

这表明:

(1) 初始化在类体外进行,前面不加 static,以免与一般静态变量或对象相混淆。

(2) 初始化时使用作用域运算符来标明它所属的类,因此,静态数据成员是属于类的,而不是属于某个对象的。

3. 静态数据成员被存放在静态存储区

静态数据成员是被放在静态存储区的,必须对它进行初始化。例如:假定 Nclass 类中定义一个静态成员 a,并对它初始化,描述如下:

```
class Nclass
{
        ⋮
    private:
        static int a;
        ⋮
};
int Nclass::a=5;
        ⋮
```

4. 引用静态数据成员的格式

〈类名〉::〈静态成员名〉

如果静态数据成员的访问权限允许(即 public 的成员),则可在程序中,按上述格式来引用静态数据成员。

[**例 5.10**] 分析下列程序的输出结果。

```
#include〈iostream. h〉
class Myclass
{
    public:
        Myclass(int a,int b,int c);
        void GetNumber();
        void GetSum();
    private:
        int A,B,C;
        static int Sum;
};
```

```
int Myclass∷Sum＝0;
Myclass∷Myclass(int a,int b,int c)
{
    A＝a;
    B＝b;
    C＝c;
    Sum＋＝A＋B＋C;
}
void Myclass∷GetNumber()
{
    cout≪"Number＝"≪A≪","≪B≪","≪C≪endl;
}
void Myclass∷GetSum()
{
    cout≪"Sum＝"≪Sum≪endl;
}
void main()
{
    Myclass M(3,7,10),N(14,9,11);
    M.GetNumber();
    N.GetNumber();
    M.GetSum();
    N.GetSum();
}
```

执行该程序输出如下结果：

```
Number＝3, 7, 10
Number＝14, 9, 11
Sum＝54
Sum＝54
```

说明：该程序的 Myclass 类中说明了一个静态数据成员 Sum,可以看到：

(1) 说明时前边加关键字 static。

(2) 静态数据成员 Sum 在类体外被初始化,这时没有加 static 关键字,而且引用格式如下：

int Myclass∷Sum＝0;

(3) 从输出结果可以看到 Sum 的值对 M 对象和对 N 对象都是相等的。这是因为在初始化 M 对象时,将 M 对象的 3 个 int 型数据成员的值求和后赋给了 Sum,于是 Sum 保存了该值。在初始化 N 对象时,又将 N 对象的 3 个 int 型数据成员的值求和后加到 Sum 已有的值上,于是 Sum 将保存加后的值。所以,不论是通过对象 M 还是通过对象 N 来引用,Sum 的值都是一样的,即为 54。可见,静态数据成员是多个对象共享的。

5.5.2 静态成员函数

静态成员函数和静态数据成员一样,都属于类,而不属于某个对象。因此,对静态成员的引用可以用类名限定的方法。

在静态成员函数的实现中可以直接引用类中说明的静态成员,而不可以直接引用类中说明的非静态成员。静态成员函数中要引用非静态成员时,可通过对象来引用。下面通过例子来说明这一点。

[例 5.11] 分析下列程序的输出结果。

```
#include ⟨iostream. h⟩
class M
{
    public：
     M(int a)
     { A＝a； B＋＝a；}
     static void f1(M m)；
    private：
     int A；
     static int B；
};
void M::f1(M m)
{
    cout≪"A＝"≪m. A≪endl；
    cout≪"B＝"≪B≪endl；
}
int M::B＝0；
void main()
{
    M P(5),Q(10)；
    M::f1(P)；
    M::f1(Q)；
}
```

执行该程序后输出结果如下:

```
A＝5
B＝15
A＝10
B＝15
```

说明:该程序的 M 类中,说明并定义了静态成员函数 f1()。在该函数的实现中,可以看到:引用类的非静态成员是通过对象进行的,例如 m. A。引用类的静态成员是直接进行的,例如 B 等。另外,在 main()中,调用静态成员函数使用如下格式:

〈类名〉::〈静态成员函数名〉(〈参数表〉)

在该程序的 main() 中，下述两条语句是对静态成员函数的调用：

M::f1(P)；

M::f1(Q)；

这里，P 和 Q 是 M 类的两个对象，作为函数的参数。

静态成员函数可以在没有定义对象之前调用。读者可以在该例中编写一个输出函数，在没有定义对象之前就调用它输出显示静态数据成员 B 的值。

5.6 友 元

前面讲过了类具有封装和信息隐藏的特性。只有类的成员函数才能访问该类的私有成员，程序中的其他函数是无法访问类中的私有成员的。非成员函数可以访问类中的公有成员，但是如果将数据成员都定义为公有的，这又破坏了隐藏的特性。另外，应该看到在某些情况下，特别是在对某些成员函数多次调用时，由于参数传递，类型检查和安全性检查等都需要时间开销，而影响程序的运行效率。

为了解决上述问题，提出一种使用友元的方案。友元是一种说明在类体内的非成员函数，为了与该类的成员函数加以区别，在说明时前面加上关键字 friend。友元不是成员函数，但是它可以访问类中的私有成员。友元的作用在于提高程序的运行效率，但是，它破坏了类的封装性和隐藏性，使得非成员函数可以访问类中的私有成员。

友元可以是一个函数，该函数被称为友元函数；友元也可以是一个类，该类被称为友元类。下面分别讲述这两种友元。

5.6.1 友元函数

友元函数的特点是能够访问类中的私有成员和其他成员的非成员函数。友元函数在定义上和调用上与普通函数一样。

［例 5.12］ 分析下列程序的输出结果。

```
# include 〈iostream. h〉
# include 〈math. h〉
class Point
{
    public：
      Point(double xx, double yy)
      { x=xx; y=yy;}
      void Getxy();
      friend double Distance(Point &a, Point &b);
    private：
```

```
    double x,y;
};
void Point∷Getxy()
{
    cout<<"("<<x<<","<<y<<")"<<endl;
}
double Distance(Point &a,Point &b)
{
    double dx=a. x—b. x;
    double dy=a. y—b. y;
    return sqrt(dx * dx+dy * dy);
}
void main()
{
    Point p1(3.0,4.0),p2(6.0,8.0);
    p1. Getxy();
    p2. Getxy();
    double d=Distance(p1,p2);
    cout<<"Distance is "<<d<<endl;
}
```

执行该程序输出如下结果：

```
(3.0, 4.0)
(6.0, 8.0)
Distance is 5
```

说明：该程序的 Point 类中说明了一个友元函数 Distance()，在说明时前边加上 friend 关键字，标识它是友元函数。它的定义方法与普通函数定义一样，而不同于成员函数的定义，因为它不需要指出所属的类。但是，它可以引用类中的私有成员，函数体中 a. x，b. x，a. y，b. y 都是类的私有成员，它们是通过对象引用的。在调用友元函数时，也是同普通函数的调用一样，不像成员函数那样调用。本例中，p1. Getxy() 和 p2. Getxy() 是成员函数的调用，要用对象来表示。而 Distance(p1,p2) 是友元函数的调用，它与普通函数的调用一样，不需要对象引用，它的参数是对象。

该程序的功能是已知两点坐标，求出两点间的距离。

［例 5.13］ 分析下列程序的输出结果。

```
#include <iostream. h>
class Time
{
    public：
    Time(int new_ hours,int new_ minutes)
    { hours=new_ hours; minutes=new_ minutes;}
    friend void Time12(Time time);
    friend void Time24(Time time);
```

```
    private：
      int hours，minutes；
};
void Time12(Time time)
{
    if(time. hours＞12)
    {
      time. hours－＝12；
      cout＜＜time. hours＜＜"："＜＜time. minutes＜＜" PM"＜＜endl；
    }
    else
      cout＜＜time. hours＜＜"："＜＜time. minutes＜＜" AM"＜＜endl；
}
void Time24(Time time)
{
    cout＜＜time. hours＜＜"："＜＜time. minutes＜＜endl；
}

void main()
{
    Time Time1(20,30)，Time2(10,45)；
    Time12(Time1)；
    Time24(Time1)；
    Time12(Time2)；
    Time24(Time2)；
}
```

该程序的运行结果请读者自己分析。

该程序中有两个友元函数 Time 12()和 Time 24()。可见,它们的定义和调用与普通函数一样。

请读者思考这样一个问题：在该程序中,将友元函数 Time 12()和 Time 24()的形参改为引用,对其结果会有何影响。

5.6.2　友元类

友元除了前面讲过的函数以外,还可以是类,即一个类可以作为另一个类的友元。当一个类作为另一个类的友元时,就意味着这个类的所有成员函数都是另一个类的友元函数。例如,如果 y 类是 x 类的友元类,则 y 类的所有成员函数都是 x 类的友元函数,它们都可以访问 x 类中的所有成员。下面通过一个例子来说明友元类的使用情况。

［例 5.14］　分析下列程序的输出结果。

```
# include ⟨iostream. h⟩
class X
```

```
{
    friend class Y;
    public:
        void Set(int i)
        { x=i;}
        void Display()
        { cout<<"x="<<x<<",";
          cout<<"y="<<y<<endl; }
    private:
        int x;
        static int y;
};
class Y
{
    public:
        Y(int i,int j);
        void Display();
    private:
        X a;
};
int X::y=1;
Y::Y(int i,int j)
{
    a.x=i;
    X::y=j;
}
void Y::Display()
{
    cout<<"x="<<a.x<<",";
    cout<<"y="<<X::y<<endl;
}
void main()
{
    X b;
    b.Set(5);
    b.Display();
    Y c(6,9);
    c.Display();
    b.Display();
}
```

执行该程序后输出结果如下：

x=5, y=1
x=6, y=9

x＝5，y＝9

说明：该程序中，在 X 类中说明了 Y 类是它的友元类，因此，在 Y 类中的成员函数两次引用 X 类的私有成员 a.x。这只有在友元类中才可以这样做，因为一般来说在一个类的成员函数中，不能引用另一个类中的私有成员。另外，在 X 类中又定义了一个静态的数据成员 y，并对它进行了初始化，这是必须的。在 Y 类的成员函数中两次引用了 X 类中的这个静态成员，这也是只有友元类才可以做到的。因为它是 X 类中的私有成员。由于 X 类的 y 是静态成员，通过 Y 类的对象 c 改变了它的值后，将仍然保存其值。在 X 类的对象 b 中，y 成员的值仍是改变后的值。可见，Y 类对象与 X 类对象公用静态成员 y。

友元的关系是不可逆的。y 类是 x 类的友元类，不能说 x 类是 y 类的友元类。

5.7 类的作用域

类的作用域简称类域，它是指在类的定义中由一对花括号括起来的部分。每一个类都具有该类的类域，该类的成员属于该类的类域中。

从前面讲述的类的定义中可知，在类域中可以说明变量，也可以说明函数。从这一点上看类域与文件域很相似。但是，类域又不同于文件域，在类域中说明的变量不能使用 auto，register 和 extern 等修饰符，只能用 static 修饰符，而说明的函数也不能用 extern 修饰符。

文件域中可以包含类域，显然，类域小于文件域。一般地说，类域中可包含成员函数的作用域，类域又比函数域大。例如，一个被包含在某个文件域中的类的定义如下所示：

```
class A
{
    public：
        A(int x, int y)
        {X＝x；Y＝y；}
        int Xcoord()
        {return X；}
        int Ycoord()
        {return Y；}
        void Move (int dx, int dy)；
    private：
        int X，Y；
};
int X，Y；
void A：：Move(int dx, int dy)
{
    X＋＝dx；
    Y＋＝dy；
}
```

类 A 的作用域是由类 A 的类体所组成的。其中,成员函数 Move()说明在类体内,而定义在类体外,但它的作用域仍属于类 A。

由于类中成员的特殊访问规则,使得类中成员的作用域变得比较复杂。具体地讲,某个类 A 中某个成员 M 在下列情况下具有类 A 的作用域:

(1) 该成员(M)出现在该类(A)的某个成员函数中,并且该成员函数没有定义同名标识符。

(2) 在该类(A)的某个对象的该成员(M)的表达式中。例如 a 是 A 的对象,即在表达式 a.M 中。

(3) 在该类(A)的某个指向对象指针的该成员(M)的表达式中。例如 Pa 是一个指向 A 类对象的指针,即在表达式 Pa->M 中。

(4) 在使用作用域运算符所限定的该成员中。例如在表达式 A::M 中。

一般说来,类域介于文件域和函数域之间,由于类域问题比较复杂,在前面和后面的程序中都会遇到,因此只能根据具体问题具体分析。

5.8 局部类和嵌套类

5.8.1 局部类

在一个函数体内定义的类称为局部类。局部类中只能使用它的外围作用域中的对象和函数进行联系,因为外围作用域中的变量与该局部类的对象无关。在定义局部类时需要注意:局部类中不能说明静态成员函数,并且所有成员函数都必须定义在类体内。在实践中,局部类是很少使用的。下面是一个局部类的例子。

```
int a;
void fun()
{
    static int s;
    class A
    {
      public:
        void init(int i){s=i;}
    };
    A m;
    m.init(10);
}
```

其中,在函数 fun()中定义了一个局部类 A。局部类的类名 A 被隐藏在包围它的函数 fun()内。

5.8.2 嵌套类

在一个类中定义的类称为嵌套类,定义嵌套类的类称为外围类。

定义嵌套类的目的在于隐藏类名,减少全局的标识符,从而限制用户使用该类建立对象。这样可以提高类的抽象能力,并且强调了两个类(外围类和嵌套类)之间的主从关系。下面就是一个嵌套类的例子:

```
class A
{
    public：
        class B
        {
            public：
                ⋮
            private：
                ⋮
        }；
        void f( )；
    private：
        int a；
}
```

其中,类 B 是一个嵌套类,类 A 是外围类,类 B 定义在类 A 的类体内。

对嵌套类的若干说明:

(1) 从作用域的角度上看,嵌套类被隐藏在外围类之中,该类名只能在外围类中使用。在外围类的作用域外使用该类名时,需要加类名限定。

(2) 从访问权限的角度来看,嵌套类名与它的外围类的对象成员名具有相同的访问权限规则。不能访问嵌套类的对象中的私有成员。

(3) 嵌套类中的成员函数不可以在它的类体外定义。

(4) 嵌套类中说明的成员不是外围类中对象的成员,反之亦然。嵌套类的成员函数对外围类的成员没有访问权,反之亦然。因此,在分析嵌套类与外围类的成员访问关系时,往往把嵌套类看做非嵌套类来处理。这样,上述的嵌套类可写成如下格式:

```
class A
{
    public：
        void f( )；
    private：
        int a；
};
class B
{
```

```
    public:
        ⋮
    private:
        ⋮
};
```

由此可见,嵌套类仅仅是语法上的嵌入。

(5) 在嵌套类中说明的友元对外围类的成员没有访问权。

5.9　对象的生存期

不同的存储对象的生存期不同。所谓对象的生存期是指对象从被创建开始到被释放为止的存在时间。

按生存期的不同,对象可分为如下 3 种。

(1) 局部对象:当对象被定义在函数体或程序块内时调用构造函数,该对象被创建。当程序退出定义该对象所在的函数体或程序块时,调用析构函数,释放该对象。

(2) 静态对象:当程序第一次执行所定义的静态对象时,该对象被创建。当程序结束时,该对象被释放。

(3) 全局对象:当程序开始时,调用构造函数创建该对象。当程序结束时调用析构函数释放该对象。

局部对象是被定义在一个函数体或程序块内的,它的作用域小,生存期也短。函数的形参属于局部对象。

外部静态对象被定义在一个文件中,它的作用域从定义时起到文件结束时止。它的作用域比较大,它的生存期也比较长。内部静态对象被定义在一个函数体或程序块内,它的作用域小,但生存期却较长。

全局对象被定义在某个文件中,而它的作用域却包含在该文件的整个程序中。它的作用域是最大的,它的生存期也较长。

[例 5.15]　不同对象的生存期。

```
#include <iostream. h>
#include <string. h>
class A
{
    public:
        A(char * st);
        ~A();
    private:
        char string[50];
};
A::A(char * st)
```

```
{
    strcpy(string,st);
    cout<<"constructor called for "<<string<<endl;
}
A::~A()
{
    cout<<"Destructor called for "<<string<<endl;
}
void fun()
{
    A FunObject("FunObject");
    static A staticObject("StaticObject");
    cout<<"In fun()."<<endl;
}
A GlobalObject("GlobalObject");
void main()
{
    A MainObject("MainObject");
    cout<<"In main(),befor called fun\n";
    fun();
    cout<<"In main(),after called fun\n";
}
```

执行该程序输出结果如下：

Constructor Called for GlobalObject
Constructor Called for MainObject
In main()，befor Calling fun
Constructor Called for FunObject
Constructor Called for StaticObject
In fun().
Destructor Called for FunObject
In main()，after calling fun
Destructor Called for MainObject
Destructor Called for StaticObject
Destructor Called for GlobalObject

说明：

(1) 开始创建全局对象 GlobalObject，调用构造函数，显示如下信息：

Constructor Called for GlobalObject

(2) 进入 main() 函数，创建局部对象 MainObject，调用构造函数，显示如下信息：

Constructor Called for MainObject

(3) 执行主函数中第一个输出打印语句，显示如下信息：

In main，before Calling fun

（4）在 main()中调用 fun()函数,在 fun()函数中先后创建局部对象 FunObject 和静态对象 StaticObject,相继调用两次构造函数,输出如下信息:

Construct Called for FunObject
Construct Called for StaticObject

在 fun()函数中执行输出打印语句,显示如下信息:

In fun()

程序退出 fun()函数,返回到主函数。

（5）在结束 fun()函数时,程序要释放局部对象 FunObject,调用析构函数,显示如下信息:

Destructor Called for FunObject

（6）退出 fun()函数,返回 main()函数后,执行主函数中的第二个打印语句,显示如下信息:

In main()，after Calling fun

（7）程序的 main()函数结束,局部对象 MainObject 被释放,调用析构函数,输出显示如下信息:

Destructor Called for MainObject

最后,整个程序结束,静态对象 StaticObject 和全局对象 GlobalObject 被释放,两次调用析构函数,输出如下信息:

Destructor Called for StaticObject
Destructor Called for GlobalObject

这便是该程序的输出结果。

练习题

1. 什么是类? 为什么说类是一种抽象数据类型的实现?
2. 类的定义格式是什么? 类的说明部分和类的实现部分各包含什么内容?
3. 类的成员一般分成哪两部分? 这两部分有何区别?
4. 从访问权限角度如何区分不同种类的成员? 它们各自的特点是什么?
5. 作用域运算符的功能是什么? 它的使用格式如何?
6. 对类中数据成员的类型有何要求? "类的定义允许嵌套"这句话的具体含意是什么?
7. 什么是对象? 如何定义一个对象? 对象的成员如何表示?

8. 如何对对象进行初始化?

9. 什么是构造函数? 构造函数有哪些特点?

10. 什么是析构函数? 析构函数有哪些特点?

11. 什么是默认构造函数? 什么是默认析构函数?

12. 什么是复制构造函数? 它的功能和特点是什么?

13. 成员函数有什么特征? 什么是内联函数? 什么是外联函数?

14. 什么是静态成员? 静态成员的作用是什么?

15. 静态成员函数与非静态成员函数有何不同? 静态成员函数的调用格式如何?

16. 什么是友元? 为什么要使用友元? 什么是友元函数? 什么是友元类?

17. 什么是类的作用域?

18. 什么是局部类? 什么是嵌套类?

19. 对象的生存期有何不同?

20. 如何理解"类是抽象数据类型的实现"?

21. 总结本章学过的类的基本知识。

作业题

1. 选择填空。

(1) 在下列关键字中,用以说明类中公有成员的是(　　)。

　　A. public　　　　B. private　　　　C. protected　　　　D. friend

(2) 下列的各类函数中,(　　)不是类的成员函数。

　　A. 构造函数　　B. 析构函数　　C. 友元函数　　D. 复制构造函数

(3) 作用域运算符的功能是(　　)。

　　A. 标识作用域的级别　　　　　　B. 指出作用域的范围

　　C. 给定作用域的大小　　　　　　D. 标识某个成员是属于哪个类的

(4) 下列不是成员函数的是(　　)。

　　A. 构造函数　　B. 友元函数　　C. 析构函数　　D. 类型转换函数

(5) (　　)不是构造函数的特征。

　　A. 构造函数的函数名与类名相同

　　B. 构造函数可以重载

　　C. 构造函数可以设置默认参数

　　D. 构造函数必须指定类型说明

(6) (　　)是析构函数的特征。

　　A. 一个类中只能定义一个析构函数

　　B. 析构函数名与类名不同

　　C. 析构函数的定义只能在类体内

　　D. 析构函数可以有一个或多个参数

(7) 通常复制构造函数的参数是(　　)。

    A. 某个对象名　　　　　　　　　B. 某个对象的成员名

    C. 某个对象的引用名　　　　　　D. 某个对象的指针名

(8) 下面关于成员函数特征的描述中,(　　)是错误的。

    A. 成员函数一定是内联函数

    B. 成员函数可以重载

    C. 成员函数可以设置参数的默认值

    D. 成员函数可以是静态的

(9) 下述静态数据成员的特性中,(　　)是错误的。

    A. 说明静态数据成员时前边要加修饰符 static

    B. 静态数据成员要在类体外进行初始化

    C. 引用静态数据成员时,可在静态数据成员名前加〈类名〉和作用域运算符

    D. 静态数据成员不是所有对象共用的

(10) 友元的作用是(　　)。

    A. 提高程序的运用效率　　　　　B. 加强类的封装性

    C. 实现数据的隐藏性　　　　　　D. 增加成员函数的种类

2. 判断下列描述的正确性,对者划√,错者划×。

(1) 使用关键字 class 定义的类中默认的访问权限是私有(private)的。

(2) 作用域运算符(::)只能用来限定成员函数所属的类。

(3) 析构函数是一种函数体为空的成员函数。

(4) 构造函数和析构函数都不能重载。

(5) 说明或定义对象时,类名前面不需要加 class 关键字。

(6) 对象成员的表示与结构变量成员的表示相同,使用运算符. 或—>。

(7) 所谓私有成员是指只有类中所提供的成员函数才能直接使用它们,任何类以外的函数对它们的访问都是非法的。

(8) 某类中的友元类的所有成员函数可以存取或修改该类中的私有成员。

(9) 可以在类的构造函数中对静态数据成员进行初始化。

(10) 函数的定义不可嵌套,类的定义可以嵌套。

3. 分析下列程序的输出结果。

(1)

```
#include 〈iostream. h〉
class A
{
    public:
    A();
    A(int i,int j);
```

```
        void print();
    private:
        int a,b;
};
A::A()
{
    a=b=0;
    cout<<"Default constructor called. \n";
}
A::A(int i,int j)
{
    a=i;
    b=j;
    cout<<"Constructor called. \n";
}
void A::print()
{
    cout<<"a="<<a<<",b="<<b<<endl;
}
void main()
{
    A m,n(4,8);
    m. print();
    n. print();
}
```

（2）

```
#include <iostream. h>
class B
{
    public:
        B() {}
        B(int i,int j);
        void printb();
    private:
        int a,b;
};
class A
{
    public:
        A() {}
        A(int i,int j);
        void printa();
    private:
```

```
        B c;
};
A::A(int i,int j):c(i,j)
{}
void A::printa()
{
    c.printb();
}
B::B(int i,int j)
{
    a=i;
    b=j;
}
void B::printb()
{
    cout<<"a="<<a<<",b="<<b<<endl;
}
void main()
{
    A m(7,9);
    m.printa();
}
```

（3）

```
#include <iostream.h>
class Count
{
  public:
    Count() {count++;}
    static int HM() {return count;}
    ~Count() {count--;}
  private:
    static int count;
};
int Count::count=100;
void main()
{
    Count c1,c2,c3,c4;
    cout<<Count::HM()<<endl;
}
```

（4）

```
#include <iostream.h>
class A
```

```
{
    public：
        A(double t,double r) { Total=t; Rate=r;}
        friend double Count(A&a)
        {
            a. Total+=a. Rate * a. Total；
            return a. Total；
        }
    private：
        double Total,Rate；
};
void main()
{
    A a1(1000.0,0.035),a2(768.0,0.028)；
    cout≪Count(a1)≪","≪Count(a2)≪endl；
}
```

(5)

```
#include <iostream. h>
class Set
{
    public：
        Set() {PC=0;}
        Set(Set &s)；
        void Empty() { PC=0;}
        int IsEmpty() { return PC==0;}
        int IsMemberOf(int n)；
        int Add(int n)；
        void Print()；
        friend void reverse(Set * m)；
    private：
        int elems[100]；
        int PC；
};
int Set∷IsMemberOf(int n)
{
    for(int i=0;i<PC;i++)
    if(elems[i]==n)
        return 1；
    return 0；
}
int Set∷Add(int n)
{
    if(IsMemberOf(n))
```

```
      return 1;
  else if(PC>=100)
    return 0;
  else
  {
    elems[PC++]=n;
    return 1;
  }
}
Set∷Set(Set &p)
{
    PC=p.PC;
    for(int i=0;i<PC;i++)
      elems[i]=p.elems[i];
}
void Set∷Print()
{
    cout<<"{";
    for(int i=0;i<PC-1;i++)
      cout<<elems[i]<<",";
    if(PC>0)
      cout<<elems[PC-1];
    cout<<"}"<<endl;
}
void reverse(Set * m)
{
    int n=m->PC/2;
    for(int i=0; i<n;i++)
    {
      int temp;
      temp=m->elems[i];
      m->elems[i]=m->elems[m->PC-i-1];
      m->elems[m->PC-i-1]=temp;
    }
}
void main()
{
    Set A;
    cout<<A.IsEmpty()<<endl;
    A.Print();
    Set B;
    for(int i=1;i<=8;i++)
      B.Add(i);
    B.Print();
```

```
        cout≪B. IsMemberOf(5)≪endl;
        cout≪B. Empty()endl;
        for(int j=11;j<20;j++)
            B. Add(j);
        Set C(B);
        C. Print();
        reverse(&C);
        C. Print();
}
```

4. 按下列要求编写程序。

在一个程序中,实现如下要求:

(1) 构造函数重载;

(2) 成员函数设置默认参数;

(3) 有一个友元函数;

(4) 有一个静态成员函数;

(5) 使用不同的构造函数创建不同的对象。

第 **6** 章 类和对象（二）

前一章中讲述了类和对象的若干基础知识,本章进一步对类和对象其他方面的内容进行讨论。这些内容包括指针、引用和数组以及常类型在类和对象方面的应用,还包括使用 new 和 delete 运算符对对象进行动态分配和释放。本章将通过一些例子进一步熟悉类和对象在编程中的应用,从而进一步理解类和对象的作用。

6.1 对象指针和对象引用

本节讲述指向对象的指针和对象的引用这两个概念和它们在 C++ 语言编程中的应用。在讲述这两个概念前,先介绍关于指向类的成员的指针。虽然它们都是指针,但所指向的目标不同。

6.1.1 指向类的成员的指针

在 C++ 语言中,指向类的成员的指针包括指向类的数据成员和成员函数这两种指针。

指向数据成员的指针格式如下:

〈类型说明符〉〈类名〉::＊〈指针名〉

指向成员函数的指针格式如下:

〈类型说明符〉（〈类名〉::＊〈指针名〉)(〈参数表〉)

例如,有如下一个类 A:

```
class A
{
    public：
        int fun(int b)
        {return a * c+b;}
        A(int i)
```

```
      {a=i;}
      int c;
   private：
      int a;
};
```

定义一个指向类 A 的数据成员 c 的指针 pc，其格式如下：

int A：＊pc＝＆A：：c；

因为 c 是公有成员，因此，在程序中可以这样定义。这里，pc 是指向 A 类的数据成员 c 的指针。

再定义一个指向类 A 的成员函数 fun 的指针 pfun，其格式如下：

int（A：：＊pfun）（int）＝A：：fun；

在使用这类指针时，需要首先指定 A 类的一个对象，然后，通过对象来引用指针所指向的成员。例如，给 pc 指针所指向的数据成员 c 赋值 8，可以表示如下：

A a；
a．＊pc＝8；

其中，运算符．＊是用来使用对象通过指向类成员的指针来操作该类对象成员的。

使用指向对象的指针通过指向类成员的指针对该成员进行操作时，可使用运算符
－＞＊。例如：

A ＊ p＝＆a；   //a 是类 A 的一个对象，p 是指向对象 a 的指针
p － ＞ ＊ pc＝8；

下面复习指向函数的指针的定义和调用问题。

关于指向成员函数的指针的定义格式前边讲过了。指向一般函数的指针的定义格式如下：

〈类型说明符〉＊〈指向函数指针名〉（〈参数表〉）

给指向函数的指针赋值的格式如下：

〈指向函数的指针名〉＝〈函数名〉

在程序中，使用指向函数的指针调用函数的格式如下：

（＊〈指向函数的指针名〉）（〈实参表〉）

如果是指向类的成员函数的指针，则应加上相应的对象名或指向对象的指针名以及对象成员运算符。

下面给出一个使用指向类成员指针的例子。

［例 6.1］ 分析下列程序的输出结果。

＃include〈iostream．h〉
class A

```
    {
    public：
        A(int i)
        { a=i;}
        int fun(int b)
        { return a * c+b;}
        int c;
    private：
        int a;
    };
    void main()
    {
      A x(8);
      int A::* pc;
      pc=&A::c;
      x. * pc=3;
      int (A:: * pfun)(int);
      pfun=A::fun;
      A * p=&x;
      cout≪(p—> * pfun)(5)≪endl;
    }
```

执行该程序输出如下结果：

29

说明：

（1）该程序中,定义了一个指向类的数据成员的指针 pc 和一个指向类的成员函数的指针 pfun,并且对这些指针进行了赋值,请注意赋值的格式。

（2）程序中对指向类的成员的两个指针进行了引用和调用。其中：

x. * pc=3;

实际上是给对象 x 的 c 成员赋值,它是一个公有成员。等价于：

x. c=3;

而

(p—> * pfun)(5)

通过指向对象的指针 p 来调用指向类的成员函数的指针 pfun,函数的实参为 5。这里要注意其调用格式。这是一个使用指向对象的指针通过指向类的成员函数的指针来调用所指向的成员函数。它等价于：

p—>fun(5)

也可以使用对象来调用指向类的成员函数的指针所指向的成员函数。例如：

（x. * pfun）（5）

（3）程序中使用了两种不同的指针。一种是指向对象的指针,程序中定义如下：

A * p＝&x；

其中,p 是指向类 A 的对象 x 的指针,x 是事先定义的类 A 的一个对象。这里,使用某个对象的地址值对指向对象的指针初始化。在给指向对象的指针赋值或赋初值时,一定要注意是相同类的。

另一种是指向类的成员的指针。前面讲过了,它们是 pc 和 pfun,分别指向类 A 的数据成员 c 和成员函数 fun() 的指针。

虽然它们都是指针,但是所指向的目标是不相同的。p 是指向类的对象,pc 是指向类的数据成员,pfun 是指向类的成员函数。它们在使用上是不同的。

6.1.2   对象指针和对象引用作为函数参数

1. 对象指针作为函数参数

使用对象指针作为函数参数要比使用对象作为函数参数更普遍一些。因为使用对象指针作为函数参数有如下两个特点：

（1）实现传址调用。可在被调用函数中改变调用函数的参数对象的值,实现函数之间的信息传递。

（2）使用对象指针作为形参仅将对象的地址值传给形参,而不进行对象副本的复制,这样可以提高运行效率,减少时空开销。

对象指针作为函数形参时,要求调用函数的实参是对象的地址值。

下面通过一个例子来说明使用指向对象的指针作为函数参数的调用方法。

［例 6.2］   分析下列程序的输出结果。

```
#include <iostream. h>
class M
{
  public：
    M()
    {x＝y＝0；}
    M(int i,int j)
    {x＝i；y＝j；}
    void copy(M * m)；
    void setxy(int i,int j)
    { x＝i；y＝j；}
    void print()
    { cout≪x≪","≪y≪endl；}
  private：
    int x,y；
};
```

```
void M∷copy(M * m)
{
  x=m->x;
  y=m->y;
}
void fun(M m1,M * m2);
void main()
{
  M p(5,7),q;
  q. copy(&p);
  fun(p,&q);
  p. print();
  q. print();
}
void fun(M m1,M * m2)
{
  m1. setxy(12,15);
  m2->setxy(22,25);
}
```

执行该程序输出如下结果：

```
5， 7
22， 25
```

说明：

（1）该程序中，有两个指向对象的指针。一个是用做成员函数 copy()的参数，另一个是用做一般函数 fun()的参数。当形参是指向对象的指针时，调用函数的对应实参应该是某个对象的地址值，一般使用 & 后加对象名。

（2）在 fun()函数中，有两个形参，一个是对象名，另一个是指向对象的指针名。在被调用函数中，改变了对象的数据成员值和指向对象指针的数据成员值以后，可以看到只有指向对象指针作为参数所指向的对象被改变了；而另一个以对象作为参数，形参对象值改变了，可实参对象值并没有改变。因此，该程序将出现上述输出结果。这便是传址调用和传值调用的不同。

2. 对象引用作为函数参数

在实际中，使用对象引用作为函数参数要比使用对象指针作为函数更普遍。这是因为使用对象引用作为函数参数具有用对象指针作为函数参数的优点，而用对象引用作为函数参数将更简单，更直接。所以，在 C++ 语言编程中，人们喜欢用对象引用作为函数参数。

下面通过一个例子看一下如何使用对象引用作为函数参数。该例是在例 6.2 的程序中，将对象指针改为对象引用而编写的。读者可以对比一下两者在使用上有何区别。

［例 6.3］ 分析下列程序的输出结果。

```
# include ⟨iostream. h⟩
class M
```

```
    {
      public：
        M()
        {x＝y＝0；}
        M(int i,int j)
        {x＝i；y＝j；}
        void copy(M &m)；
        void setxy(int i,int j)
        {x＝i； y＝j；}
        void print()
        { cout≪x≪″,″≪y≪endl；}
      private：
        int x,y；
    }；
    void M∷copy(M &m)
    {
      x＝m.x;
      y＝m.y;
    }
    void fun(M m1,M &m2)；
    void main()
    {
      M p(5,7),q;
      q.copy(p);
      fun(p,q);
      p.print();
      q.print();
    }
    void fun(M m1,M &m2)
    {
      m1.setxy(12,15);
      m2.setxy(22,25);
    }
```

执行该程序的输出结果与例 6.2 完全一样。

说明：将该程序与例 6.2 进行比较可以看出，主要区别在于例 6.2 中使用的指向对象的指针在例 6.3 中换成了对象引用。请读者比较一下指针与引用在使用上的区别。

6.1.3 this 指针

this 是一个由系统自动提供的指向对象的特殊指针。该指针是一个指向正在对某个成员函数操作的对象的指针。

当对一个对象调用成员函数时，编译程序先将该对象的地址赋给系统创建的 this 指针,然后调用成员函数。每次成员函数存取数据成员时,都隐含使用 this 指针。同样也可以使用 * this 来标识调用该成员函数的对象。

下面通过一个例子来说明显式使用 this 指针的方法。

［例 6.4］ 分析下列程序输出结果,说明程序中 this 和 * this 的用法。

```
#include <iostream.h>
class A
{
    public:
        A()
        {a=b=0;}
        A(int i,int j)
        {a=i; b=j;}
        void copy(A &aa);
        void print()
        {cout<<a<<","<<b<<endl;}
    private:
        int a,b;
};
void A::copy(A &aa)
{
    if(this==&aa) return;
    * this=aa;
}
void main()
{
    A a1,a2(3,4);
    a1.copy(a2);
    a1.print();
}
```

执行该程序输出如下结果:

3,4

说明:在该程序中,类 A 的成员函数 copy() 内,出现了两次 this 指针。其中,this 是操作该成员函数的对象的地址,从 main() 中可见操作该成员函数的对象是 a1。* this 是操作该成员函数的对象,而下述语句:

　 * this=aa;

表示将形参 aa 获得的某对象的值赋给操作该成员函数的对象。在该例中,操作该成员函数的对象也是 a1。

6.2 对象数组和对象指针数组

本节中讲述对象与数组的关系,前面已介绍过数组可以作为类的成员,本节要讲述对象作为数组的元素。本节还要讲述指向对象数组的指针和对象指针数组等内容。

6.2.1 对象数组

对象数组是指数组元素为对象的数组。该数组中若干个元素必须是同一个类的若干个对象。对象数组的定义、赋值和引用与普通数组一样,只是数组的元素与普通数组不同,它是同类的若干个对象。

1. 对象数组的定义

对象数组定义格式如下:

〈类名〉〈数组名〉[〈大小〉]…

其中,〈类名〉指出该数组元素是属于该类的对象,方括号内的〈大小〉给出某一维的元素个数。一维对象数组只有一个方括号,二维对象数组要有两个方括号等。例如:

DATE dates[7];

表明 dates 是一维对象数组名,该数组有 7 个元素,每个元素都是类 DATE 的对象。又如:

DATE dates2[3][5];

这里,dates2 是一个二维对象数组的名字。它有 15 个元素,都是属于 DATE 类的对象。

2. 对象数组的赋值

对象数组可以被赋初值,也可以被赋值。下面看一个例子。

```
class DATE
{
  public:
    DATE(int m, int d, int y);
    void print();
  private:
    int month, day, year;
};
DATE dates[4]={DATE(7,22,1998), DATE(7,23, 1998),
               DATE(7, 24, 1998), DATE(7, 25, 1998)};
```

或者

```
dates[0]=DATE(7,22,1998);
```

```
dates[1]=DATE(7,23,1998);
dates[2]=DATE(7,24,1998);
dates[3]=DATE(7,25,1998);
```

对象数组元素的下标也是从 0 开始。对象数组的赋值和一般数组的赋值一样,也是给每个元素赋值。

下面通过一个例子进一步讲述对象数组的赋值方法以及对象数组的引用。

[例 6.5] 分析下列程序的输出结果。

程序内容如下:

```cpp
#include <iostream.h>
class DATE
{
    public:
        DATE()
        {
            month=day=year=0;
            cout<<"Default called.\n";
        }
        DATE(int m,int d,int y)
        {
            month=m;
            day=d;
            year=y;
            cout<<"Constructor called\n";
        }
        ~DATE()
        { cout<<"Destructor called.\n";}
        void print()
        {
            cout<<"Month="<<month<<",Day="<<day<<,
                    "Year="<<year<<endl;
        }
    private:
        int month, day, year;
};
    void main()
    {
        DATE dates[5]={ DATE(7,22,1998),DATE(7,23,1998),DATE(11,20,2003)};
        dates[3]=DATE(7,25,1998);
        dates[4]=DATE(1,7,2003);
        for(int i(0);i<5;i++)
            dates[i].print();
    }
```

执行该程序后,输出如下结果:

Constructor called.
Constructor called.
Constructor called.
Default called.
Default called.
Constructor called.
Destructor called.
Constructor called.
Destructor called.
Month＝7，Day＝22，Year＝1998
Month＝7，Day＝23，Year＝1998
Month＝11，Day＝20，Year＝2003
Month＝7，Day＝25，Year＝1998
Month＝1，Day＝7，Year＝2003
Destructor called.
Destructor called.
Destructor called.
Destructor called.
Destructor called.

说明：该程序的主函数中，创建一个对象数组 dates。它有 5 个元素，每个元素应是DATE 类的对象，并对该数组进行了初始化，使用的是初始化表。dates 数组中的前 3 个元素通过调用 3 个参数的构造函数实现初始化，后两个元素通过调用默认的构造函数进行了初始化。

接着，改变数组 dates 的后两个元素的值，其方法是先调用 3 个参数的构造函数创建一个无名对象，并将它赋值给某个数组元素，然后再将无名对象释放掉。释放是通过调用析构函数实现的。

使用 for 循环输出数组 dates 的各个元素的数据成员的值。

最后，调用 5 次析构函数来释放所创建的数组 dates 中的 5 个元素。

6.2.2　指向数组的指针和指针数组

指向数组的指针和指针数组是两个完全不同的概念，现放在一起介绍是因为两者在定义格式上相似，千万不要把它们搞混了。

1. 指向数组的指针

指向一般数组的指针定义格式如下：

〈类型说明符〉(＊〈指针名〉)[〈大小〉]…

其中，用来说明指针的 ＊ 要与〈指针名〉括在一起。后面用一个方括号表示该指针指向一维数组，后面用两个方括号表示该指针指向二维数组。〈类型说明符〉用来说明指针所指向的数组的元素的类型。例如：

int (＊P)[3]；

P 是一个指向一维数组的指针,该数组有 3 个 int 型元素。

指向对象数组的指针定义格式如下:

〈类名〉(* PL)[4];

其中,PL 是指向对象数组的指针名,该指针是一个指向一维对象数组的指针,所指向的数组中有 4 个元素,每个元素是指定〈类名〉的对象。

下面分别举两个例子。

[例 6.6] 指向一般数组的指针。

```
# include 〈iostream. h〉
int a[][3]={1,2,3,4,5,6,7,8,9};
void main()
{
    int ( * pa)[3](a);
    for(int i=0;i<3;i++)
    {
        cout<<"\n";
        for(int j=0;j<3;j++)
            cout<< * ( * (pa+i)+j)<<"    ";
    }
    cout<<"\n";
}
```

执行该程序输出如下结果:

```
1  2  3
4  5  6
7  8  9
```

说明:该程序中,pa 是一个指向数组 a 的第 0 行一维数组的指针。数组 a 是一个二维数组,并且已被初始化。程序中,使用双重 for 循环来按行和列的形式输出 pa 所指向的 a 数组的各元素的值。这里值得注意的是,一般的指向一维数组的指针都用二维数组的某个行地址(即该行首列地址)赋值。

[例 6.7] 指向对象数组的指针。

```
# include 〈iostream. h〉
class M
{
    public:
        M()
        {a=b=0;}
        M(int i,int j)
        { a=i;b=j;}
        void print()
        { cout<<a<<","<<b<<'\t';}
```

```
    private：
        int a,b;
};
void main()
{
    M m[2][4];
    int x=10,y=10;
    for(int i=0;i<2;i++)
        for(int j=0;j<4;j++)
            m[i][j]=M(x+=2,y+=10);
    M(*pm)[4](m);
    for(i=0;i<2;i++)
    {
        cout<<endl;
        for(int j=0;j<4;j++)
            (*(*(pm+i)+j)).print();
    }
    cout<<endl;
}
```

执行该程序输出如下结果：

12,20 14,30 16,40 18,50
20,60 22,70 24,80 26,90

说明：该程序主函数中定义了一个二维的对象数组 m，它有 8 个元素。通过调用默认的构造函数对 8 个元素进行初始化。再使用双重 for 循环，通过调用两个参数的构造函数给数组的 8 个元素赋值。下列语句：

M(*pm)[4](m);

等价于语句：

M(*pm)[4]=m;

该语句用来定义一个指向一维对象数组的指针 pm，同时用二维对象数组 m 的数组名对它进行了初始化，让该指针指向二维对象数组 m 的首行。

最后，使用双重 for 循环语句输出显示二维对象数组 m 的元素的数据成员值。

2. 指针数组

数组元素为指针的数组称为指针数组。一个数组的元素可以是指向同一类型的一般指针，也可以是指向同一类类型的对象指针。

先讨论一般的指针数组。

一般指针数组的格式如下：

〈类型名〉 *〈数组名〉[〈大小〉]…

其中，* 加在〈数组名〉前面表示该数组为指针数组。[〈大小〉]表示某一维的大小，即该维

的元素个数。…表示可以是多维指针数组,每一个[〈大小〉]表示一维。例如:

```
int * pa[3];
char * pc[2][5];
```

其中,pa 是一维指针数组名,该数组有 3 个元素,每个元素是一个 int 型指针。pc 是二维指针数组名,该数组有 10 个元素,每个元素是一个 char 型的指针。该数组可用来存放两个字符串,每个字符串不超过 4 个字符,因为字符串的结束符占一个字符。

在 C++ 语言编程中,经常使用 char 型的指针数组存放若干个字符串。下面是一个一维指针数组的例子。

[**例 6.8**]　从键盘上接收若干个字符串,并且将它们显示在屏幕上。该程序中使用了一维指针数组存放字符串。

```cpp
# include 〈iostream. h〉
# include 〈string. h〉
const int N=5;
void main()
{
    char * strings[N];
    char str[80];
    cout<<"At each prompt,enter a string:\n";
    for(int i=0;i<N;i++)
    {
        cout<<"Enter a string #"<<i<<":";
        cin. getline(str,sizeof(str));
        strings[i]=new char[strlen(str)+1];
        strcpy(strings[i],str);
    }
    cout<<endl;
    for(i=0;i<N;i++)
        cout<<"String #"<<i<<": "<<strings[i]<<endl;
}
```

执行该程序输出如下信息,并根据提示符进行字符串输入:

```
At each prompt, enter a string:
Enter a string #0: abcde √
Enter a string #1: fghij √
Enter a string #2: klmno √
Enter a string #3: pqrst √
Enter a string #4: uvwxy √
```

输出结果如下:

```
String #0: abcde
String #1: fghij
String #2: klmno
```

String #3：pqrst
String #4：uvwxy

说明：该程序中,定义的 strings 是指针数组,它可以用来存放 5 个字符串(因为 N 为 5)。该程序使用了两个字符串处理函数 strcpy()和 strlen()。这两个函数包含在string.h 文件中。该程序还使用了从键盘上一次获取一个字符串的函数 cin.getline()。该函数有两个参数：一个是字符数组 str,用来存放从键盘上获取的字符串；另一个是给出该字符数组的大小,即 sizeof(str)给出 str 数组所占内存空间的字节数。该程序中,还使用了 new 运算符,该运算符用来给某个指针动态地分配一个内存地址。关于该运算符的详细用法将在本章后面讲解。

再讨论对象指针数组。

对象指针数组是指该数组的元素是指向对象的指针,它要求所有数组元素都是指向同一个类类型的对象的指针。其格式如下：

〈类名〉 * 〈数组名〉[〈大小〉]…

它与前面讲过的一般的指针数组所不同的地方仅在于该数组元素一定是指向对象的指针,即指向对象的指针用来作为该数组的元素。下面通过一个例子看一下对象指针数组的用法。

［例 6.9］ 使用对象指针数组的程序。

```
#include〈iostream.h〉
class A
{
  public：
    A(int i=0,int j=0)
    {a=i; b=j;}
    void print();
  private：
    int a,b；
};
void A::print()
{
  cout≪a≪","≪b≪endl;
}
void main()
{
  A a1(7,8),a2,a3(5,7)；
  A * b[3]={&a3,&a2,&a1}；
  for(int i=0;i<3;i++)
    b[i]->print();
}
```

执行该程序输出如下结果：

5,7

```
0,0
7,8
```

说明：该程序的 main() 函数中，定义的 b 是一个一维指针数组。它有 3 个元素，每个元素都是指向 A 类对象的指针。由于 a1，a2，a3 是 3 个被定义的 A 类的对象，并且被赋了初值，因此，&a1，&a2，&a3 分别是 3 个对象的地址值，用它们给对象指针数组 b 的 3 个元素赋值。程序最后通过使用 for 循环语句将指针数组 b 的 3 个元素所指向的对象值（即该对象数据成员的值）输出显示。

6.2.3　带参数的 main() 函数

前面讲过的 main() 函数都是不带参数的。在实际编程中，有时需要 main() 带参数。通过 main() 函数的参数给程序增加一些处理信息。一般地说，如果使用 C++ 语言编写的源程序经过编译连接生成的可执行文件在执行时需要带命令行参数，则该源程序的主函数 main() 就需要带参数。使用所带有的参数来存放命令行中的参数，以便在程序中对命令行参数进行处理。

带有参数的 main() 函数头格式如下：

　　void main(int argc, char * argv[])

其中，第一个参数 argc 是 int 型的，它用来存放命令行参数的个数，实际上 argc 所存放的数值比命令行参数的个数多 1，即将命令字也计算在内。第二个参数 argv 是一个一维的一级指针数组，它是用来存放命令行中各个参数和命令字的字符串的，并且规定：

　　argv[0]存放命令字
　　argv[1]存放命令行中第一个参数
　　argv[2]存放命令行中第二个参数
　　　　　　⋮

argc 的值和 argv[] 各元素的值都是系统自动给赋值的。

在这里讲述带参数的 main() 函数实际上是对指针数组应用的一个具体实例。

为了验证上述规定，特举一例如下。

[例 6.10]　编程验证主函数 main() 的参数中所存放的内容。

```
#include <iostream.h>
void main(int argc,char * argv[])
{
    cout<<"The number of command line arguments is "<<argc<<endl;
    cout<<"The program name is "<<argv[0]<<endl;
    if(argc>1)
    {
        cout<<"The command line arguments:\n";
        for(int i=1;i<argc;i++)
            cout<<argv[i]<<endl;
```

```
        }
    }
```

假定该程序编译后生成的可执行文件名为 test. exe。执行该程序的命令行如下所示：

test ␣ prog1 ␣ prog2 ␣ prog3 ␣ prog4 ↙

输出结果如下：

```
The number of the arguments is 5
The program name is test. exe
The command line arguments：
prog1
prog2
prog3
prog4
```

说明：该程序中 main()函数带有参数 argc 和 argv。该程序输出参数个数为 5，并且输出了命令字（即程序名）和 4 个参数的内容，它们都被存放在指针数组 argv[]中。

关于对命令行参数的使用后面程序中会遇到，其基本方法是直接引用指针数组 argv[]中某个元素所存放的字符串，可用下标方式，也可用指针方式。

6.3 常 类 型

常类型是指使用类型修饰符 const 说明的类型，常类型的变量或对象的值是不能被更新的。因此，定义或说明常类型量时必须进行初始化。例如：

```
int const m＝15；
m＝18；
```

这种赋值操作是错误的。因为前面定义了 m 是一个常量，并且对它初始化了，即 m 值为15，因此不能再改变 m 的值。

6.3.1 一般常量和对象常量

1. 一般常量

一般常量是指简单类型的常量。这种常量在定义时，修饰符 const 可以用在类型说明符前，也可以用在类型说明符后。例如：

```
int const x＝2；
```

与

```
const int x＝2；
```

是一样的。

定义或说明一个常数组可采用如下格式：

〈类型说明符〉const〈数组名〉[〈大小〉]…=〈初值〉

或者

const〈类型说明符〉〈数组名〉[〈大小〉]…=〈初值〉

例如：

int const a[5]={1，2，3，4，5}；

说明数组 a 的各个元素是 int 型常量，即数组元素的值是不能被更新的。

2. 常对象

常对象是指对象常量，定义格式如下：

〈类名〉const〈对象名〉(〈初值〉)

定义常对象时，同样要进行初始化，并且该对象不能再被更新。

例如：

```
class A
{
    public：
        A(int i, int j)
        {x=i; y=j;}
            ⋮
    private：
        int x, y；
}；
const A a1(3,4)；
A const a2(8,19)；
```

其中，a1 和 a2 都是常对象，它们不能被更新。

6.3.2 常指针和常引用

1. 常指针

常指针使用修饰符 const 说明。有两种含意不同的常指针，一种表示指针的地址值是常量，另一种表示指针所指向的量是常量。这两种常指针的定义格式也不同。

1）地址值是常量的指针常量

这是一种指向某类型变量的指针常量，它的定义格式如下：

〈类型〉* const〈指针名〉=〈初值〉；

例如：

```
char s1[]="double"；
char s2[]="int"；
```

```
char * const ps1＝s1；
```

其中，ps1 是一个指针常量，该指针的地址值是常量。下列语句是非法的：

```
ps1＝s2；
```

而下列语句是合法的：

```
ps1＝"char"；
```

地址值为常量的指针常量所指向的量是可以改变的，而地址值是不可改变量的。

2）所指向的值是常量的常量指针

这是一种指向某类型的常量指针，它的定义格式如下：

```
const〈类型〉 *〈指针名〉＝〈初值〉；
```

例如：

```
const char * ps2＝s2；
```

其中，ps2 是一个常量指针，它所指向的量是常量，是不能改变的，而该指针的地址值是可以改变的。下列语句是非法的：

```
* ps2＝"float"；
```

而下列语句是合法的：

```
ps2＝s1；
```

请注意常指针的两种形式中，const 的位置是不同的。

2. 常引用

使用 const 修饰符也可以说明引用，被说明的引用为常引用，该引用所引用的对象不能被更新。其定义格式如下：

```
const〈类型说明符〉&〈引用名〉＝〈初值〉；
```

例如：

```
double b(1.2)；
const double & v＝b；
```

其中，v 是一个引用，它所引用的对象不会被更新。如果出现：

```
double a(1.5)；
v＝a；
```

则是非法的。

在实际应用中，常指针和常引用往往用来作为函数的形参，这样的参数称为常参数。

在 C++ 语言面向对象的程序设计中，指针和引用使用得较多，其中使用 const 修饰的常指针和常引用使用得更多。使用常参数表明该函数不会更新某个参数所指向或所引用的对象，这样，在参数传递过程中就不需要执行复制构造函数，这将会改善程序的运行效率。

下面对使用常指针和使用常引用作为函数参数各举一例。

[例 6.11]　常指针作为函数的参数。

```
# include 〈iostream. h〉
const int N=6;
void print(const int * p,int n);
void main()
{
    int array[N];
    for(int i=0;i<N;i++)
        cin>>array[i];
    print(array,N);
}
void print(const int * p,int n)
{
    cout<<"{"<< * p;
    for(int i=1;i<n;i++)
        cout<<","<< * (p+i);
    cout<<"}"<<endl;
}
```

执行该程序输入如下信息：

1⊔2⊔3⊔4⊔5⊔6↙

输出结果如下：

{1, 2, 3, 4, 5, 6}

说明：该程序中，两处出现了 const 修饰符。一是使用 const 定义一个 int 型常量 N，二是使用 const 定义一个指向常量数组的指针。该指针所指向的数组元素是不能被更新的。

该程序中有一个问题：print()函数中，实参 array 是一个 int 型数组名，形参是 const int 的指针，显然类型不相同，但却没有出现类型错误。这是因为形参虽然指向一个非 const int 型数组，该数组是可以更新的，但在 print()函数中不能被更新。因此，一个能够更新的变量使用在一个不能被更新的环境中不破坏类型保护，所以不会出现类型不匹配的错误。

一种类型的变量或对象能够用于另一种类型的变量或对象可以使用的环境，这一特性称为类型适应。

[例 6.12]　常引用作为函数的参数。

```
# include 〈iostream. h〉
class K
```

```
    {
      public：
        K(int i)
        { k＝i；}
        int setk() const
        { return k；}
      private：
        int k；
    };
    int add(const K& g1,const K& g2);
    void main()
    {
      K k1(8),k2(17);
      int s＝add(k1,k2);
      cout≪s≪endl;
    }
    int add(const K& g1,const K& g2)
    {
      int sum＝g1.setk()＋g2.setk();
      return sum；
    }
```

执行该程序输出结果如下：

25

说明：该程序中，出现了两处 const 修饰符：一是使用 const 修饰符说明成员函数
setk()，使成员函数 setk() 为常成员函数。关于常成员函数在后面讲解。二是使用 const
修饰符说明 add() 函数的两个形参。在使用常对象引用作为形参时，实参用对象，这时虽
然类型不同，但是类型适应，因此不会出现类型错。

6.3.3 常成员函数

使用 const 关键字进行说明的成员函数，称为常成员函数。只有常成员函数才有资
格操作常量或常对象，没有使用 const 关键字说明的成员函数不能用来操作常对象。例
如，在例 6.12 中，类 K 的成员函数 setk() 被说明为常成员函数。因此，它有资格对常引
用 g1 和 g2 进行操作。如果不将 setk() 函数说明为常成员函数，则下面的操作：

    int sum＝g1.setk()＋g2.setk();

将出现编译错。

常成员函数的说明格式如下：

〈类型说明符〉〈函数名〉(〈参数表〉) const;

其中,const 是加在函数说明后面的类型修饰符。它是函数类型的一个组成部分,因此,在函数实现部分也要带 const 关键字。

常成员函数表明 this 指针是常量,即 this 所指向的对象是不可改变的。

下面再举一例进一步说明常成员函数的特征。

[例 6.13] 分析下列程序的输出结果。

```
# include 〈iostream. h〉
class R
{
  public:
    R(int r1,int r2)
    {R1=r1;R2=r2;}
    void print();
    void print() const;
  private:
    int R1,R2;
};
void R∷print()
{
  cout≪R1≪":"≪R2≪endl;
}
void R∷print() const
{
  cout≪R1≪";"≪R2≪endl;
}
void main()
{
  R a(5,4);
  a. print();
  const R b(20,52);
  b. print();
}
```

执行该程序输出结果如下:

```
5 :4
20 ; 52
```

说明:在类 R 的成员中,说明了两个同名的成员函数。它们的名字都是 print(),但它们的类型不同,一个是 void,另一个是 void 又加 const 修饰符,如下所示:

```
void print();
void print() const;
```

这是重载的成员函数。这时,表达式:

a. print()

将调用成员函数：

void print();

而表达式：

b. print()

将调用成员函数：

void print() const;

因此，获得上述结果。

常对象必须用常成员函数，不能用非常成员函数；而非常对象可用非常成员函数，也可用常成员函数。

6.3.4 常数据成员

类型修饰符 const 不仅可以说明成员函数，也可以说明数据成员。

由于 const 类型对象必须被初始化，并且不能更新。因此，在类中说明 const 数据成员时，只能通过构造函数成员初始化列表的方式来对数据成员进行初始化。

下面通过一个例子具体讲述使用成员初始化列表来生成构造函数的方法。

[例 6.14] 对类中数据成员使用 const 说明。

```
#include <iostream.h>
class A
{
  public:
    A(int i);
    void print();
    const int & r;
  private:
    const int a;
    static const int b;
};
const int A::b=10;
A::A(int i):a(i),r(a)
{
}
void A::print()
{
  cout<<a<<":"<<b<<":"<<r<<endl;
}
void main()
```

```
{
    A a1(100),a2(0);
    a1.print();
    a2.print();
}
```

执行该程序输出如下结果：

100:10:100

0:10:0

说明：该程序中，说明了如下三个常类型数据成员：

```
const int &r;
const int a;
static const int b;
```

其中，r 是常 int 型引用，a 是常 int 型变量，b 是静态常 int 型量。

程序中在类体外对静态数据成员 b 进行初始化。

值得注意的是构造函数的格式：

```
A(int i):a(i), r(a)
{
}
```

其中，冒号后边是一个数据成员初始化列表，它包含两个初始化项，用逗号进行了分隔。前一项是对数据成员 a 进行初始化，而后一项是对数据成员 r 进行初始化。

6.4 子对象和堆对象

6.4.1 子对象

当一个类的成员是某一个类的对象时，该对象就称为子对象。子对象实际就是对象成员。子对象反映出了两个类之间的包含关系，又称为组合关系。这是将复杂问题分解为若干个简单问题时所采用的一种方法。例如：

```
class A
{
    public:
        ⋮
    private:
        ⋮
};
class B
{
```

```
    public：
       ⋮
    private：
       A a；
       ⋮
};
```

其中,B 类中成员 a 就是子对象,它是 A 类的对象作为 B 类的成员。

在类中出现了子对象或称对象成员时,该类的构造函数要包含对子对象的初始化,通常采用成员初始化表的方法来初始化子对象。在成员初始化表中包含对子对象的初始化和对类中其他成员的初始化。下面通过一个例子说明成员初始化表的构造。

[例 6.15] 一个含有子对象的例程,分析它的输出结果。

```
# include ⟨iostream. h⟩
class A
{
   public：
      A(int i,int j)
      {A1=i;A2=j;}
      void print()
      {cout≪A1≪","≪A2≪endl;}
   private：
      int A1,A2;
};
class B
{
   public：
      B(int i,int j,int k):a(i,j),b(k)
      {  }
      void print();
   private：
      A a;
      int b;
};
void B∷print()
{
   a. print();
   cout≪b≪endl;
}
void main()
{
   B b(6,7,8);
   b. print();
}
```

执行该程序输出结果如下所示：

```
6,7
8
```

说明：在该程序的类 B 中有一个数据成员是类 A 的对象 a。它便是一个子对象。

值得注意的是类 B 的构造函数构成如下：

```
B(int i, int j, int k):a(i, j), b(k)
{   }
```

其中,成员初始化表中有两个表项 a(i, j),b(k),前一项对子对象 a 进行初始化,其格式如下：

〈子对象名〉(〈参数表〉)

后一项对类 B 的数据成员 b 进行初始化。这一项也可以写在构造函数的函数体内,使用赋值表达式语句：

b＝k;

对类 B 的数据成员进行初始化。

6.4.2　堆对象

所谓堆对象是指在程序运行过程中根据需要随时可以建立或删除的对象。堆对象又称为动态对象。这种堆对象被创建在内存一些空闲的存储单元中,这些存储单元称为堆。它们可以被创建的堆对象占有,也可以通过删除堆对象而获得释放。

创建或删除堆对象时,需要如下两个运算符：

```
new
delete
```

这两个运算符又称为动态分配内存空间运算符。new 相当于 C 语言中的 malloc()函数,delete 相当于 C 语言中的 free()函数。

1. 运算符 new 的用法

该运算符的功能是创建堆对象,或者说,是动态地创建对象。

使用 new 运算符创建一个对象的格式如下：

new 〈类型说明符〉(〈初始值表〉)

它表明在堆中创建一个由〈类型说明符〉给定的类型的对象,并且由括号中的〈初始值表〉给出被创建对象的初始值。如果省去括号和括号中的初始值,则被创建的对象选用默认值或无效值。

使用 new 运算符创建对象时,可以根据其参数来选择适当的构造函数。new 运算符返回一个地址值,指针类型将与 new 所分配对象相匹配。如果不匹配,则可以通过强制类型的方法,否则将出现编译错。如果 new 运算符不能分配到所需要的内存,将返回 0,

这时的指针为空指针。

使用 new 运算符创建对象数组的格式如下：

new 〈类名〉[〈算术表达式〉]

其中，〈算术表达式〉的值为所创建的对象数组的大小。例如：

A * ptr;
ptr=new A[5];

其中，A 是一个已知的类名，ptr 是指向类 A 对象的一个指针。通过 new A[5]创建一个对象数组，该数组有 5 个元素。它的返回值赋给指针 ptr，于是 ptr 便是指向对数数组首元素的指针。

new 还可用来创建一般类型的数组。例如：

int * p;
p=new int[10];

其中，p 是一个指向 int 型变量的指针。使用 new 创建一个具有 10 个元素的一维 int 型数组，并使 p 指针指向这个数组，即指向该数组的首元素。

使用 new[]创建对象数组或一般数组时，不能对该数组进行初始化，其初始值为默认值或无效值。

2. 运算符 delete 的用法

该运算符的功能是删除使用 new 创建的对象。其格式如下：

delete〈指针名〉;

例如：

A * ptr;
ptr=new A(5, 6);
delete ptr;

其中，ptr 是一个指向类 A 的指针，使用 new 给 ptr 分配了内存空间，并调用类 A 中两个参数的构造函数创建一个类 A 的对象，然后又使用 delete 删除了指针 ptr。

运算符 delete 也可用来删除使用 new 创建的对象数组，其使用格式如下：

delete[]〈指针名〉;

例如：

A * ptr;
ptr=new A[5];
delete[] ptr;

其中，ptr 是指向类 A 对象的指针。它被赋值为指向一个具有 5 个元素的类 A 的对象数组的首元素。使用 delete 删除了这个数组。

同样，delete 也可以删除由 new 创建的一般类型的数组。例如：

int * p;

```
p＝new int[10];
delete[]  p;
```

使用 delete 删除了 p 指针所指向的具有 10 个 int 型元素的数组。

在使用运算符 delete 时,应注意如下几点:

(1) 它必须用于由运算符 new 返回的地址值。

(2) 该运算符也适用于空指针(即其值为 0 的指针)。

(3) 对一个指针只能使用一次 delete 操作。

(4) 使用运算符 delete 删除一个数组时,指针名前只用一对方括号符,不考虑所删除数组的维数,并忽略方括号内的任何数字。

下面通过几个例子进一步说明 new 运算符和 delete 运算符的使用方法。

[例 6.16] 分析下列程序的输出结果。

```
#include <iostream. h>
class AA
{
  public:
    AA(int i,int j)
    {
      A=i; B=j;
      cout<<"Constructor. \n";
    }
    ~AA()
    { cout<<"Destructor. \n";}
    void print();
  private:
    int A,B;
};
void AA::print()
{
  cout<<A<<","<<B<<endl;
}
void main()
{
  AA *a1, *a2;
  a1=new AA(1,2);
  a2=new AA(5,6);
  a1->print();
  a2->print();
  delete a1;
  delete a2;
}
```

执行该程序输出如下结果:

Constructor.

Constructor.

1, 2

5, 6

Destructor.

Destructor.

说明：

（1）该程序中，先定义了两个指向类 AA 对象的指针，然后用 new 运算符给它们赋值，同时对它们所指向的对象进行了初始化。

（2）该程序中，又使用 delete 运算符删除了两个指针所指向的对象。

从程序中可以看到：用 new 创建对象时，要调用构造函数；用 delete 删除对象时，要调用析构函数。

（3）在实际应用中，经常对 new 运算符返回的地址值进行检验，看是否分配了有效的内存空间。结合本例给出检验方法如下：

```
if（！a1）
{
    cout ≪"Heap error! \n";
    exit(1);
}
```

这段程序就是用来检验指针 a1 是否获得了有效的内存单元。如果 a1 获得了有效的内存单元，则 a1 不为 0，否则 a1 为 0。这段程序表明，当 a1 为 0 时，输出如下报错信息：

Heap error!

然后，退出当前程序。

[例 6.17]　分析下列程序的输出结果。

```
#include ⟨iostream. h⟩
#include ⟨string. h⟩
class B
{
  public：
    B(char * s,double n)
    {
        strcpy(name,s);
        b=n;
        cout≪"Constructor\n";
    }
    B()
    { cout≪"Default\n";}
    ~B()
    { cout≪"Destructor "≪name≪endl;}
    void getb(char * s,double & n)
```

```
    {
        strcpy(s,name);
        n=b;
    }
    private:
        char name[80];
        double b;
};
void main()
{
    B * p;
    double n;
    char s[80];
    p=new B[3];
    p[0]=B("ma",4.8);
    p[1]=B("wang",3.6);
    p[2]=B("li",3.1);
    for(int i=0;i<3;i++)
    {
        p[i].getb(s,n);
        cout<<s<<","<<n<<endl;
    }
    delete[] p;
}
```

执行该程序输出如下结果：

```
Default
Default
Default
Constructor
Destructor ma
Constructor
Destructor wang
Constructor
Destructor li
ma，4.8
wang，3.6
li，3.1
Destructor li
Destructor wang
Destructor ma
```

分析该程序可以看到：

（1）程序中使用 new 运算符创建对象数组，然后，给对象数组的各个元素赋值。这是获得对象数组的一种方法，而且是动态分配内存单元的方法。

（2）程序中使用 delete 运算符删除了使用 new 创建的对象数组。

（3）在使用 new 创建对象数组 B[3]时，系统调用了三次默认构造函数 B()；在使用 delete 删除对象数组时，系统又调用了三次析构函数～B()。

（4）在 main()中，三次给数组元素赋值时，每次都要调用 B 类中的两个参数的构造函数创建一个无名对象，完成赋值操作后，又调用其析构函数将无名对象释放，因此在输出结果中出现了对应的信息。

（5）在 main()中，为了显示输出每个对象数组的元素值，使用了一个成员函数 getb()。getb()函数有两个参数，一个是指针，另一个是引用。通过这种方法将对象的两个私有的数据成员的值赋给两个程序中的一般变量，然后通过这两个一般变量进行输出。这种方法是值得效仿的。

（6）在使用 new[]来创建对象数组的程序中，类中必须说明默认构造函数。

下面再举一个对一般指针和数组使用 new 和 delete 运算符的例子。

[例 6.18] 分析下列程序的输出结果。

```cpp
#include <iostream.h>
#include <stdlib.h>
void fun()
{
    int * p;
    if(p=new int)
    {
        * p=5;
        cout<< * p<<endl;
        delete p;
    }
    else
        cout<<"Heap error! \n";
}
void main()
{
    fun();
    int * pa;
    pa=new int[5];
    if(! pa)
    {
        cout<<"Heap error! \n";
        exit(1);
    }
    for(int i=0;i<5;i++)
        pa[i]=i+1;
    for(i=0;i<5;i++)
        cout<<pa[i]<<"  ";
```

```
    cout≪endl;
    delete[] pa;
}
```

执行该程序输出如下结果：

```
5
1 2 3 4 5
```

说明：该程序中，对 new 分配的指针和数组都进行了验证，验证是否已被有效分配了内存单元。指针和数组不用时，都将被删除。

6.5　类　型　转　换

类型转换可将一种类型的值映射为另一种类型的值。类型转换实际上分为自动隐式转换和强制转换两种类型。

6.5.1　类型的自动隐式转换

C++语言编译系统提供的内部数据类型的自动隐式转换规则如下：

（1）程序在执行算术运算时，低类型可以转换为高类型。例如：

```
double a;
a=3.9 * 4;
```

当一个浮点数与一个整型数相乘时，先将整型数转换为浮点型数。两个浮点型数相乘的积仍是浮点数，将积赋值给 a。

（2）在赋值表达式中，右边表达式的值自动隐式转换为左边变量的类型，并赋值给它。例如：

```
long var;
var=10;
```

先将整型数 10 隐式转换为一个长整数，然后将它赋值给 var。

（3）在函数调用时，将实参值赋给形参，系统隐式地将实参转换为形参的类型后，赋给形参。例如：

```
double f1(double d);
double f;
f=f1(10);
```

其中，函数 f1() 要求一个 double 型参数，而在调用函数的实参是一个整型数 10，系统将隐式地将整数 10 转换为浮点型数，并赋给形参 d。

（4）函数有返回值时，系统将自动将返回表达式的类型转换为函数类型后，赋值给调用函数。例如：

```
double f1 (float d)
{
    float m;
    m=d * 2;
    return m;
}
```

系统先将 int 型数 2 转换为 float 型,再将 d * 2 的积赋值给 m,这时 m 是 float 型的。将 m 转换为 double 型后,作为 f1() 函数返回值,将它赋给调用函数。

在以上情况下,系统会进行隐式转换。在程序中发现两个数据类型不相容时,又不能自动完成隐式转换,则将出现编译错误。

进行类型的自动隐式转换时,如果出现由高类型转换为低类型的情况,通常应采用类型强制转换运算符,否则会出现警告错。例如:

```
double d=3.5;
int a=14;
a=d;
```

编译 a=d;语句时会发出警告错,提醒用户这样赋值在精度上会受影响。为了避免这种警告错,应将上述赋值语句改为:

```
a=(int)d;
```

或者

```
a=int(d);
```

这时不会出现编译错。

请读者上机试试下列语句是否会出现编译错。若出现编译错,请改正。

```
float b=7.628;
```

请思考应如何避免出错。

6.5.2 构造函数具有类型转换功能

在实际应用中,当类定义中提供了单个参数的构造函数时,该类便提供了一种将某种数据类型的数值或变量转换为某种类类型的方法。因此,可以说单个参数的构造函数提供了数据类型转换的功能。

下面通过一个例子进一步说明单参数构造函数的类型转换功能。

［例 6.19］ 分析下列程序的输出结果。

```
# include <iostream. h>
class A
{
```

```
    public：
        A()
        { m＝0；}
        A(double i)
        { m＝i；}
        void print()
        { cout≪m≪endl；}
    private：
        double m；
};
void main()
{
    A a(5)；
    a＝10；
    a. print()；
}
```

执行该程序输出如下结果：

10

在该程序中,有下列赋值语句：

a＝10；

赋值号两边的数值 10 和对象 a 是两个不兼容的数据类型,可是它却能顺利通过编译程序,并且输出显示正确的结果,其主要原因是得益于单参数的构造函数。编译系统先通过隐式数据类型转换,将整型数值 10 转换成 double 型,然后再通过类中定义的单参数构造函数将 double 型数值转换为 A 类类型,最后把它赋值给 a。

如果想要节省对构造函数进行调用所付出的开销,也可以定义一个赋值运算符重载函数作为类的一个成员函数,其形式如下：

```
A&A：：operator＝(int i)
{
    m＝i；
    return ＊this；
}
```

它可以实现 a＝10；的赋值操作。

6.5.3 类型转换函数

转换函数又称为类型强制转换成员函数,它是类中的一个非静态成员函数。它的定义格式如下：

```
class〈类型说明符 1〉
{
```

```
    public：
        operator 〈类型说明符 2〉()；
            ⋮
};
```

这个转换函数定义了由〈类型说明符 1〉到〈类型说明符 2〉之间的映射关系。可见,转换函数可将某种类类型的数据转换成为所指定的某种数据类型。例如,在下例中,通过转换函数将〈类型说明符 1〉所标识的类类型转换成为〈类型说明符 2〉所指定的数据类型。

〔例 6.20〕 分析下列程序的输出结果。

```
# include 〈iostream. h〉
class Rational
{
    public：
        Rational(int d,int n)
        {
            den=d；
            num=n；
        }
        operator double()；
    private：
        int den,num；
};
Rational：：operator double()
{
    return double(den)/double(num)；
}
void main()
{
    Rational r(5,8)；
    double d=4.7；
    d+=r；
    cout≪d≪endl；
}
```

执行该程序输出结果如下：

5.325

说明：分析该程序中的下列表达式语句：

d+=r；

可知,d 是一个 double 型数值,r 是 Rational 类的对象。这两个不同类型的数据进行加法之所以能够进行,是得益于类型转换函数 operator double()。为使上述加法能够进行,编译系统先检查类 Rational 的说明,看是否存在一个类型转换函数能够将 Rational 类型的操作数转换为 double 类型的操作数。由于 Rational 类中说明了类型转换函数 operation double(),它可以在程序运行时进行上述类型转换,因此,该程序中实现了 d+=r;的操作。

可以在程序中使用显式类型强制转换来进行类转换,其形式如下所示:

d+=double(r);

还可以通过定义其他函数来实现类型转换。

定义类型转换函数时应注意如下几点:

(1) 类型转换函数是用户定义的成员函数,但它必须是非静态的。

(2) 类型转换函数不可以有返回值。

(3) 类型转换函数不带任何参数。

(4) 类型转换函数不能定义为友元函数。

类型转换函数的名称是类型转换的目标类型,因此,不必再为它指定返回值类型;类型转换函数用于将本类型的数值或变量转换为其他类型,也不必带参数。

6.6 类 模 板

前边讲过了函数模板,对模板的概念已有所了解,这里再讲述类模板。

6.6.1 类模板的引进

引进类模板的目的与引进函数模板的目的一样,就是为了更好地进行代码重用,即按不同的方式重复使用相同的代码。为了实现代码重用,就需要使得重用的代码是通用的,即不受类型和操作的影响。类模板是 C++语言支持参数化的一种工具。使用类模板所定义的一种类类型,类中的某些数据成员和某些成员函数的参数及返回值可以选取一定范围内的多种类型,从而实现代码重用。下面举一个链表类的例子进一步讨论类模板引进的必要性。

下面有两个类,Node 类的对象是链表的结点,List 类是链表类。具体定义如下:

```
class Node
{
    ⋮
};
class List
{
    public:
        List();
        ~List();
        void Add (Node &);
        void Remove (Node &);
        Node * Find (Node &);
```

```
    ⋮
};
//该类的实现部分省略
```

在类 List 中说明了 3 个对链表结点进行插入、删除和查找的操作。不难看出,该链表只是对结点为 Node 类的对象才适用。如果对于另外一种结点,则还需重新定义链表类。只为处理不同类型的结点而重新定义链表类,会带来很大重复。为此引进类模板,将上述 List 类中的结点类用一个通用参数 T 来代替,变成下述形式:

```
class List
{
  public:
    List();
    ~List();
    void Add(T &);
    void Remove(T &);
    T * Find(T &);
    ⋮
};
```

在这个类模板中使用了一个参数化的类型 T,它被用到成员函数参数的类型中。该类模板实际上是描述一组类,而 Node 类是其中一个。

引进类模板提高了代码的重用率,减少了程序员的重复劳动。

6.6.2 类模板和模板类

1. 类模板的定义格式

类模板的定义格式如下:

```
template 〈模板参数表〉
class 〈类名〉
{
  〈类体说明〉
};
//类体实现
```

其中,template 是关键字,〈模板参数表〉中有多个参数时用逗号分隔。模板参数的形式如下:

```
class 〈标识符〉
```

〈标识符〉代表了类型说明中参数化的类型名。

下面举一个类模板的例子。该类模板将描述一个有界的数组。

```
template 〈class AType〉
class array
```

```
{
  public：
    array (int size)；
    ～array ()
    { delete [] a; }
    AType & operator[] (int i)；
  private：
    int length；
    AType * a；
};
template 〈class AType〉
array 〈AType〉∷array(int size)
{
  register int i；
  length=size；
  a=new AType[size]；
  if (! a)
  {
    cout<<"can't allocate array. \n"；
    exit ()；
  }
  for (i=0; i<size; i++)
    a[i]=0；
}
template 〈class AType〉
AType & array 〈AType〉∷operator [] (int i)
{
  if (i〈0 || i〉 length−1)
  {
    cout<<"\n Index value of"；
    cout<<i<<" is out-of-bounds. \n"；
    exit (2)；
  }
  return a [i]；
}
```

将上述关于有界数组的类模板定义存放在 array. h 头文件中。

定义类模板时应注意如下几点：

(1) 定义类模板时使用关键字 template。

(2) 定义类模板时至少要确定一个模板参数，多个模板参数用逗号分隔。

(3) 类模板中的成员函数可以是函数模板。在类体外定义函数模板时，应在模板名前用类模板名限定(〈类模块名∷〉)来表示该函数模板的所属。

2. 模板类

在程序中定义了类模板以后，系统可根据需要生成相应的模板类。例如，在上述类模板 array〈AType〉中,通过对模板参数 AType 指定某种类型,便可生成模板类。当指定 AType 为 int 型时,生成模板类 array〈int〉;当指定 AType 为 double 型时,生成模板类 array〈double〉等。

使用模板类说明或定义对象的格式如下:

〈模板类名〉〈对象名〉

例如:

```
array 〈int〉 a1(10);
array 〈double〉 a2(5);
```

其中,a1 和 a2 是两个不同模板类的对象。

类模板和模板类的关系小结如下:

类模板是一个类型参数化的样板,它是一组模板类的集合。模板类是某个类模板的实例。使用某种类型来替换某个类模板的模板参数可生成该类模板的一个模板类。

使用模板类可以定义该类的对象,进而实现所需要的操作。

[例 6.21] 编写一个有界数组的类模板,并生成 int 型、double 型的模板类。

程序内容如下:

```
# include 〈iostream. h〉
# include "array. h"
void main()
{
    array 〈int〉 a1(10);
    array 〈double〉 a2(5);
    cout<<"Integer array:";
    for (int i(0); i<10; i++)
        a1[i]=i+1;
    for (i=0; i<10; i++)
        cout<<a1[i]<<"    ";
    cout<<endl;
    cout<<"Double array:";
    cout. Precision(4);
    for (i=0; i<5; i++)
        a2[i]=(double) (i+1) * 3.14;
    for (i=0; i<5; i++)
        cout<<a2[i]<<"    ";
    cout<<endl;
    a1[20]=15;
    a2[20]=25.5;
}
```

执行该程序后,输出结果如下:

Integer array: 1   2   3   4   5   6   7   8   9   10

double array：3.14　6.28　9.42　12.56　15.7
Index Value of 20 is out-of-bounds.

说明：该程序中，在 array.h 里包含了关于类模板 array〈AType〉的定义。在主函数中定义了两个模板类的对象：一个是模板类 array〈int〉的对象 a1，另一个是模板类 array〈double〉的对象 a2。a1 和 a2 分别是 int 型和 double 型。

程序中，执行到下列语句：

a1[20]=15；

时，按重载的运算符[ ]处理，则判断越界。于是，出现如下信息：

Index value of 20 is out-of-bounds.

并且退出该程序。实际上，程序中下列语句：

a2[20]=25.5；

没有被执行。

6.6.3　类模板应用举例

类模板在编写C++语言的实用程序中应用较多，它可以提高代码的重用率。下面再讲述一个实际应用的例子，进一步熟悉类模板的定义和模板类的使用。

[例 6.22]　编写一个栈的类模板，并对所生成的 int 型、double 型和 char 型模板类的对象进行操作。

程序内容如下：

```
# include〈iostream. h〉
# include〈stdlib. h〉
template〈class T〉
class stack
{
  public：
    stack (int size)；
    ~stack ()
    { delete [] stck；}
    void push (T i)；
    T pop ()；
  private：
    int tos, length；
    T * stck；
}；
template〈class T〉
stack〈T〉∷stack (int size)
{
```

```
    stck=new T [size];
    if (!stck)
    {
        cout<<"Cannot allocate stack. \n";
        exit (1);
    }
    length=size;
    tos=0;
}
template <class T>
void stack <T>::push (T i)
{
    if (tos==length)
        cout<<"Stack is full. \n";
    stck [tos]=i;
    tos++;
}
template <class T>
T stack <T>::pop ()
{
    if (tos==0)
        cout<<"Stack underflow. \n";
    tos--;
    return stck[tos];
}
void main ()
{
    stack <int>    a(10);
    stack <double>    b(10);
    stack <char>    c(10);
    a. push (15);
    b. push (18-1.5);
    a. push (18);
    a. push (8+6);
    b. push (2*1.5);
    cout<<a. pop ()<<',';
    cout<<a. pop ()<<',';
    cout<<a. pop ()<<',';
    cout<<b. pop ()<<',';
    cout<<b. pop ()<<endl;
    for(int i (0); i<10; i++)
        c. push ((char)'j'-i);
    for (i=0; i<10; i++)
        cout<<c. pop ();
```

```
        cout≪endl;
    }
```

执行该程序后,输出结果如下:

```
14, 18, 15; 3, 16.5
ABCDEFGHIJ
```

说明:该程序开头定义了一个类模板 stack⟨T⟩,该类模板是一个描述后进先出区的栈。类模板中定义的两个成员函数:push()函数用于压栈,而 pop()函数用于将数据从栈中弹出。

栈操作中需要测试栈满和栈空,在 push()函数中,if 语句给出测试栈满的操作,在 pop()函数中,if 语句给出测试栈空的操作。

该程序的主函数中,定义了 3 个模板类的对象,它们分别是:

```
stack ⟨int⟩ a(10);
stack ⟨double⟩ b(10);
stack ⟨char⟩ c(10);
```

其中,a,b,c 分别是不同模板类的对象。

6.7 应用实例——链表

关于类和对象的基本知识和基本操作在前一章和本章都基本上讲过了。为了更好地掌握学过的知识,应该多读一些程序和多编一些程序,这样可以掌握一些编程的方法和技巧,提高编程能力。

下面以单向链表为例。先建立一个链表项,作为一个类,其名为 Item。它主要包含两个成员:一个是数据项 data;另一个是指针 * next,这是最简单的链表项,指针 next 用来链接下一个链表项。它只有一个数据项,用来存放数据的,实际中的链表项可以有多个数据项。

再建立一个有关链表操作的类,其类名为 List。它包含如下各种操作:

(1) 显示输出一个已生成的链表;

(2) 对一个空表插入链表项,插入的新表项被放在表头,即前插入;

(3) 对一个空表追加链表项,追加的新表项被放在表尾部;

(4) 两个链表相连接,即将一个链表接在另一个链表的后面;

(5) 将一个链表的各链表项逆向输出;

(6) 求得一个链表的数据项数。

上述操作都是通过成员函数来实现的。

两个类的关系是将 List 类作为 Item 类的友元类,List 类的对象有权创建和操作 Item 类的对象。

链表程序内容如下:

```cpp
#include <iostream.h>
class List;
class Item
{
  public:
    friend class List;
  private:
    Item(int d=0) {data=d;next=0;}
    Item * next;
    int data;
};
class List
{
  public:
    List() { list=0;}
    List(int d) {list=new Item(d);}
    int print();
    int insert(int d=0);
    int append(int d=0);
    void cat(List &il);
    void reverse();
    int length();
  private:
    Item * end();
    Item * list;
};
int List::print()
{
  if(list==0)
  {
    cout<<"empty\n";
    return 0;
  }
  cout<<"(";
  int cnt=0;
  Item * pt=list;
  while(pt)
  {
    if(++cnt%40==1&&cnt!=1)
      cout<<endl;
    cout<<pt->data<<" ";
    pt=pt->next;
  }
  cout<<")\n";
```

```cpp
        return cnt;
    }
    int List::insert(int d)
    {
        Item * pt=new Item(d);
        pt->next=list;
        list=pt;
        return d;
    }
    int List::append(int d)
    {
        Item * pt=new Item(d);
        if(list==0)
            list=pt;
        else
            (end())->next=pt;
        return d;
    }
    Item * List::end()
    {
        Item * prv, * pt;
        for(prv=pt=list;pt;prv=pt,pt=pt->next)
            ;
        return prv;
    }
    void List::cat(List& il)
    {
        Item * pt=il.list;
        while(pt)
        {
            append(pt->data);
            pt=pt->next;
        }
    }
    void List::reverse()
    {
        Item * pt, * prv, * tmp;
        prv=0;
        pt=list;
        list=end();
        while(pt!=list)
        {
            tmp=pt->next;
            pt->next=prv;
```

```
      prv＝pt；
      pt＝tmp；
    }
    list－＞next＝prv；
}
int List∷length()
{
    int cnt＝0；
    Item ＊pt＝list；
    for(;pt;pt＝pt－＞next,cnt＋＋)
        ;
    return cnt；
}
void main()
{
    List list1；
    list1.print()；
    for(int i＝10;i＜18;i＋＋)
        list1.insert(i)；
    cout＜＜"list1："；
    list1.print()；
    List list2；
    for(i＝15;i＜20;i＋＋)
        list2.append(i)；
    cout＜＜"list2："；
    list2.print()；
    cout＜＜"list1 length："＜＜list1.length()＜＜endl；
    list2.cat(list1)；
    cout＜＜"list2："；
    list2.print()；
    list2.reverse()；
    cout＜＜"list2："；
    list2.print()；
    cout＜＜"list2 length："＜＜list2.length()＜＜endl；
}
```

执行该程序输出如下结果：

```
empty
list1：(17  16  15  14  13  12  11  10)
list2：(15  16  17  18  19)
list1 length：8
list2：(15  16  17  18  19  17  16  15  14  13  12  11  10)
list2：(10  11  12  13  14  15  16  17  19  18  17  16  15)
list2 length：13
```

说明：该程序实现了前面所提出的各项功能。但是，还不够，还有许多功能未能实现，例如，删除功能、修改功能、查询功能等。读者如有兴趣可以进一步完善它。

该程序应用了类和对象的许多基本知识，归纳起来有如下几点：

- 类的定义；
- 对象的定义；
- 构造函数及其重载；
- 子对象指针；
- 友元类；
- 使用 new 动态创建对象。

练习题

1. 指向对象的指针与指向类的成员的指针有何区别？
2. 指向成员函数的指针和指向一般函数的指针有何区别？
3. 对象指针作为函数参数与对象作为函数参数有何区别？
4. 对象引用作为函数参数与对象指针作为函数参数有何区别？
5. 什么是 this 指针？它有何作用？
6. 什么是对象数组？它如何定义？它如何赋值？
7. 指向对象数组的指针如何定义？如何赋值？
8. 什么是指针数组？什么是对象指针数组？它们是如何定义的？它们又将如何被赋值？
9. 带参数的 main() 的形式如何？ main() 有哪些参数？各表示什么意思？
10. 如何定义一个常量？
11. 使用 const 修饰符定义常指针时，const 位置有何影响？举例说明，如何定义一个常量指针？
12. 如何定义常引用？
13. 什么是类型适应？举例说明在什么情况下会出现类型适应。
14. 常成员函数有何特点？在什么情况下需要定义常成员函数？
15. 常数据成员的初始化如何实现？
16. 如何对子对象进行初始化？
17. 运算符 new 和 delete 的功能是什么？它们可以用来创建动态对象和删除动态对象吗？
18. 使用 new 和 delete 创建和删除动态数组的格式如何？
19. 在例 6.17 中，程序执行下列语句：

p[0]＝B("ma", 4.8);

时，屏幕上会显示哪些信息？为什么？

20. C++语言中类型的自动隐式转换有哪些规则？

21. 构造函数都具有类型转换函数的功能吗？

22. 什么是类型转换函数？定义时应注意哪些问题？

23. 类模板的定义格式是什么？

24. 类模板与模板类有何关系？

作业题

1. 选择填空。

(1) 已知一个类 A,(   )是指向类 A 成员函数的指针。假设类有三个公有成员：void f1(int)，void f2(int)和 int a。

    A. A ∗ p
                B. int A∷ ∗ pc=& A∷a

    C. void (A∷ ∗ pa)(int)
        D. A ∗ pp

(2) 运算符—>∗ 的功能是(   )。

    A. 使用对象指针通过指向成员的指针表示成员的运算符

    B. 使用对象通过指向成员的指针表示成员的运算符

    C. 用来表示指向对象指针的成员的运算符

    D. 用来表示对象的成员的运算符

(3) 已知 f1(int)是类 A 的公有成员函数,p 是指向成员函数 f1()的指针,采用(   )是正确的。

    A. p=f1
    B. p=A∷f1
    C. p=A∷f1()
    D. p=f1()

(4) 已知：p 是一个指向类 A 数据成员 m 的指针,A1 是类 A 的一个对象。如果要给 m 赋值为 5,(   )是正确的。

    A. A1.p=5
    B. A1—>p=5
    C. A1. ∗ p=5
    D. ∗ A1.p=5

(5) 已知：类 A 中一个成员函数说明如下：

    void Set(A&a);

其中,A&a 的含义是(   )

    A. 指向类 A 的指针为 a

    B. 将 a 的地址值赋给变量 Set

    C. a 是类 A 的对象引用,用来作为函数 Set()的形参

    D. 变量 A 与 a 按位相与作为函数 Set()的参数

(6) 下列关于对象数组的描述中,(   )是错误的。

    A. 对象数组的下标是从 0 开始的

    B. 对象数组的数组名是一个常量指针

    C. 对象数组的每个元素是同一个类的对象

    D. 对象数组只能赋初值,而不能被赋值

(7) 下列定义中,(   )是定义指向数组的指针 p。

    A. int ＊p[5]   B. int (＊p)[5]

    C. (int ＊) p[5]   D. int ＊p []

(8) 下列说明中

    const char ＊ ptr;

ptr 应该是(   )。

    A. 指向字符常量的指针   B. 指向字符的常量指针

    C. 指向字符串常量的指针   D. 指向字符串的常量指针

(9) 已知:print()函数是一个类的常成员函数,它无返回值,下列表示中,(   )是正确的。

    A. void print() const   B. const void print()

    C. void const print()   D. void print (const)

(10) 关于 new 运算符的下列描述中,(   )是错误的。

    A. 它可以用来动态创建对象和对象数组

    B. 使用它创建的对象或对象数组可以使用运算符 delete 删除

    C. 使用它创建对象时要调用构造函数

    D. 使用它创建对象数组时必须指定初始值

(11) 关于 delete 运算符的下列描述中,(   )是错误的。

    A. 它必须用于 new 返回的指针

    B. 它也适用于空指针

    C. 对一个指针可以使用多次该运算符

    D. 指针名前只用一对方括号符,不考虑所删除数组的维数

(12) 具有类型转换功能的构造函数,应该是(   )。

    A. 不带参数的构造函数

    B. 带有一个参数的构造函数

    C. 带有两个以上参数的构造函数

    D. 默认构造函数

(13) 下列关于类模板的描述中,错误的是(   )。

    A. 类模板的成员函数可以是函数模板

    B. 类模板生成模板类时,必须指定参数化的类型所代表的具体类型

    C. 定义类模板时只允许有一个模板参数

    D. 类模板所描述的是一组类

2. 判断下列描述是否正确,对者划√,错者划×。

(1) 指向对象的指针和指向类的成员的指针在表示形式上是不相同的。

(2) 已知:m 是类 A 的对象,n 是类 A 的公有数据成员,p 是指向类 A 中 n 成员的指针。下述两种表示是等价的:

m. n

和

m. * p

（3）指向对象的指针与对象都可以作为函数参数,但是使用前者比后者好些。

（4）对象引用作为函数参数比用对象指针更方便些。

（5）对象数组的元素可以是不同类的对象。

（6）对象数组既可以赋初值又可以赋值。

（7）指向对象数组的指针不一定必须指向数组的首元素。

（8）一维对象指针数组的每个元素应该是某个类的对象的地址值。

（9）const char * p 说明了 p 是指向字符串的常量指针。

（10）一个能够更新的变量使用在一个不能被更新的环境中是不破坏类型保护的,反之亦然。

（11）一个类的构造函数中可以不包含对其子对象的初始化。

（12）类型转换函数不是成员函数,它是用来进行强制类型转换的。

（13）使用模板可以减少重复劳动,提高代码重用率。

（14）C++ 语言中模板分为函数模板和类模板两种。

（15）类模板可以生成若干个模板类,每个模板类又可定义若干个对象。

3. 分析下列程序的输出结果。

（1）

```
# include <iostream. h>
class A
{
  public:
    A();
    A(int i,int j);
    ~A();
    void Set(int i,int j) {a=i;b=j;}
  private:
    int a,b;
};
A::A()
{
  a=0;
  b=0;
  cout<<"Default constructor called. \n";
}
A::A(int i,int j)
{
  a=i;
```

```
    b=j;
    cout<<"Constructor: a="<<a<<",b="<<b<<endl;
}
A::~A()
{
    cout<<"Destructor called. a="<<a<<",b="<<b<<endl;
}
void main()
{
    cout<<"Starting1...\n";
    A a[3];
    for(int i=0;i<3;i++)
        a[i].Set(2*i+1,(i+1)*2);
    cout<<"Ending1...\n";
    cout<<"starting2...\n";
    A b[3]={A(1,2),A(3,4),A(5,6)};
    cout<<"Ending2...\n";
}
```

(2)

```
#include <iostream.h>
class B
{
    int x,y;
    public:
        B();
        B(int i);
        B(int i,int j);
        ~B();
        void print();
};
B::B()
{
    x=y=0;
    cout<<"Default constructor called.\n";
}
B::B(int i)
{
    x=i;
    y=0;
    cout<<"Constructor1 called.\n";
}
B::B(int i,int j)
{
    x=i;
    y=j;
```

```
        cout<<"Constructor2 called. \n";
    }
    B∷~B()
    {
        cout<<"Destructor called. \n";
    }
    void B∷print()
    {
        cout<<"x= "<<x<<",y= "<<y<<endl;
    }
    void main()
    {
        B * ptr;
        ptr=new B[3];
        ptr[0]=B();
        ptr[1]=B(5);
        ptr[2]=B(2,3);
        for(int i=0;i<3;i++)
            ptr[i]. print();
        delete[] ptr;
    }
```

(3)

```
#include <iostream. h>
class A
{
    public:
        A(int i=0) {m=i;cout<<"constructor called. "<<m<<"\n";}
        void Set(int i) {m=i;}
        void Print() const {cout<<m<<endl;}
        ~A() {cout<<"destructor called. "<<m<<"\n";}
    private:
        int m;
};
void main()
{
    const int N=5;
    A my;
    my=N;
    my. Print();
}
```

(4)

```
#include <iostream. h>
class A
```

```
{
   public:
     A(int i=0) {m=i;cout<<"constructor called."<<m<<"\n";}
     void Set(int i) {m=i;}
     void Print() const {cout<<m<<endl;}
     ~A() {cout<<"destructor called."<<m<<"\n";}
   private:
     int m;
};
void fun(const A& c)
{
   c.Print();
}
void main()
{
   fun(5);
}
```

（5）

```
#include <iostream.h>
class complex
{
   public:
     complex();
     complex(double real);
     complex(double real,double imag);
     void print();
     void set(double r,double i);
   private:
     double real,imag;
};
complex::complex()
{
   set(0.0,0.0);
   cout<<"Default constructor called.\n";
}
complex::complex(double real)
{
   set(real,0.0);
   cout<<"Constructor: real="<<real<<",imag="<<imag<<endl;
}
complex::complex(double real,double imag)
{
   set(real,imag);
   cout<<"Constructor: real="<<real<<",imag="<<imag<<endl;
}
```

```
void complex∷print()
{
    if(imag<0)
        cout≪real≪imag≪"i"≪endl;
    else
        cout≪real≪"+"≪imag≪"i"≪endl;
}
void complex∷set(double r,double i)
{
    real=r;
    imag=i;
}
void main()
{
    complex c1;
    complex c2(6.8);
    complex c3(5.6,7.9);
    c1.print();
    c2.print();
    c3.print();
    c1=complex(1.2,3.4);
    c2=5;
    c3=complex();
    c1.print();
    c2.print();
    c3.print();
}
```

(6)

```
#include <iostream.h>
template <class M, int N>
class Array
{
    public:
        M & operator [](int i);
        M getnum(int i)
        { return buf[i]; }
    private:
        M buf[N];
};
template <class M, int N>
M & Array <M, N>∷operator [](int i)
{
    return buf[i];
}
void main()
```

```
{
    Array〈double, 10〉a;
    for (int i(0); i<10; i++)
        a[i]=18.2+i;
    for(i=0; i<10; i++)
        cout<<a. getnum(i)<<"     ";
    cout<<endl;
}
```

3. 分析下列程序,并回答提出的问题。

```
#include〈iostream. h〉
#include〈string. h〉
class String
{
    public:
        String() {Length=0;Buffer=0;}
        String(const char * str);
        void Setc(int index,char newchar);
        char Getc(int index) const;
        int GetLength() const {return Length;}
        void Print() const
        {
            if(Buffer==0)
                cout<<"empty. \n";
            else
                cout<<Buffer<<endl;
        }
        void Append(const char * Tail);
        ~String() {delete[] Buffer;}
    private:
        int Length;
        char * Buffer;
};
String::String(const char * str)
{
    Length=strlen(str);
    Buffer=new char[Length+1];
    strcpy(Buffer,str);
}
void String::Setc(int index,char newchar)
{
    if(index>0&&index<=Length)
        Buffer[index-1]=newchar;
}
```

```
char String∷Getc(int index) const
{
  if(index>0&&index<=Length)
    return Buffer[index-1];
  else
    return 0;
}
void String∷Append(const char * Tail)
{
  char * tmp;
  Length+=strlen(Tail);
  tmp=new char[Length+1];
  strcpy(tmp,Buffer);
  strcat(tmp,Tail);
  delete[] Buffer;
  Buffer=tmp;
}
void main()
{
  String s0,s1("a string.");
  s0.Print();
  s1.Print();
  cout<<s1.GetLength()<<endl;
  s1.Setc(5,'p');
  s1.Print();
  cout<<s1.Getc(6)<<endl;
  String s2("this ");
  s2.Append("a string.");
  s2.Print();
}
```

回答下列问题：

(1) 该程序中调用了哪些在 string.h 中所包含的函数？

(2) 该程序的 String 类中是否使用了函数重载的方法？哪些函数是重载的？

(3) 简述 Setc()函数的功能。

(4) 简述 Getc()函数的功能。

(5) 简述 Append()函数的功能。

(6) 在该程序的成员函数 Print()中不用 if 语句,只写成如下一条语句,行否？

　　　cout<<Buffer<<endl；

(7) 该程序中有几处使用了 new 运算符？

(8) 写出该程序执行后的输出结果。

第 **7** 章 继承性和派生类

前面两章主要讲述了面向对象程序设计的第一个重要机制——数据封装,围绕着这个问题讨论了类的定义和对象的操作等问题,这些基本概念和基础知识学好后将为后面的学习打下基础。这一章将接着讨论面向对象程序设计中的第二个重要机制——继承性。

继承用来描述两个类之间的关系,继承也是用已知类来定义一个新类的方法。前面讲述过两个类之间可有包含关系和嵌套关系。所谓包含关系是指在一个类中可有另一个类的对象,即子对象。这种包含关系又称组合或聚合关系,这是常被使用的。所谓嵌套关系是指在一个类中可以定义另外一个类,这种关系在实际编程中很少使用。而继承是在两个层次上建立的一种类属关系。客观世界本来就是分层次的,许多情况下表现为层次分类的过程。继承可以在一个较为一般类的基础上很快地创建一个新的特殊的类。

当一个类继承另一个类时,这个类中除了包含另一个类的所有成员之外,还可以定义另一个类中所没有的、属于自己的成员。通过类的继承关系,使得一些类的代码可以为另一些类所重用,从而避免了相同代码的重复书写和调试。因此,继承不仅可以提高代码的重用率,而且还可以提高软件的可维护性和可靠性。

本章主要讲述下列问题:

- 基类和派生类;
- 单继承;
- 多继承;
- 虚基类。

7.1 基类和派生类

本节讨论基类和派生类的基本概念。

通过继承机制,可以利用已有的类来定义新的类。所定义的新类不仅拥有新定义的成员,而且还同时拥有已有类的成员。称已有的用来派生新类的类为基类,又称为父类。由已有的类派生出的新类称为派生类,又称为子类。

在 C++ 语言中,一个派生类可以从一个基类派生,也可以从多个基类派生。从一个基类派生的继承称为单继承,从多个基类派生的继承称为多继承。单继承形成了类的层次,像一棵倒挂的树,如图7-1(a)所示。多继承形成一个有向无环图,如图7-1(b)所示。

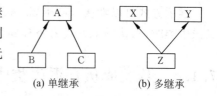

(a) 单继承   (b) 多继承

图 7-1　继承

7.1.1　派生类的定义

单继承派生类的定义格式如下:

class〈派生类名〉:〈继承方式〉〈基类名〉
{
　〈派生类新定义成员〉
};

其中,〈派生类名〉是新定义的一个类的名字,同标识符。派生类是从基类中派生的,并且按指定的〈继承方式〉派生。〈继承方式〉常使用如下三种关键字来表示:

- public　表示公有基类;
- private　表示私有基类;
- protected　表示保护基类。

关于这三种继承方式将在下一节中解释。

多继承派生类的定义格式如下:

class〈派生类名〉:〈继承方式1〉〈基类名1〉,〈继承方式2〉〈基类名2〉…
{
　〈派生类新定义成员〉
};

可见,多继承与单继承的区别从定义格式上看,主要是多继承的基类多于一个。

7.1.2　派生类的三种继承方式

公有继承(public)、私有继承(private)和保护继承(protected)是常用的三种继承方式。

1. 公有继承

公有继承的特点是:基类的公有成员和保护成员作为派生类的成员时,它们都保持原有的访问权限,而基类的私有成员在派生类中是不可见的。

2. 私有继承

私有继承的特点是:基类的公有成员和保护成员都作为派生类的私有成员,并且不能被这个派生类的子类所访问。

3. 保护继承

保护继承的特点是:基类的所有公有成员和保护成员都成为派生类的保护成员,并且只能被它的派生类成员函数或友元访问,而不能为派生类的对象访问。

继承方式可以默认。使用 class 定义派生类时,默认继承方式为私有,使用 struct 定义派生类时,默认继承方式为公有。

7.1.3 基类成员在派生类中的访问权限

基类成员在派生类中的访问权限与继承方式有关。具体地讲:公有继承方式下,基类的公有和保护成员在派生类中仍然是公有和保护的,基类的私有成员在派生类中不可访问。私有继承方式下,基类中的公有和保护成员在派生类中都是私有成员,基类的私有成员在派生类中仍不可访问。保护继承方式下,基类的公有和保护成员在派生类中都是保护成员,基类的私有成员在派生类中不可访问,如表 7-1 所示。

表 7-1　不同继承方式的基类成员在派生类中的访问极限

继 承 方 式	基 类 特 性	派生类特性
公有继承	public protected private	public protected 不可访问
私有继承	public protected private	private private 不可访问
保护继承	public protected private	protected protected 不可访问

为了记忆方便,可以简单地记作:基类中私有成员不可访问,公有继承不变,私有继承私有,保护继承保护。

派生类的对象只可访问公有继承方式下基类中的公有成员。派生类的派生类可访问公有继承方式和保护继承方式下基类中的公有成员和保护成员。

7.1.4 成员访问权限的控制

前面讲述了在派生类和派生类的对象中访问权限的若干规定。这里通过几个例子进一步讨论访问权限的具体控制。

[例 7.1] 分析下列程序中的访问权限,并回答所提的问题。

```
# include <iostream. h>
class A
{
    public:
        void f1();
    protected:
        int j1;
    private:
```

```
            int i1;
    };
class B:public A
{
    public:
        void f2();
    protected:
        int j2;
    private:
        int i2;
};
class C:public B
{
    public:
        void f3();
};
```

请回答下列问题：

(1) 派生类 B 中的成员函数 f2()能否访问基类 A 中的成员:f1(),i1 和 j1？

(2) 派生类 B 的对象 b1 能否访问基类 A 中的成员:f1(),i1 和 j1？

(3) 派生类 C 中成员函数 f3()能否访问直接基类 B 中的成员:f2()和 j2？ 能否访问间接基类 A 中的成员 f1(),j1 和 i1？

(4) 派生类 C 的对象 c1 能否访问直接基类 B 中的成员:f2(),i2 和 j2？ 能否访问间接基类 A 中的成员:f1(),j1 和 i1？

(5) 从对问题(1)～(4)的回答可得出对公有继承的什么结论？

解答:

(1) 可以访问 f1()和 j1,而不可以访问 i1。

(2) 可以访问 f1(),而不可以访问 i1 和 j1。

(3) 可以访问直接基类中的 f2()和 j2 以及间接基类中的 f1()和 j1,而不可以访问 i2 和 i1。

(4) 可以访问直接基类中的 f2()和间接基类中的 f1(),对其他成员都不可访问。

(5) 在公有继承时,派生类的成员函数可访问基类中的公有成员和保护成员;派生类的对象仅可访问基类中的公有成员。

请读者思考：将该程序中的两处继承方式的 public 改为 private,又将如何回答上述各个问题呢？

[**例 7.2**] 分析下列程序,并回答所提的问题。

```
#include <iostream.h>
class A
{
    public:
        void f(int i)
        {cout<<i<<endl;}
```

```
        void g()
        {cout<<"g\n";}
};
class B：A
{
    public：
        void h()
        {cout<<"h\n";}
        A::f;
};
void main()
{
    B d1;
    d1.f(6);
    d1.g();
    d1.h();
}
```

请回答下列问题：

(1) 执行该程序时,哪个语句会出现编译错？为什么？

(2) 去掉出错语句后,执行该程序后输出结果如何？

(3) 程序中派生类 B 是从基类 A 继承来的,这种默认的继承方式是哪种继承方式？

(4) 派生类 B 中,A::f 的含意是什么？

(5) 将派生类 B 的继承改为公有继承方式,该程序将输出什么结果？

解答：

(1) 程序中,d1.g();语句出现编译错,因为 B 是以私有继承方式继承类 A 的,所以 B 类的对象不可访问 A 类的成员函数。

(2) 将程序中,d1.g();语句注释后,执行该程序输出如下结果：

6
h

(3) 使用 class 关键字定义类时,默认的继承方式是 private。

(4) A::f;将基类中的公有成员说明为派生类的公有成员。

(5) 将 class B：A 改为 class B：public A 以后,执行该程序输出如下结果：

6
g
h

[**例 7.3**]　分析下列程序,并回答问题。

```
#include <iostream. h>
#include <string. h>
class A
```

```
    {
      public：
        A(const char ＊ nm)
        ｛ strcpy(name,nm)；}
      private：
        char name[80]；
    }；
    class B：public A
    {
      public：
        B(const char ＊ nm)：A(nm)
        ｛ ｝
        void PrintName() const；
    }；
    void B：：PrintName() const
    {
        cout≪"name："≪name≪endl；
    }
    void main()
    {
        B b1("wang li")；
        b1.PrintName()；
    }
```

请回答下列问题：

(1) 执行该程序将会出现什么编译错？

(2) 对出现的编译错如何在访问权限上进行修改？

(3) 修改后使该程序通过编译，执行该程序后输出结果是什么？

解答：

(1) 编译时出错行如下：

```
cout≪"name："≪name≪endl；
```

错误信息提示 name 是私有成员不能访问。

(2) 在类 A 中，将 private 改写为 protected，这样就可以通过编译。

(3) 执行修改后的该程序输出如下结果：

```
wang li
```

7.2　单　继　承

前一节讲述了单继承的基本概念。这节讲述单继承的使用。

在单继承中，每个类可以生成多个派生类，但是每个派生类只能有一个基类。派生类中只有一个基类是单继承的主要特点。

7.2.1　派生类构造函数和析构函数

派生类的构造函数和析构函数的构造是讨论的主要问题,读者要掌握它。

1. 派生类的构造函数

前面讲过,派生类的数据成员包含了基类中说明的数据成员和派生类中说明的数据成员。派生类中由基类中说明的数据成员应由基类中的构造函数进行初始化。

构造函数不能够被继承,因此,派生类的构造函数必须通过调用基类的构造函数来初始化基类的数据成员。所以,在定义派生类的构造函数时除了对自己的数据成员进行初始化外,还必须负责调用基类构造函数对基类的数据成员进行初始化。如果派生类中还有子对象时,还应包含对子对象初始化的构造函数。

派生类构造函数的一般格式如下:

〈派生类名〉(〈派生类构造函数总参数表〉):〈基类构造函数〉(〈参数表 1〉),〈子对象名〉(〈参数表 2〉)
{
　〈派生类中数据成员初始化〉
};

派生类构造函数的调用顺序如下:

- 基类的构造函数;
- 子对象类的构造函数(如果有的话);
- 派生类构造函数。

下面举一个构造派生类构造函数的例子。

[**例 7.4**]　分析下列程序的输出结果。

```cpp
#include <iostream.h>
class A
{
    public:
    A()
    { a=0; cout<<"A's default constructor called.\n";}
    A(int i)
    {a=i; cout<<"A's constructor called.\n";}
    ~A()
    { cout<<"A's destructor called.\n";}
    void Print() const
    { cout<<a<<",";}
    int Geta()
    { return a;}
    private:
    int a;
};
```

```
class B:public A
{
    public:
        B()
        { b=0;cout<<"B's default constructor called. \n";}
        B(int i,int j,int k);
        ~B()
        { cout<<"B's destructor called. \n";}
        void Print();
    private:
        int b;
        A aa;
};
B::B(int i,int j,int k):A(i),aa(j)
{
        b=k;
        cout<<"B's constructor called. \n";
}
void B::Print()
{
        A::Print();
        cout<<b<<","<<aa.Geta()<<endl;
}
void main()
{
        B bb[2];
        bb[0]=B(1,2,5);
        bb[1]=B(3,4,7);
        for(int i=0;i<2;i++)
            bb[i].Print();
}
```

执行该程序输出结果如下：

A's default constructor called.
A's default constructor called.
B's default constructor called.
A's default constructor called.
A's default constructor called.
B's default constructor called.
A's constructor called.
A's constructor called.
B's constructor called.
B's destructor called.
A's destructor called.

A's destructor called.

A's constructor called.

A's constructor called.

B's constructor called.

B's destructor called.

A's destructor called.

A's destructor called.

1, 5, 2

3, 7, 4

B's destructor called.

A's destructor called.

A's destructor called.

B's destructor called.

A's destructor called.

A's destructor called.

说明：

(1) 该程序中，先定义了类 A，接着定义类 B，它是类 A 的派生类。继承方式为公有继承。

(2) 派生类 B 的构造函数格式如下：

```
B(int i, int j, int k):A(i), aa(j)
{
    b=k;
    count<<"B's constructor called. \n";
}
```

其中，B 是派生类构造函数名，它的总参数表中有 3 个参数：参数 i 用来初始化基类的数据成员，参数 j 用来初始化类 B 中的子对象 aa，参数 k 用来初始化类 B 中数据成员 b。冒号后面的是成员初始化列表，如果该表中有多项，它们之间用逗号分隔。

该成员初始化列表的顺序如下：先是基类构造函数，再是派生类中子对象类的构造函数，最后是派生类的构造函数。该程序的派生类 B 的构造函数也可以写成如下形式：

```
B(int i, int j, int k):A(i), aa(j), b(k)
{
    cout<<"B's constructor called. \n";
}
```

(3) 对该程序执行后的输出结果作如下分析：

先创建具有两个对象元素的对象数组。调用两次类 B 的默认构造函数，每调用一次类 B 的默认构造函数时，先调用两次类 A 的默认构造函数和一次类 B 的默认构造函数，于是出现了输出结果的前 6 行。

接着，程序中出现两个赋值语句，即给两个已定义的对象（对象数组元素）赋值。系统要建立一个临时对象，通过调用 B 类的三个参数的构造函数对它初始化，并将其值赋给左值对象,再调用 B 类的析构函数将临时对象删除。在 B 类的析构函数中,隐含了基类 A 的析构函数和释放子对象 aa 的析构函数,其调用顺序与相应的构造函数相反。因此输出结果中出现两个调用派生类 B 的构造函数和析构函数的 12 行信息。

输出两个类 B 对象的数据成员值,占有两行输出信息。

最后,程序结束前由系统自动调用派生类 B 的析构函数,显示输出了删除两个对象的 6 行信息。

2. 派生类的析构函数

当对象被删除时,派生类的析构函数就被执行。由于析构函数也不能被继承,因此在执行派生类的析构函数时,基类的析构函数也将被调用。执行顺序是先执行派生类的析构函数,再执行基类的析构函数,其顺序与执行构造函数时的顺序正好相反。这一点从前面讲过的例 7.4 可以看出,请读者自行分析。

下面通过一个简单例子进一步说明析构函数的执行顺序。

[例 7.5] 分析下列程序的输出结果。

```
# include <iostream. h>
class M
{
  public:
    M()
    {m1=m2=0;}
    M(int i,int j)
    { m1=i;m2=j;}
    void print()
    { cout<<m1<<","<<m2<<",";}
    ~M()
    {cout<<"M's destructor called. \n";}
  private:
    int m1,m2;
};
class N:public M
{
  public:
    N()
    {n=0;}
    N(int i,int j,int k);
    void print()
    {M::print(); cout<<n<<endl;}
    ~N()
    { cout<<"N's destructor called. \n";}
  private:
    int n;
};
N::N(int i,int j,int k):M(i,j),n(k)
```

```
{ }
void main()
{
    N n1(5,6,7),n2(-2,-3,-4);
    n1. print();
    n2. print();
}
```

执行该程序输出如下结果：

```
5,6,7
-2,-3,-4
N's destructor called.
M's destructor called.
N's destructor called.
M's destructor called.
```

该程序的上述结果请读者自己分析。

3. 派生类构造函数使用中应注意的问题

在实际应用中,派生类构造函数中应该隐含或显式包含基类中的构造函数。

派生类的构造函数中需要包含基类的默认构造函数时,派生类构造函数隐含着基类的默认构造函数;派生类的构造函数中需要包含基类的带参数的构造函数时,派生类构造函数显式包含基类的带参数的构造函数。

下面举例说明这一点。

[例 7.6] 分析下列程序输出结果。

```
#include <iostream. h>
class A
{
  public:
    A()
    {a=0;}
    A(int i)
    { a=i;}
    void print()
    { cout<<a<<",";}
  private:
    int a;
};
class B:public A
{
  public:
    B()
    {b1=b2=0;}
    B(int i)
```

```
        {b1=i;b2=0;}
        B(int i,int j,int k):A(i),b1(j),b2(k)
        { }
        void print()
        { A::print();cout<<b1<<","<<b2<<endl;}
    private:
        int b1,b2;
};
void main()
{
        B d1;
        B d2(5);
        B d3(4,5,6);
        d1.print();
        d2.print();
        d3.print();
}
```

执行该程序输出如下结果：

```
0,0,0
0,5,0
4,5,6
```

说明：该程序中，派生类 B 内定义了三个构造函数，前两个构造函数没有显式地调用基类构造函数，其实它们却隐式地调用了基类 A 中的默认构造函数，由于不需要任何参数，所以可在派生类的构造函数的定义中省去对它的调用。第三个构造函数显式地调用了基类 A 中的第二个构造函数。

7.2.2　子类型和赋值兼容规则

1. 子类型

子类型用来描述类型之间的一般和特殊的关系。当有一个已知类型 S，它至少提供了另一个类型 T 的行为，它还可以包含自己的行为，这时则称类型 S 是类型 T 的子类型。子类型的概念涉及行为共享，即代码重用的问题，它与继承有着密切的关系。

在继承中，公有继承可以实现子类型。例如：

```
class A
{
    public:
        void Print() const
        {cout<<"A::print() called. \n";}
};
class B:public A
```

```
{
  public:
    void f()
    { }
};
```

类 B 继承了类 A,并且是公有继承方式。因此,可以说类 B 是类 A 的一个子类型。类 B 是类 A 的子类型,类 B 具备类 A 中的操作,或者说类 A 中的操作可以用于操作类 B 的对象。

分析下列程序:

```
void f1(const A& r)
{
  r.Print();
}
void main()
{
  B b;
  f1(b);
}
```

执行该程序将会输出如下结果:

A∷print() called.

从这个程序中可以看出,类 B 的对象 b 交给了处理类 A 对象的函数 f1()进行处理。这就是说,对类 A 的对象操作的函数,也可以对类 B 的对象进行操作。

子类型关系是不可逆的。这就是说,已知 B 是 A 的子类型,而认为 A 也是 B 的子类型是错误的。或者说,子类型关系是不对称的。

因此,公有继承可以实现子类型化。

2. 类型适应

类型适应是指两种类型之间的关系。例如,B 类型适应 A 类型是指 B 类型的对象能够用于 A 类型的对象所能使用的场合。前面讲过的派生类的对象可以用于基类对象所能使用的场合,因此派生类适应于基类。

同样道理,派生类对象的指针和引用也适应于基类对象的指针和引用。

子类型与类型适应是一致的。A 类型是 B 类型的子类型,那么 B 类型必将适应于 A 类型。

子类型的重要性就在于减轻程序人员编写程序代码的负担,同时也是提高代码重用率的措施。因为一个函数可以用于某类型的对象,则它也可用于该类型的各个子类型的对象,这样就不必为处理这些子类型的对象去重载该函数。

3. 赋值兼容规则

前面已讲过,类 B 公有继承类 A 时,则类 B 是类 A 的子类型,并且类 B 适应于类 A。这就是说,类 B 的对象可以用于类 A 对象所能使用的场合。

通常在公有继承方式下,派生类是基类的子类型。这时派生类对象与基类对象之间的一些关系的规则称为赋值兼容规则。

在公有继承方式下,赋值兼容规则规定:

(1) 派生类对象可以赋值给基类的对象。

(2) 派生类对象的地址值可以赋值给基类的对象指针。

(3) 派生类对象可以用来给基类对象引用初始化。

使用上述规则时,必须注意两点:

(1) 具有派生类公有继承基类的条件。

(2) 上述三条规定是不可逆的。

[例 7.7]　分析下列程序的输出结果。

```cpp
#include <iostream.h>
class A
{
  public:
    A()
    {a=0;}
    A(int i)
    { a=i;}
    void print()
    {cout<<a<<endl;}
    int geta()
    {return a;}
  private:
    int a;
};
class B:public A
{
  public:
    B()
    {b=0;}
    B(int i,int j):A(i),b(j)
    { }
    void print()
    { A::print(); cout<<b<<endl;}
  private:
    int b;
};
void fun(A& d)
{
    cout<<d.geta()*10<<endl;
}
```

```
void main()
{
    B bb(9,5);
    A aa(5);
    aa=bb;
    aa.print();
    A * pa=new A(8);
    B * pb=new B(1,2);
    pa=pb;
    pa->print();
    fun(bb);
}
```

执行该程序输出如下结果：

9

1

90

说明：该程序中,类 B 以公有继承方式继承了类 A,则类 B 是类 A 的子类型。类 B 是派生类,类 A 是基类。类 B 和类 A 之间满足赋值兼容规则。

该程序中有三处用到了赋值兼容规则中的规定。

① 在下列语句：

aa=bb;

中,右值是派生类 B 的对象,左值是基类 A 的子对象。根据赋值兼容规则的第①条,该语句是合法的。请读者上机验证,将上述语句改为 bb=aa;时,是否出现编译错。

② 在下列语句：

pa=pb;

中,右值是派生类 B 的对象指针,左值是基类 A 的对象指针。根据赋值兼容规则的第②条,该语句是合法的。请读者上机验证;将上述语句改为 pb=pa;时,是否出现编译错。

③ 在下列语句：

fun(bb);

中,函数 fun 的实参为类 B 对象 bb,形参为类 A 的对象引用。在调用函数 fun()时,需将其实参 bb 传递给形参 d。根据赋值兼容规则第③条,允许将派生类 B 的对象 bb 给基类 A 的对象引用 d 初始化。请读者上机验证,将上述函数 fun()的形参改为 B&d,将实参改为 aa 是否出现编译错。

该程序验证了赋值兼容规则中的三条规定。这三条规定还会在后面的程序中出现,请读者分析。

7.3 多 继 承

7.3.1 多继承的概念

前面讲述了单继承中派生类和基类之间的关系,这节讨论多继承问题。

多继承可以看做是单继承的扩展。所谓多继承是指派生类具有多个基类,派生类与每个基类之间的关系仍可看做是一个单继承。

多继承下派生类的定义格式如下:

class〈派生类名〉:〈继承方式 1〉〈基类名 1〉,〈继承方式 2〉〈基类名 2〉…

{

　　　　〈派生类类体〉

};

其中,〈继承方式 1〉、〈继承方式 2〉……是三种继承方式:public,private 和protected之一。

多继承中派生类与多个基类之间的关系如图 7-2 所示。

例如:

class A

{

　　　　⋮

};

class B

{

　　　　⋮

};

class C:public A, public B

{

　　　　⋮

};

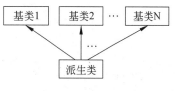

图 7-2　派生类与多个
　　　　基类之间的关系

其中,派生类 C 具有两个基类(类 A 和类 B),因此,类 C 是多继承的。按照继承的规定,派生类 C 的成员包含了基类 A 中成员和基类 B 中成员以及该类本身的成员。

7.3.2 多继承的构造函数和析构函数

在多继承的情况下,派生类的构造函数格式如下:

〈派生类名〉(〈总参数表〉):〈基类名 1〉(〈参数表 1〉),〈基类名 2〉
　　　　(〈参数表 2〉),…,〈子对象名〉(〈参数表 n+1〉),…

```
    {
        〈派生类构造函数体〉
    }
```

其中,〈总参数表〉中各个参数包含了其后的各个分参数表。

多继承下派生类的构造函数与单继承下派生类构造函数相似,它必须同时负责该派生类所有基类构造函数的调用。同时,派生类的构造函数参数个数必须包含完成所有基类初始化所需的参数个数。

派生类构造函数执行顺序是先执行所有基类的构造函数,再执行派生类本身构造函数。处于同一层次的各基类构造函数的执行顺序取决于定义派生类时所指定的各基类顺序,与派生类构造函数中所定义的成员初始化列表的各项顺序无关。

多继承的派生类的析构函数中也隐含着所有基类的析构函数。在执行多继承派生类的析构函数时,其顺序与其构造函数的执行顺序相反。

下面通过一个例子来说明派生类构造函数的构成及其执行顺序。

[例 7.8]　分析下列程序的输出结果。

```cpp
#include <iostream.h>
class B1
{
    public:
        B1(int i)
        {
            b1=i;
            cout<<"constructor B1."<<i<<endl;
        }
        void print()
        { cout<<b1<<endl; }
    private:
        int b1;
};
class B2
{
    public:
        B2(int i)
        {
            b2=i;
            cout<<"constructor B2."<<i<<endl;
        }
        void print()
        { cout<<b2<<endl;}
    private:
        int b2;
};
```

```
class B3
{
    public：
        B3(int i)
        {
            b3=i；
            cout<<"constructor B3."<<i<<endl；
        }
        int getb3()
        { return b3；}
    private：
        int b3；
};
class A：public B2，public B1
{
    public：
        A(int i,int j,int k,int l)：B1(i),B2(j),bb(k)
        {
            a=l；
            cout<<"constructor A."<<l<<endl；
        }
        void print()
        {
            B1∷print()；
            B2∷print()；
            cout<<a<<","<<bb.getb3()<<endl；
        }
    private：
        int a；
        B3 bb；
};
void main()
{
    A aa(1,2,3,4)；
    aa.print()；
}
```

执行该程序输出如下结果：

constructor B2.2
constructor B1.1
constructor B3.3
constructor A.4
1
2

4，3

说明：

（1）先分析派生类 A 的构造函数的组成,类 A 的构造函数定义如下：

A(int i, int j, int k, int l):B1(i), B2(j), bb(k)
{
    a=l;
    cout<<"constructor A."<<l<<endl;
}

该函数的总参数表中有 4 个参数,它们分别是基类 B1、基类 B2 和子对象 bb 以及派生类构造函数的参数。该构造函数也可以写成如下形式：

A(int i, int j, int k, int l):B1(i), B2(j), bb(k), a(l)
{
    cout<<"constructor A."<<l<<endl;
}

（2）分析派生类构造函数的执行顺序。在构造函数的成员初始化列表中,两个基类顺序是 B1 在前,B2 在后。而定义派生类 A 时的两个基类顺序是 B2 在前,B1 在后。输出结果中,可以看出：先执行 B2 的构造函数,后执行 B1 的构造函数。因此,执行基类构造函数的顺序取决于定义派生类时基类的顺序。可见,派生类构造函数的成员初始化列表中基类构造函数顺序可以任意地排列。

（3）作用域运算符::在该程序中用于解决作用域冲突的问题。在派生类 A 中的 print()函数的定义中,使用了 B1::print();和 B2::print();语句分别指明调用哪一个类中的 print()函数。应该学会这种用法。

请读者修改该程序进一步验证派生类 A 的析构函数的执行顺序。

7.3.3　多继承的二义性问题

一般说来,在派生类中对基类成员的访问应该是唯一的。但是,由于在多继承情况下,可能出现对基类中某个成员的访问不唯一的情况,这称为对基类成员访问的多继承的二义性问题。

在多继承情况下,通常有两种情况可能出现二义性。下面分别讨论在这两种情况下如何避免二义性。

1. 派生类的多个基类中调用其同名成员时可能出现二义性

在例 7.8 中已经出现过这一问题。回忆一下例 7.8,派生类 A 的两个基类 B1 和 B2 中都有一个成员函数 print()。如果在派生类 A 中访问 print()函数,那么到底是哪一个基类的呢? 于是出现了二义性。但是在例 7.8 中解决了这个问题,其办法是通过作用域运算符::进行了限定。如果不加以限定,则会出现二义性问题。

下面再举一个简单的例子,对二义性问题进行深入讨论。例如：

```
class A
{
  public：
    void f();
};
class B
{
  public：
    void f();
    void g();
};
class C：public A，public B
{
  public：
    void g();
    void h();
};
```

如果定义一个类 C 的对象 c1：

```
C c1;
```

则对函数 f()的访问

```
c1.f();
```

便具有二义性:是访问类 A 中的 f(),还是访问类 B 中的 f()呢?

可用前面已用过的成员名限定法来消除二义性。例如：

```
c1.A::f();
```

或者

```
c1.B::f();
```

但是,最好的解决办法是在类 C 中定义一个同名成员 f(),类 C 中的 f()再根据需要来决定调用 A::f(),还是 B::f(),还是两者皆有,这样,c1.f()将调用 C::f()。

同样地,类 C 中成员函数调用 f()也会出现二义性问题。例如：

```
void C::h()
{
  f();
}
```

这里也有二义性问题。该函数应修改为：

```
void C::h()
{
  A::f();
}
```

或者

```
void C∷h()
{
  B∷f();
}
```

或者

```
void C∷h()
{
  A∷f();
  B∷f();
}
```

另外,在前例的类 B 中有一个成员函数 g(),类 C 中也有一个成员函数 g()。这时,

```
c1.g();
```

不存在二义性。它是指 C∷g(),而不是指 B∷g()。因为这两个 g()函数,一个出现在基类 B,一个出现在派生类 C,规定派生类的成员将支配基类中的同名成员。因此,上例中类 C 中的 g()支配类 B 中的 g(),不存在二义性,可选择支配者的那个函数。

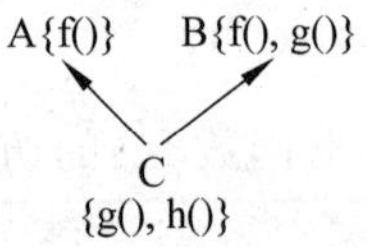

在多继承中,为了清楚地表示各类之间的关系,常采用一种称为 DAG 的图示表示法。上例中,类 A、类 B 和类 C 如图 7-3 所示。

图 7-3 中表明类 A 和类 B 是类 C 的两个基类。

A{f()}   B{f(),g()}

C
{g(),h()}

图 7-3　DAG 图

2. 派生类有共同基类时访问公共基类成员可能出现二义性

当一个派生类从多个基类派生,而这些基类又有一个公共的基类,在对该基类中说明的成员进行访问时,可能会出现二义性。例如:

```
class A
{
  public:
    int a;
};
class B1:public A
{
  private:
    int b1;
};
class B2:public A
{
  private:
    int b2;
};
```

```
class C:public B1, public B2
{
  public:
    int f();
  private:
    int c;
};
```

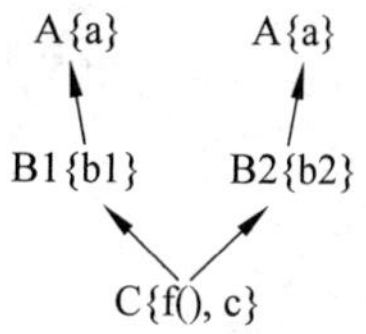

使用 DAG 图示表示如 7-4 所示。

已知：C c1；

下面的两个访问都有二义性：

c1. a；

c1. A∷a；

图 7-4 二义性

而下面的两个访问是正确的：

c1. B1∷a；

c1. B2∷a；

对类 C 的成员函数 f()作如下定义可以消除二义性：

```
int C∷f()
{
  return B1∷a＋B2∷a;
}
```

消除二义性的最好方法还是通过适当的类名限定，明确提出是哪个类的某个成员，这样就不会出现二义性了。

下面的程序是用来验证上述分析的。

[例 7.9] 分析下列程序的输出结果。

```
#include ⟨iostream. h⟩
class A
{
  public:
    A(int i)
    { a＝i; cout≪"con. A\n";}
    void print()
    { cout≪a≪endl;}
    ～A()
    {cout≪"des. A\n";}
  private:
    int a;
};
class B1:public A
{
```

```cpp
    public:
        B1(int i,int j):A(i)
        { b1=j; cout<<"con. B1\n";}
        void print()
        { A::print(); cout<<b1<<endl;}
        ~B1()
        { cout<<"des. B1\n";}
    private:
        int b1;
};
class B2:public A
{
    public:
        B2(int i,int j):A(i)
        { b2=j; cout<<"con. B2\n";}
        void print()
        { A::print(); cout<<b2<<endl;}
        ~B2()
        { cout<<"des. B2\n";}
    private:
        int b2;
};
class C:public B1,public B2
{
    public:
        C(int i,int j,int k,int l,int m):B1(i,j),B2(k,l),c(m)
        { cout<<"con. C\n"; }
        void print()
        {
            B1::print();
            B2::print();
            cout<<c<<endl;
        }
        ~C()
        { cout<<"des. C\n";}
    private:
        int c;
};
void main()
{
    C c1(1,2,3,4,5);
    c1.print();
}
```

执行该程序输出如下结果：

con. A

con. B1

con. A

con. B2

con. C

1

2

3

4

5

des. C

des. B2

des. A

des. B1

des. A

说明：该程序消除了二义性。

在程序中创建类 C 的对象时，类 A 的构造函数被调用两次，一次是类 B1 调用的，另一次是类 B2 调用的，以此来初始化类 C 对象中包含的两个类 A 的成员。

由于二义性的原因，一个类不可以从同一个类中直接继承一次以上。例如：

```
class A: public B, public B
{
    ⋮
};
```

这是错误的。

7.4 虚 基 类

在前边讲过的例 7.9 中，由类 A、类 B1 和类 B2 以及类 C 组成了类继承的层次结构。在该结构中，类 A 是类 C 的公共基类，在派生类中访问公共基类的成员时可能出现二义性，为此需用适当的类名限定加以避免。另外，在对派生类 C 的对象初始化时，要调用两次公共基类的构造函数，对类 A 中的数据成员进行两次初始化。为了彻底避免在这种结构中的二义性，在创建派生类对象时对公共基类的数据成员只进行一次初始化，必须将这个公共基类设定为虚基类。这便是引进虚基类的原因。

7.4.1 虚基类的引入和说明

前面简单介绍了要引进虚基类的原因。实际上，引进虚基类的真正目的之一是为了解决二义性问题。

虚基类说明格式如下：

virtual〈继承方式〉〈基类名〉

其中，virtual 是虚基类的关键字。虚基类的说明是在定义派生类时，写在派生类名的后面。例如：

```
class A
{
  public：
    void f()；
  protected：
    int a；
};
class B：virtual public A
{
  protected：
    int b；
};
class C：virtual public A
{
  protected：
    int c；
};
class D：public B， public C
{
  public：
    int g()；
  private：
    int d；
};
```

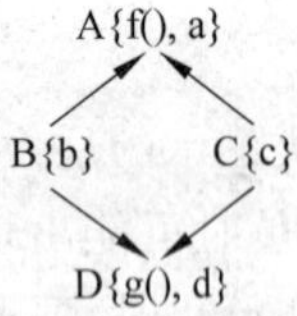

A{f(), a}

B{b}   C{c}

D{g(), d}

图 7-5　类之间的关系(1)

由于使用了虚基类，因此类 A、类 B、类 C 和类 D 之间的关系可用 DAG 图示法表示，如图 7-5 所示。

从该图中可见由于使用了虚基类，因此将两个公共基类合并成为一个类。这便是虚基类的作用，这样也就消除了合并之前可能出现的二义性。这时，类 D 对象初始化时只需调用一次类 A 的构造函数。因此，下面的引用都是正确的：

```
D n；
n. f()；        //对 f()引用是正确的。
void D：：g()
{
  f()；          //对 f()引用是正确的。
}
```

下面的程序段是正确的：

D n；
A ＊pa；
pa＝&n；

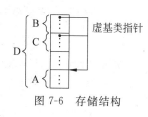

图 7-6 存储结构

其中，pa 是指向类 A 对象的指针，n 是类 D 的一个对象，&n 是对象 n 的地址。pa＝&n；是让 pa 指针指向类 D 的对象，这是正确的，并且也无二义性。

引进虚基类后，派生类（即子类）的对象中只存在一个虚基类的子对象。当一个类有虚基类时，编译系统将为该类的对象定义一个指针成员，让它指向虚基类的子对象。该指针称为虚基类指针。在前面列举的关系中，各类的存储结构如图 7-6 所示。

7.4.2　含有虚基类的派生类的构造函数

前面讲过，为了初始化基类的子对象，派生类的构造函数要调用基类的构造函数。对于虚基类来讲，由于派生类的对象中只有一个虚基类子对象。为保证虚基类子对象只被初始化一次，这个虚基类构造函数必须只被调用一次。由于继承结构的层次可能很深，规定将在建立对象时所指定的类称为最派生类。C++语言规定，虚基类子对象是由最派生类的构造函数通过调用虚基类的构造函数进行初始化的。如果一个派生类有一个直接或间接的虚基类，那么派生类的构造函数的成员初始列表中必须列出对虚基类构造函数的调用；如果未被列出，则表示使用该虚基类的默认构造函数来初始化派生类对象中的虚基类子对象。

从虚基类直接或间接继承的派生类中的构造函数的成员初始化列表中要列出对这个虚基类构造函数的调用。于是，只有用于建立对象的那个最派生类的构造函数调用虚基类的构造函数，而该派生类的直接基类中所列出的对这个虚基类的构造函数调用在执行中被忽略，这样便保证了对虚基类的子对象只初始化一次。

C++语言又规定，在一个成员初始化列表中出现对虚基类和非虚基类构造函数的调用，则虚基类的构造函数先于非虚基类的构造函数的执行。

下面举一个例子说明具有虚基类的派生类的构造函数的用法。

［例 7.10］　分析下列程序的输出结果。

```
#include〈iostream. h〉
class A
{
  public：
    A(const char ＊s)
    { cout≪s≪endl；}
    ～A()
    {}
};
```

```
class B:virtual public A
{
  public:
    B(const char *s1,const char *s2):A(s1)
    {
        cout<<s2<<endl;
    }
};
class C:virtual public A
{
  public:
    C(const char *s1,const char *s2):A(s1)
    {
        cout<<s2<<endl;
    }
};
class D:public B,public C
{
  public:
    D(const char * s1,const char * s2,const char * s3,const char * s4)
          :B(s1,s2),C(s1,s3),A(s1)
    {
        cout<<s4<<endl;
    }
};
void main()
{
    D * ptr=new D("class A","class B","class C","class D");
    delete ptr;
}
```

执行该程序输出结果如下：

class A
class B
class C
class D

说明：该程序中,定义了类 A、类 B、类 C 和类 D,它们之间的关系如图 7-7 所示。

在派生类 B 和 C 中使用了虚基类,使得建立的 D 类对象中只创建一次虚基类子对象。在派生类 B,C,D 的构造函数的成员初始化列表中都包含了对虚基类 A 的构造函数。

在建立类 D 对象时,只有类 D 的构造函数的成员初始化列表中列出的虚基类构造函数被调用,并且仅调用一次,而类 D 的基类的构造函数的成员初始化列表中列出的虚基类构

图 7-7 类之间的关系(2)

函数不被执行。这一点从该程序的输出结果可以看出。

7.5　应用实例——日期和时间

编写一个有关日期(年、月、日)和时间(时、分、秒)的程序。该程序建立三个类,其中一个是日期的类 Date,一个是时间的类 Time,另一个是日期和时间类 TimeDate,它是以前面两个类为基类的派生类。

程序内容如下:

```
#include ⟨iostream.h⟩
#include ⟨string.h⟩
#include ⟨stdio.h⟩
typedef char string80[80];

class Date
{
  public:
    Date()
    {　}
    Date(int y,int m,int d)
    { SetDate(y,m,d);}
    void SetDate(int y,int m,int d)
    {
      Year=y;
      Month=m;
      Day=d;
    }
    void GetStringDate(string80 &Date)
    {
      sprintf(Date,"%d/%d/%d",Year,Month,Day);
    }
  protected:
    int Year,Month,Day;
};

class Time
{
  public:
    Time()
    {　}
    Time(int h,int m,int s)
    { SetTime(h,m,s);}
    void SetTime(int h,int m,int s)
    {
```

```cpp
            Hours=h;
            Minutes=m;
            Seconds=s;
        }
        void GetStringTime(string80 &Time)
        {
            sprintf(Time,"%d:%d:%d",Hours,Minutes,Seconds);
        }
    protected:
        int Hours,Minutes,Seconds;
};
class TimeDate:public Date,public Time
{
    public:
        TimeDate():Date()
        {  }
        TimeDate(int y,int mo,int d,int h,int mi,int s):
                    Date(y,mo,d),Time(h,mi,s)
        {  }
        void GetStringDT(string80 &DTstr)
        {
            sprintf(DTstr,"%d/%d/%d: %d:%d:%d",Year,Month,Day,Hours,Minutes,Seconds);
        }
};

void main()
{
    TimeDate date1,date2(1998,8,12,12,45,10);
    string80 DemoStr;
    date1.SetDate(1998,8,7);
    date1.SetTime(10,30,45);
    date1.GetStringDT(DemoStr);
    cout<<"The date1 date and time is "<<DemoStr<<endl;
    date1.GetStringDate(DemoStr);
    cout<<"The date1 date is "<<DemoStr<<endl;
    date1.GetStringTime(DemoStr);
    cout<<"The date1 time is "<<DemoStr<<endl;
    date2.GetStringDT(DemoStr);
    cout<<"The date2 date and time is "<<DemoStr<<endl;
}
```

执行该程序输出结果如下：

The date1 date and time is 1998/8/7: 10:30:45
The date1 date is 1998/8/7
The date1 time is 10:30:45

The date2 date and time is 1998/8/12；12：45：10

说明：

（1）该程序中出现了两处以前没有讲过的问题。第一，程序头包含了 stdio. h 文件，该文件是 C 语言中具有的标准输入输出头文件。由于该程序中出现了 sprintf（）函数，因此，包含了此文件。sprintf（）函数是一个带格式的复制字符函数，其一般格式如下：

sprintf（〈字符数组名〉，〈格式符〉，〈参数表〉）；

该函数的功能是将〈参数表〉中所提供的各个表达式的值，按〈格式符〉中所指定的格式，复制到由〈字符数组名〉所指定的字符数组中。

第二，在该程序开头，出现了如下语句：

typedef char string80［80］；

其中，typedef 是类型定义语句的关键字，该语句的功能是给已有的或已被定义的类型定义一个新的名字，或者称为起个别名。上述语句定义了一个新的类型 string80，它是 char 型的一维数组，有 80 个元素。可以使用新的类型名去定义类型。例如：

string80 DemoStr；

这里，DemoStr 是一个一维的 char 型数组，它有 80 个元素，相当于下述语句：

char DemoStr［80］；

（2）该程序中的三个类：Date，Time 和 TimeDate 之间的关系如图 7-8 所示。

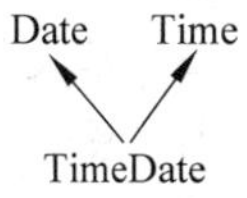

派生类 TimeDate 是多继承的。

派生类 TimeDate 的构造函数定义格式如下：

Date   Time

TimeDate

图 7-8 类之间的关系（3）

```
TimeDate(int y, int mo, int d, int h, int mi, int s)
    :Date(y, mo, d), Time(h, mi, s)
{  }
```

在该构造函数的成员初始化列表中列出了它的两个基类的构造函数。派生类没有数据成员，该函数体为空。

练习题

1. 什么是继承性？为什么说它是面向对象程序中的重要机制？

2. C++语言中继承分为哪两类？继承方式又分哪三种？

3. 三种继承方式各有什么特点？不同继承方式中派生类和派生类的对象对基类成员的访问有何不同？

4. 如何定义单继承的派生类？如何定义多继承的派生类？

5. 单继承中，派生类的构造函数定义格式如何？

6. 多继承中,派生类的构造函数定义格式如何?

7. 什么是子类型?类 A 是类 B 的子类型意味着什么?

8. 赋值兼容规则中有哪些规定?

9. 多继承中,在哪些情况下会出现二义性?如何消除二义性?

10. 为什么要引入虚基类?带有虚基类的派生类的构造函数有什么特点?

作业题

1. 选择填空。

(1) 下列对派生类的描述中,(　　)是错的。

    A. 一个派生类可以作另一个派生类的基类

    B. 派生类至少有一个基类

    C. 派生类的成员除了它自己的成员外,还包含了它的基类的成员

    D. 派生类中继承的基类成员的访问权限到派生类保持不变

(2) 派生类的对象对它的基类成员中(　　)是可以访问的。

    A. 公有继承的公有成员　　　　　　　B. 公有继承的私有成员

    C. 公有继承的保护成员　　　　　　　D. 私有继承的公有成员

(3) 派生类的构造函数的成员初始化列表中,不能包含(　　)。

    A. 基类的构造函数

    B. 派生类中子对象的初始化

    C. 派生类中静态数据成员的初始化

    D. 派生类中一般数据成员的初始化

(4) 关于子类型的描述中,(　　)是错的。

    A. 子类型就是指派生类是基类的子类型

    B 一种类型当它至少提供了另一种类型的行为,则这种类型是另一种类型的子类型

    C. 在公有继承下,派生类是基类的子类型

    D. 子类型关系是不可逆的

(5) 下列关于赋值兼容规则的描述中,错误的是(　　)。

    A. 赋值兼容规则在子类型情况下才可使用

    B. 公有继承下,派生类对象不可给基类对象赋值

    C. 公有继承下,派生类对象可对基类对象引用进行初始化

    D. 公有继承下,派生类对象的地址值可以赋值给基类的对象指针

(6) 关于多继承二义性的描述中,(　　)是错的。

    A. 一个派生类的两个基类中都有某个同名成员,在派生类中对这个成员的访问可能出现二义性

    B. 解决二义性的最常用的方法是用成员名的限定法

C. 基类和派生类中同时出现的同名函数,也存在二义性问题

D. 一个派生类是从两个基类派生来的,而这两个基类又有一个公共的基类,对
该基类成员进行访问时,也可能出现二义性

(7) 设置虚基类的目的是(　　)。

A. 简化程序　　　　　　　　　　　B. 消除二义性

C. 提高运行效率　　　　　　　　　D. 减少目标代码

(8) 在带有虚基类的多层派生类构造函数的成员初始化列表中都要列出虚基类的构
造函数,这样将对虚基类的子对象初始化(　　)。

A. 与虚基类下面的派生类个数有关　B. 多次

C. 二次　　　　　　　　　　　　　D. 一次

2. 判断下列描述的正确性,对者划√,错者划×。

(1) C++语言中,既允许单继承,又允许多继承。

(2) 派生类是从基类派生出来,它不能再生成新的派生类。

(3) 派生类的继承方式有两种:公有继承和私有继承。

(4) 在公有继承中,基类中的公有成员和私有成员在派生类中都是可见的。

(5) 在公有继承中,基类中只有公有成员对派生类对象是可见的。

(6) 在私有继承中,基类中只有公有成员对派生类是可见的。

(7) 在私有继承中,基类中所有成员对派生类的对象都是不可见的。

(8) 在保护继承中,对于派生类的访问同于公有继承,而对于派生类的对象的访问同
于私有继承。

(9) 派生类中至少包含了它的所有基类的成员,在这些成员中可能有不可访问的。

(10) 构造函数可以被继承。

(11) 析构函数不能被继承。

(12) 子类型是不可逆的。

(13) 只要是类M继承了类N,就可以说类M是类N的子类型。

(14) 如果A类型是B类型的子类型,则A类型必然适应于B类型。

(15) 多继承情况下,派生类的构造函数中基类构造函数的执行顺序取决于定义派生
类时所指定的各基类的顺序。

(16) 单继承情况下,派生类中对基类成员的访问会出现二义性。

(17) 解决多继承情况下出现的二义性的方法之一是使用成员名限定法。

(18) 虚基类可以解决多继承中公共基类在派生类中只产生一个基类子对象的问题。

3. 分析下列程序的输出结果。

(1)

```
#include〈iostream.h〉
class A
{
```

```cpp
    public:
        A(int i,int j) {a=i; b=j;}
        void Move(int x,int y) {a+=x;b+=y;}
        void Show() { cout<<"("<<a<<","<<b<<")"<<endl;}
    private:
        int a,b;
};
class B:private A
{
    public:
        B(int i,int j,int k,int l):A(i,j) {x=k;y=l;}
        void Show() { cout<<x<<","<<y<<endl;}
        void fun() {Move(3,5);}
        void f1() { A::Show();}
    private:
        int x,y;
};

void main()
{
    A e(1,2);
    e.Show();
    B d(3,4,5,6);
    d.fun();
    d.Show();
    d.f1();
}
```

（2）

```cpp
#include <iostream.h>
class A
{
    public:
        A(int i,int j) {a=i;b=j;}
        void Move(int x,int y) {a+=x;b+=y;}
        void Show() {cout<<"("<<a<<","<<b<<")"<<endl;}
    private:
        int a,b;
};
class B:public A
{
    public:
        B(int i,int j,int k,int l):A(i,j),x(k),y(l)
```

```
        {  }
        void Show() {cout≪x≪","≪y≪endl;}
        void fun() {Move(3,5);}
        void f1() { A::Show();}
    private:
        int x,y;
};

void main()
{
    A e(1,2);
    e. Show();
    B d(3,4,5,6);
    d. fun();
    d. A::Show();
    d. B::Show();
    d. f1();
}
```

(3)
```
#include 〈iostream. h〉
class L
{
    public:
        void InitL(int x,int y) { X=x;Y=y;}
        void Move(int x,int y) {X+=x;Y+=y;}
        int GetX() { return X;}
        int GetY() { return Y;}
    private:
        int X,Y;
};
class R:public L
{
    public:
        void InitR(int x,int y,int w,int h)
        {
            InitL(x,y);
            W=w;
            H=h;
        }
        int GetW() { return W;}
        int GetH() { return H;}
    private:
```

```
        int W,H;
};
class V:public R
{
  public:
    void fun() { Move(3,2);}
};

void main()
{
    V v;
    v. InitR(10,20,30,40);
    v. fun();
    cout<<"{"<<v. GetX()<<","<<v. GetY()<<","<<
        v. GetW()<<","<<v. GetH()<<"}"<<endl;
}
```

(4)

```
#include <iostream. h>
class P
{
  public:
    P(int p1,int p2) {pri1=p1;pri2=p2;}
    int inc1() {return ++pri1;}
    int inc2() {return ++pri2;}
    void display() { cout<<"pri1="<<pri1<<",pri2="<<pri2<<endl;}
  private:
    int pri1,pri2;
};
class D1:private P
{
  public:
    D1(int p1,int p2,int p3):P(p1,p2)
    {
        pri3=p3;
    }
    int inc1() { return P::inc1();}
    int inc3() { return ++pri3;}
    void display()
    {
      P::display();
      cout<<"pri3="<<pri3<<endl;
    }
```

```
        private:
            int pri3;
    };
    class D2:public P
    {
        public:
            D2(int p1,int p2,int p4):P(p1,p2)
            {
                pri4=p4;
            }
            int inc1()
            {
                P::inc1();
                P::inc2();
                return P::inc1();
            }
            int inc4() { return ++pri4;}
            void display()
            {
                P::display();
                cout<<"pri4="<<pri4<<endl;
            }
        private:
            int pri4;
    };
    class D12:private D1,public D2
    {
        public:
            D12(int p11,int p12,int p13,int p21,int p22,int p23,int p)
                :D1(p11,p12,p13),D2(p21,p22,p23)
            {
                pri12=p;
            }
            int inc1()
            {
                D2::inc1();
                return D2::inc1();
            }
            int inc5() {return ++pri12;}
            void display()
            {
                cout<<"D2::display()\n";
                D2::display();
                cout<<"pri12="<<pri12<<endl;
```

```
        }
    private:
        int pri12;
};

void main()
{
    D12 d(1,2,3,4,5,6,7);
    d. display();
    cout≪endl;
    d. inc1();
    d. inc4();
    d. inc5();
    d. D12∷inc1();
    d. display();
}
```

（5）

```
#include <iostream. h>

class P
{
    public:
        P(int p1,int p2) {pri1=p1;pri2=p2;}
        int inc1() {return ++pri1;}
        int inc2() {return ++pri2;}
        void display() { cout≪"pri1="≪pri1≪",pri2="≪pri2≪endl;}
    private:
        int pri1,pri2;
};
class D1:virtual private P
{
    public:
        D1(int p1,int p2,int p3):P(p1,p2)
        {
            pri3=p3;
        }
        int inc1() { return P∷inc1();}
        int inc3() { return ++pri3;}
        void display()
        {
            P∷display();
            cout≪"pri3="≪pri3≪endl;
        }
```

```
    private:
        int pri3;
};
class D2:virtual public P
{
    public:
        D2(int p1,int p2,int p4):P(p1,p2)
        {
            pri4=p4;
        }
        int inc1()
        {
            P::inc1();
            P::inc2();
            return P::inc1();
        }
        int inc4() { return ++pri4;}
        void display()
        {
            P::display();
            cout<<"pri4="<<pri4<<endl;
        }
    private:
        int pri4;
};
class D12:private D1,public D2
{
    public:
        D12(int p11,int p12,int p13,int p21,int p22,int p23,int p)
            :D1(p11,p12,p13),D2(p21,p22,p23),P(p11,p21)
        {
            pri12=p;
        }
        int inc1()
        {
            D2::inc1();
            return D2::inc1();
        }
        int inc5() {return ++pri12;}
        void display()
        {
            cout<<"D2::display()\n";
            D2::display();
            cout<<"pri12="<<pri12<<endl;
```

```
        }
    private:
        int pri12;
};

void main()
{
    D12 d(1,2,3,4,5,6,7);
    d.display();
    cout<<endl;
    d.inc1();
    d.inc4();
    d.inc5();
    d.D12::inc1();
    d.display();
}
```

4. 分析程序并回答问题。

程序内容如下：

```
#include <iostream.h>
class A
{
    public:
        A(int i)
        {a=i;}
        void f1()
        {cout<<a<<'A'<<endl;}
    protected:
        int a;
};
class B: public A
{
    public:
        B(int i,int j,int k): A(i),aa(j),b(k)
        { }
        void f1()
        {
            cout<<a<<endl;
            aa.f1();
            cout<<b<<'B'<<endl;
        }
    private:
        int b;
        A aa;
};
```

```
void fun (A &a)
{
    a. f1()
}
void main()
{
    A a(5);
    B b(3,5,7);
    a. f1();
    b. f1();
    fun(b);
}
```

请回答下列问题：

(1) 该程序输出结果是什么？

(2) 将 fun() 函数的参数 A &a 改为 A a 后，输出结果是否有变化？

(3) 函数 fun(b) 的输出结果是什么？

(4) 将函数 fun() 的参数 b 改为 a，输出结果是什么？

第 8 章 多态性和虚函数

多态性是面向对象程序设计的重要特征之一。它与前面讲过的封装性和继承性构成了面向对象程序设计的三大特征。这三大特征是相互关联的。封装性是基础,继承性是关键,多态性是补充,而多态性又存在于继承的环境之中。

简单地说,多态性的含义就是多种状态。C++语言中主要支持下述两种多态性。一种是函数重载和运算符重载。在函数重载中,同一个函数名可对应若干种不同的实现,依据函数参数的类型、个数和顺序来确定某个实现。在运算符重载中,同一个运算符对应着多种功能,这些功能是通过函数来定义的,依据操作数的类型来确定应选运算符的功能。另一种是指同样的消息被不同类的对象接收时产生完全不同的实现,这种情况产生在多类继承中不同类中的相同说明的成员函数的多态行为。这种多态性是本章讨论的重点。

本章先讨论简单的多态性——函数重载和运算符重载,接着讨论不同类中相同说明的成员函数的多态性——动态联编和虚函数。

8.1 函 数 重 载

所谓函数重载简单地说就是赋给同一个函数名多个含义。具体地讲,C++语言中允许在相同的作用域内以相同的名字定义几个不同实现的函数,可以是成员函数,也可以是非成员函数。但是,定义这种重载函数时要求函数的参数或者至少有一个类型不同,或者个数不同,或者顺序不同。而对于返回值的类型没有要求,可以相同,也可以不同。参数个数和类型及顺序都相同,仅返回值不同的重载函数是非法的。因为编译程序在选择相同名字的重载函数时仅考虑函数参数表,即要根据函数参数表中的参数个数、参数类型或参数顺序的差异进行选择。

前面也曾讲过重载函数的概念和用法,并且也举过例子。可以看到,重载函数的意义在于它可以用相同的名字访问一组相互关联的函数,由编译程序来进行选择,因而有助于解决程序复杂性的问题。

下面再列举一个 string 类中对构造函数进行重载的例子。

[例 8.1] 定义一个简单的 string 类,并对其中的构造函数进行重载。

```
#include <iostream.h>
```

```cpp
# include 〈string. h〉
class string
{
 public：
    string(char * s);
    string(string &s1);
    string(int size=80);
    ～string()
    { delete sptr;}
    int getlen()
    { return length;}
    void print()
    { cout≪sptr≪endl;}
 private：
    char * sptr;
    int length;
};
string∷string(char * s)
{
    length=strlen(s);
    sptr=new char[length+1];
    strcpy(sptr,s);
}
string∷string(string &s1)
{
    length=s1. length;
    sptr=new char[length+1];
    strcpy(sptr,s1. sptr);
}
string∷string(int size)
{
    length=size;
    sptr=new char[length+1];
    * sptr='\0';
}

void main()
{
    string str1("This is a string. ");
    str1. print();
    cout≪str1. getlen()≪endl;
    char * s1="That is a program. ";
    string str2(s1);
    string str3(str2);
```

```
        str3. print();
        cout≪str3. getlen()≪endl;
}
```

执行该程序输出如下结果:

```
This is a string.
17
That is a program.
18
```

说明:

(1) 在类 string 中,定义了三个构造函数,由于名字相同,它们显然是重载函数。这三个构造函数具有相同的参数的个数,它们都是一个参数。但是,它们的参数类型各自不同。一个是 char * 型,一个是 string & 型,另一个是 int 型。因此,它们重载是有意义的。

(2) 在第三个构造函数中,使用了默认参数。这个构造函数用来建立一个具有一定长度的空串,其默认长度为 80。在调用该构造函数时不给出指定长度,便按默认值 80 处理;如果给出指定长度,便按指定长度处理,而默认值被忽略。例如,sting str2(50);建立的字符串 str2 是长度为 50 的空串。

使用函数重载应注意如下问题:

(1) 不要使用重载函数来描述毫不相干的函数,因为这将从根本上违反了它的初衷。

(2) 在类中,构造函数可以重载,普通成员函数也可以重载。构造函数重载给初始化带来了多种方式,为用户提供了更大的灵活性。

(3) 在重载函数中使用默认函数参数时应注意,这可能使两个重载函数调用时具有完全相同的参数,从而带来调用的二义性。例如,考虑下面的例子:

```
void print(int a, int b)
{
    cout ≪ ″a=″≪a≪″,b=″≪b≪endl;
}
void print(int a, int b, int c)
{
    cout ≪″a=″≪a≪″,b=″≪b≪″,c=″≪c≪endl;
}
```

考虑默认参数的情况,第二个重载函数说明如下:

```
void print(int a, int b, int c=50);
```

下列函数调用,由于二义性将通不过:

```
print(10,100);
```

因此,重载函数在使用默认参数时,要避免出现调用时的二义性。

8.2　运算符重载

运算符重载就是赋予已有的运算符多重含义,即多种功能。C++语言中通过重新定义运算符,使它能够用于特定类的对象执行特定的功能。例如,通过对＋,－,＊,/运算符的重新定义,使它们可以完成复数、分数等不同类的对象的加、减、乘、除运算操作。这便增强了C++语言的扩充能力。本节讲述运算符重载的概念、方法及一些注意事项。

8.2.1　运算符重载的几个问题

下面是在运算符重载中经常遇到的几个问题。

1. 哪些运算符允许重载

下述运算符允许重载。

算术运算符:＋,－,＊,/,%,++,－－;

位操作运算符:&,|,~,^,≪,≫;

逻辑运算符:!,&&,‖;

比较运算符:>,<,>=,<=,==,!=;

赋值运算符:=,+=,－=,＊=,/=,%=,&=,|=,^=,≪=,≫=;

其他运算符:[],(),－>,',new,delete,new[],delete[],－>＊。

下列运算符不允许重载。

·,·＊,∷,?:

2. 运算符重载后,对优先级和结合性如何处理

用户重新定义运算符时,不改变原运算符的优先级和结合性。这就是说,对运算符重载不改变运算符的优先级和结合性,并且运算符重载后,也不改变运算符的操作数个数和语法结构,即单目运算符只能重载为单目运算符,双目运算符只能重载为双目运算符。

3. 编译程序如何选用运算符函数

运算符重载实际是一个函数,所以运算符的重载实际上是函数的重载。编译程序对运算符重载的选择,遵循函数重载的选择原则,主要根据该运算符的操作数的类型、个数和顺序进行选择。遇到不很明显的运算符时,编译程序就去寻找参数相匹配的运算符函数。

4. 重载运算符有哪些限制

重载运算符有以下限制:

(1) 不可臆造新的运算符。必须把重载运算符限制在C++语言中已有的运算符范围内允许重载的运算符之中。

(2) 重载运算符坚持4个"不能改变"。

· 不能改变运算符操作数的个数;

· 不能改变运算符原有的优先级;

- 不能改变运算符原有的结合性；
- 不能改变运算符原有的语法结构。

5. 运算符重载时必须遵循的原则

运算符重载可以使程序更加简洁，使表达式更加直观，增强可读性。但是，运算符重载使用不宜过多，否则会带来一定的麻烦。

1) 重载运算符含义必须清楚

例如，有一个类 Time，它有三个数据成员分别为时、分、秒。

```cpp
class Time
{
    public：
        Time()
        {hours＝minutes＝seconds＝0;}
        Time(int h,int m,int s)
        {
            hours＝h; minutes＝m; seconds＝s;
        }
    private：
        int hours,minutes,seconds;
};
Time t1(8,10,20),t2(9,15,30),t3;
t3＝t1＋t2;
```

这里，加法（＋）运算用于类 Time 的对象，就是含义不清的。所以，不能给类 Time 定义重载运算符＋。

2) 重载运算符不能有二义性

在定义重载运算符时必须含意准确、用法确定，不能模棱两可，既可这样理解，又可那样理解。

8.2.2　运算符重载函数的两种形式

运算符重载函数一般采用如下两种形式：成员函数形式和友元函数形式。这两种形式都可访问类中的私有成员。

1. 重载为类的成员函数

这里举一个关于给复数运算重载复数的四则运算符的例子。复数由实部和虚部构成，可以定义一个复数类，然后再在类中重载复数四则运算的运算符。

［例 8.2］　利用重载运算符实现复数类对象的算术四则运算。

```cpp
＃include 〈iostream. h〉
class complex
{
    public：
```

```
        complex()
        { real=imag=0;}
        complex(double r,double i)
        {
            real=r; imag=i;
        }
        complex operator +(const complex &c);
        complex operator -(const complex &c);
        complex operator * (const complex &c);
        complex operator /(const complex &c);
        friend void print(const complex &c);
    private:
        double real,imag;
};
inline complex complex::operator +(const complex &c)
{
    return complex(real+c. real,imag+c. imag);
}
inline complex complex::operator -(const complex &c)
{
    return complex(real-c. real,imag-c. imag);
}
inline complex complex::operator * (const complex &c)
{
    return complex(real * c. real-imag * c. imag,
            real * c. imag+imag * c. real);
}
inline complex complex::operator /(const complex &c)
{
    return complex((real * c. real+imag * c. imag)/
            (c. real * c. real+c. imag * c. imag),
            (imag * c. real-real * c. imag)/
            (c. real * c. real+c. imag * c. imag));
}
void print(const complex &c)
{
    if(c. imag<0)
        cout<<c. real<<c. imag<<'i';
    else
        cout<<c. real<<'+'<<c. imag<<'i';
}
void main()
{
    complex c1(2.0,3.0),c2(4.0,-2.0),c3;
```

```
c3＝c1＋c2；
cout≪″\nc1＋c2＝″；
print(c3)；
c3＝c1－c2；
cout≪″\nc1－c2＝″；
print(c3)；
c3＝c1 * c2；
cout≪″\nc1 * c2＝″；
print(c3)；
c3＝c1/c2；
cout≪″\nc1/c2＝″；
print(c3)；
c3＝(c1＋c2) * (c1－c2) * c2/c1；
cout≪″\n(c1＋c2) * (c1－c2) * c2/c1＝″；
print(c3)；
cout≪endl；
}
```

执行该程序输出如下结果：

c1＋c2＝6＋1i

c1－c2＝－2＋5i

c1 * c2＝14＋8i

c1/c2＝0.45＋0.8i

(c1＋c2) * (c1－c2) * c2/c1＝9.61538＋25.2308i

说明：

（1）该程序中定义了一个 complex 类。在该类中定义了 4 个成员函数作为运算符重载函数。

将运算符重载函数说明为类的成员函数的格式如下：

〈类型〉operator〈运算符〉(〈参数表〉)

其中，operator 是定义运算符重载函数的关键字。

（2）程序中出现的表达式

c1＋c2

编译程序将给出解释为：

c1.operator＋(c2)

其中，c1 和 c2 是 complex 类的对象。operator＋()是运算符＋的重载函数。

同理：

c1－c2

解释为：

c1. operator－(c2)

该运算符重载函数仅有一个参数 c2。可见,当重载为成员函数时,双目运算符仅有一个参数。对单目运算符重载为成员函数时,不能再显式说明参数。重载为成员函数时,总是隐含了一个参数,该参数是 this 指针。this 指针是指向调用该成员函数对象的指针。

2. 重载为友元函数

运算符重载函数还可以为友元函数。当重载友元函数时,将没有隐含的参数 this 指针。这样,对双目运算符,友元函数有两个参数,对单目运算符,友元函数有一个参数。但是,有些运算符不宜重载为友元函数,它们是:＝,(),[]和－＞。

重载为友元函数的运算符重载函数的定义格式如下:

friend〈类型说明符〉operator〈运算符〉(〈参数表〉)
{…}

[**例 8.3**] 用友元函数代替成员函数,重新编写例 8.2 的程序。

```cpp
#include〈iostream. h〉
class complex
{
    public:
      complex()
      { real＝imag＝0;}
      complex(double r,double i)
      {
        real＝r;   imag＝i;
      }
      friend complex operator ＋(const complex &c1,const complex &c2);
      friend complex operator －(const complex &c1,const complex &c2);
      friend complex operator ＊(const complex &c1,const complex &c2);
      friend complex operator /(const complex &c1,const complex &c2);
      friend void print(const complex &c);
    private:
      double real,imag;
};
complex operator ＋(const complex &c1,const complex &c2)
{
    return complex(c1. real＋c2. real,c1. imag＋c2. imag);
}
complex operator －(const complex &c1,const complex &c2)
{
    return complex(c1. real－c2. real,c1. imag－c2. imag);
}
complex operator ＊(const complex &c1,const complex &c2)
{
    return complex(c1. real ＊ c2. real－c1. imag ＊ c2. imag,
                c1. real ＊ c2. imag＋c1. imag ＊ c2. real);
```

```
        }
    complex operator /(const complex &c1,const complex &c2)
    {
        return complex((c1.real * c2.real+c1.imag * c2.imag)/
                    (c2.real * c2.real+c2.imag * c2.imag),
                    (c1.imag * c2.real-c1.real * c2.imag)/
                    (c2.real * c2.real+c2.imag * c2.imag));
    }
    void print(const complex &c)
    {
        if(c.imag<0)
            cout<<c.real<<c.imag<<'i';
        else
            cout<<c.real<<'+'<<c.imag<<'i';
    }
    void main()
    {
        complex c1(2.0,3.0),c2(4.0,-2.0),c3;
        c3=c1+c2;
        cout<<"\nc1+c2=";
        print(c3);
        c3=c1-c2;
        cout<<"\nc1-c2=";
        print(c3);
        c3=c1 * c2;
        cout<<"\nc1 * c2=";
        print(c3);
        c3=c1/c2;
        cout<<"\nc1/c2=";
        print(c3);
        c3=(c1+c2) * (c1-c2) * c2/c1;
        cout<<"\n(c1+c2) * (c1-c2) * c2/c1=";
        print(c3);
        cout<<endl;
    }
```

执行该程序输出结果与例 8.2 的结果相同。

说明：前面已讲过，对双目运算符，重载为成员函数时，仅一个参数，另一个被隐含；重载为友元函数时，有两个参数，没有隐含参数。因此，程序中出现的：

```
    c1+c2
```

编译程序解释为：

```
    operator +(c1,c2)
```

调用如下函数，进行求值。

complex operator ＋(const complex &c1,const complex &c2)

同理,对于:

c1－c2

理解为:

operator －(c1,c2)

调用如下函数:

complex operator －(const complex &c1,const complex &c2)

实现上述表达式的求值。

3. 两种重载形式的比较

通常,单目运算符最好被重载为成员函数,双目运算符最好被重载为友元函数。在有些情况下,双目运算符不便于重载为成员函数。例如,考虑下面的表达式:

c＋5.67

其中,c 是 complex 类的对象,上述表达式表明复数加上一个浮点数,这是有意义的。其结果是将浮点数加到复数的实部,虚部不变。这时可以将该加法重载为成员函数,则上述表达式被解释为:

c.operator ＋(5.67)

可以调用如下的成员函数:

complex∷operator ＋(double d)

如果程序中没有该成员函数,编译程序将调用其构造函数将5.67转换为 complex 类的对象。然后调用如下重载函数:

complex complex∷operator ＋(const complex &c)

所以,上述表达式最终被解释为:

c.operator ＋(complex(5.67))

如果加运算符被重载为友元函数,上述表达式被解释为:

operator ＋(c,5.67)

编译程序通过 complex 类的构造函数将5.67转换为 complex 类的对象,然后调用程序中的函数:

complex operator ＋(const complex &c1,const complex &c2)

将表达式解释为:

operator ＋(c,complex(5.67))

可见,在这种情况下,加法运算符重载为成员函数和友元函数都是可以的。

下面再考虑一下另一个表达式:

5.67+c

其中,c 是 complex 类的一个对象。

将该加法操作重载为友元函数时,该表达式将被解释为:

operator +(complex(5.67),c)

将该加法操作重载为成员函数时,该表达式将被解释为:

5.67.operator +(c)

显然,这种解释是错误的,说明在上述表达式的情况下,不能将加法操作重载为成员函数。

因此,对双目运算符重载为友元函数比重载为成员函数更方便些。但是,有的双目运算符还是重载为成员函数为好,例如,赋值运算符。因为,它如果被重载为友元函数,将会出现与赋值语义不一致的地方。

[例8.4] 将赋值运算符重载为成员函数。

```
#include <iostream.h>
class A
{
    public:
        A()
        {X=Y=0;}
        A(int i,int j)
        { X=i;Y=j;}
        A(A &p)
        { X=p.X;Y=p.Y;}
        A& operator =(A &p);
        int getX()
        { return X;}
        int getY()
        { return Y;}
    private:
        int X,Y;
};
A& A::operator =(A &p)
{
    X=p.X;
    Y=p.Y;
    cout<<"Assignment operator called.\n";
    return *this;
}
```

```
void main()
{
    A a(7,8);
    A b;
    b=a;
    cout<<b.getX()<<","<<b.getY()<<endl;
}
```

执行该程序输出如下结果：

Assignment operator called.
7,8

说明：该程序中,在类 A 内定义了一个赋值运算符函数,它被定义为成员函数。
程序中,表达式：

b=a

被编译程序解释为：

b.operator=(a)

调用下列函数：

A& A::operator=(A &p)

完成赋值操作。

8.2.3　其他运算符的重载举例

1. 下标运算符重载

由于 C 语言的数组中没有保存其大小,因此,不能对数组元素进行存取范围的检查,无法保证给数组动态赋值不会越界。利用C++语言的类可以定义一种更安全、功能更强的数组类型。为此,为该类定义重载运算符[]。

下面是一个字符数组类的定义和使用的例子。

[例8.5]　重载下标运算符。

```
#include <iostream.h>
class CharArray
{
    public:
      CharArray(int l)
      {
          Length=1;
          Buff=new char[Length];
      }
      ~CharArray()
      { delete Buff;}
```

```
        int GetLength()
        { return Length;}
        char & operator [](int i);
    private:
        int Length;
        char * Buff;
};
char & CharArray::operator [](int i)
{
    static char ch=0;
    if(i<Length&&i>=0)
        return Buff[i];
    else
    {
        cout<<"\nIndex out of range.";
        return ch;
    }
}
void main()
{
    int cnt;
    CharArray string1(6);
    char * string2="string";
    for(cnt=0;cnt<8;cnt++)
        string1[cnt]=string2[cnt];
    cout<<"\n";
    for(cnt=0;cnt<8;cnt++)
        cout<<string1[cnt];
    cout<<"\n";
    cout<<string1.GetLength()<<endl;
}
```

执行该程序输出如下结果：

Index out of range.
Index out of range.
string
Index out of range.
Index out of range.
6

说明：

（1）在重载下标[]运算符函数中，其返回值是 char 型引用。这是因为该类的一个对象 x 是一个数组，而 x[i]可能出现在赋值语句的左端，所以这种规定是必要的。

（2）在重载下标[]运算符函数中，首先检查函数参数 i 的范围。当它超出范围，即越界时，发出一个信息，并返回一个 static 字符的引用，可避免修改内存区的内容。

（3）在 main()函数中使用 string2 给 string1 逐个元素赋值，当循环变量 cnt 值超出了数组下标范围时，该程序将发出越界的信息，因为重载下标运算符函数要进行下标范围的检查。

（4）该数组类的优点如下：

① 其大小不必是一个常量。

② 运行时动态指定大小，可以不用运算符 new 和 delete。

③ 当使用该类数组作为函数参数时，不必分别传递数组变量本身及其大小，因为该对象中已经保存了其大小。

（5）在重载下标运算符函数时应该注意：

① 该函数只能带一个参数，不可带多个参数。

② 不得重载为友元函数，必须是非 static 类的成员函数。

2. 重载增 1 减 1 运算符

增 1 减 1 运算符是单目运算符，分为前缀运算和后缀运算两种。为了区分这两种运算，将后缀运算视为双目运算符。表达式：

obj++或 obj－－

被看做：

obj++0 或 obj－－0

将这两种运算符重载于类的成员函数，见下例。

［例 8.6］　重载增 1 运算符。

```
#include 〈iostream. h〉
class counter
{
    public：
        counter()
        {v＝0;}
        counter operator ++();
        counter operator ++(int);
        void print()
        { cout≪v≪endl;}
    private：
        unsigned v；
};
counter counter∷operator ++()
{
    v++;
    return * this;
}
counter counter∷operator ++(int)
{
    counter t;
```

```
        t. v=v++;
        return t;
    }

void main()
{
    counter c;
    for(int i=0;i<8;i++)
    c++;
    c. print();
    for(i=0;i<8;i++)
    ++c;
    c. print();
}
```

执行该程序输出如下结果：

8

16

说明：该程序的类 counter 中,定义的重载运算符函数：

```
counter operater++()
```

为前缀运算符；而重载运算符函数：

```
counter operater++(int)
```

为后缀运算符。

3. 重载函数调用运算符

可以将函数调用运算符()看成是下标运算符[]的扩展。函数调用运算符可以不带参数,也可带多个参数。下面通过实例来熟悉函数调用运算符的重载。

[例8.7] 通过重载函数调用运算符来实现下列数学函数的抽象。

$$f(x,y)=(x+5)y$$

编程如下：

```
#include <iostream. h>
class F
{
    public:
    double operator ()(double x,double y) const;
};
double F::operator ()(double x,double y) const
{
    return (x+5) * y;
}
```

```
    void main()
{
    F f;
    cout≪f(1.5,2.2)≪endl;
}
```

执行该程序输出如下结果：

14.3

说明：

（1）main()函数中出现的表达式

f(1.5,2.2)

被编译程序解释为：

f.operator ()(1.5,2.2)

其中,f是类F的对象。

（2）这里使用的重载运算符函数被说明为 const,这是因为重载函数不改变被操作对象的状态。

8.3　静态联编和动态联编

联编是指计算机程序自身彼此关联的过程。通常指把一个被调用函数的代码联接到要运行的程序中的过程,实际上是将一个标识符与一个存储地址联系在一起的过程。简单地说,联编就是将待调用的函数代码联接到该程序上。

按照联编所进行的阶段不同,可分为两种不同的联编方法:静态联编和动态联编。下面将分别介绍这两种联编方法的特点和用法。

8.3.1　静态联编

静态联编是指联编工作出现在编译连接阶段,因此又称为早期联编。因为这种联编过程是在程序开始运行之前完成的,所以也称为静态束定。静态联编是在编译时将函数所要调用的代码确定后联接到程序中。这种联编的特点是速度快,但灵活性较差。

〔例 8.8〕　静态联编。

```
# include 〈iostream. h〉
class Point
{
    public:
        Point(double i,double j)
```

```
            { x=i;y=j;}
            double Area() const
            { return 0.0;}
        private:
            double x,y;
    };
class Rectangle:public Point
{
        public:
            Rectangle(double i,double j,double k,double l);
            double Area() const
            { return w * h;}
        private:
            double w,h;
    };
Rectangle::Rectangle(double i,double j,double k,double l)
                        :Point(i,j)
{
    w=k; h=l;
}
void fun(Point &s)
{
    cout<<s. Area()<<endl;
}

void main()
{
    Rectangle rec(3.0,5.2,15.0,25.0);
    fun(rec);
}
```

执行该程序输出结果如下:

0

输出结果表明在 fun()函数中,s 所引用的对象执行的 Area()操作被关联到 Point::Area()的实现代码上。这是静态联编的结果。在程序编译阶段,对 s 所引用的对象执行的 Area()操作只能束定到 Point 类的函数上。因此,导致程序输出了不期望的结果。因为我们期望的是 s 引用的对象所执行的 Area()操作束定到 Rectangle 类的 Area()函数上。这是静态联编不能实现的。

8.3.2　动态联编

从对静态联编的上述分析中可以知道,编译程序在编译阶段并不能确切知道将要调用的函数,只有在程序执行时才能确定将要调用的函数。为此要确切知道该调用的函数,就要求联编工作在程序运行时进行。这种在程序运行时进行联编的工作称为动态联编,或称动态束定,又叫晚期联编。动态联编的特点是虽然速度较慢,但是效率高,灵活性较强。

动态联编实际上是进行动态识别。在例 8.8 中,前面已分析过静态联编时,fun()函数中 s 所引用的对象被束定到 Point 类上。而在运行时进行动态联编,将把 s 的对象引用束定到 Rectangle 类上。可见,同一个对象引用 s,在不同阶段被束定的类对象将是不同的。那么如何来确定是用静态联编还是用动态联编呢? C++ 语言规定动态联编是在虚函数的支持下实现的。

从上述分析可以看出:静态联编和动态联编都属于多态性,它们是在不同阶段对不同实现进行不同的选择。上例中,实际上是对 fun()函数参数类型的多态性的选择。该函数的参数是一个类的对象引用,静态联编和动态联编实际上是在选择它的静态类型和动态类型。联编是对这个引用的多态性的选择。

8.4 虚 函 数

虚函数是动态联编的基础。虚函数是成员函数,而且是非 static 的成员函数。说明虚函数的方法如下:

virtaul 〈类型说明符〉〈函数名〉(〈参数表〉)

其中,被关键字 virtaul 说明的成员函数称为虚函数。

如果某类中的一个成员函数被说明为虚函数,这就意味着该成员函数在派生类中可能有不同的实现。当使用这个成员函数操作为指针或引用所标识对象时,对该成员函数调用采取动态联编方式,即在运行时进行关联或束定。

动态联编要通过对象指针或对象引用来操作虚函数。如果采用对象来操作虚函数,则采用静态联编方式调用虚函数。

[例 8.9] 动态联编。

```
#include 〈iostream. h〉
class Point
{
    public:
        Point(double i,double j)
        { x=i;y=j;}
        virtual double Area() const
        { return 0.0;}
    private:
        double x,y;
};
```

```
class Rectangle:public Point
{
    public:
        Rectangle(double i,double j,double k,double l);
        virtual double Area() const
        { return w * h;}
    private:
        double w,h;
};
Rectangle::Rectangle(double i,double j,double k,double l)
                            :Point(i,j)
{
    w=k; h=l;
}
void fun(Point &s)
{
    cout<<s. Area()<<endl;
}
void main()
{
    Rectangle rec(3.0,5.2,15.0,25.0);
    fun(rec);
}
```

执行该程序输出如下结果:

375

说明:分析此程序可以看出,它与例 8.8 程序的差别仅在于该程序在两处 Area()函数前面加了关键字 virtual,即说明了类 Point 中的 Area()函数和类 Rectangle 中的 Area()函数是虚函数。而实际上只要说明类 Point 中的 Area()函数为虚函数就够了,因为基类中的虚函数在派生类中与其说明完全相同的成员函数自然是虚函数。

该程序由于说明了虚函数,在 fun()函数的对象引用参数 s 被动态联编。该函数体内调用的 Area()函数是在运行中束定的,它被确定为 Rectangle 类中的 Area()函数,因此,输出结果为 375。

通过这个例子可以看到,派生类中说明的虚函数与基类中被说明的虚函数之间满足如下条件:

(1)派生类中的虚函数与基类的虚函数有相同的参数个数。

(2)派生类中的虚函数参数的类型与基类的虚函数的对应参数类型相同。

(3)派生类中的虚函数的返回值或者与基类虚函数的相同,或者都返回指针或引用;并且派生类虚函数所返回的指针或引用的类型是基类中虚函数所返回的指针,或是引用的类型的子类型。

满足上述条件的派生类的成员函数,自然是虚函数,可以不必加 virtual 说明。

简单地说,派生类中的虚函数应与基类中说明的虚函数具有相同的函数说明。换句话说,派生类中与基类中说明的虚函数具有相同函数说明的自然是虚函数,虚函数是可以继承的。

下面再举一个关于动态联编的例子。

[例8.10] 分析下列程序的输出结果,并回答下列提出的问题。

```cpp
#include〈iostream.h〉
class A
{
  public：
    virtual void act1()；
    void act2()
    { act1()；}
}；
void A∷act1()
{
  cout≪"A∷act1() called."≪endl；
}
class B：public A
{
  public：
    void act1()；
}；
void B∷act1()
{
  cout≪"B∷act1() called."≪endl；
}

void main()
{
  B b；
  b.act2()；
}
```

请回答下列问题:

(1) 该程序执行后的输出结果是什么? 为什么?

(2) 如果将 A∷act2()的实现改为:

```cpp
void A∷act2()
{
    this->act1()；
}
```

输出结果如何?

（3）如果将 A∷act2()的实现改为：

```
void A∷act2()
{
    A∷act1();
}
```

输出结果如何？

解答：

（1）执行原程序输出结果如下：

B∷act1() called.

因为类 B 是类 A 的派生类，act1()是类 A 中的虚函数，类 B 中的 act1()自然是虚函数。

在 main()函数中：

b. act2();

调用类 B 中的 act2()函数，B 是派生类实际上调用 A∷act2()函数，而 A∷act2()函数的实现中调用 act1()。由于有两个 act1()函数，并且是虚函数，因此满足动态联编的条件，根据运行时的情况选择了 B∷act1()。输出结果是：

B∷act1() called.

（2）输出结果与前面相同，即为：

B∷act1() called.

因为加了 this 的限定，与没加是一样的，this 是指向操作该成员函数的对象的指针。

（3）输出结果如下：

A∷act1() called.

由于加了类名的限定，在对 act1()函数的调用进行的是静态联编，结果 A∷act1()函数被调用，因此出现上述结果。

该程序中，在公有继承条件下，使用成员函数调用虚函数时，通常采用动态联编。

动态联编实现的条件有如下三项：

- 子类型关系成立或者公有继承。
- 具有说明的虚函数。
- 使用对象指针或对象引用调用虚函数，或者在成员函数中调用虚函数。

下面再举一个成员函数调用虚函数实现动态联编的例子。

[例 8.11] 分析下列程序的输出结果。

程序内容如下：

```
#include <iostream. h>
class A
```

```
{
  public：
    virtual void f1()
    { cout<<"A::f1() called. \n";}
    void f2()
    { f1();}
};
class B：public A
{
  public：
    void f1()
    { cout<<"B::f1() called. \n";}
    void f3()
    { A::f1();}
};
void main()
{
    B b;
    b. f2();
    b. f3();
    A &ra=b;
    ra. f2();
    A a=b;
    a. f2();
}
```

执行该程序后,输出结果如下：

B::f1() called.
A::f1() called.
B::f1() called.
A::f1() called.

说明：在程序的主函数中,有下述语句通过对象或对象引用调用成员函数 f2()或 f3()。

(1) 在 b. f2();语句中,b 是类 B 的对象,f2()函数中调用一个虚函数 f1()。由于满足动态联编的条件(请读者自己分析),因此应在运行时选择类 B 中的 f1()函数,于是输出 B::f1() called. 结果。

(2) 在 b. f3();语句中,成员函数 f3()中限制调用类 A 中的 f1()函数,因此采用的是静态联编。

(3) 在 ra. f2();语句中,ra 是类 A 对象的引用,并由类 B 对象 b 对它进行初始化。在运行时,ra 是 b 的别名,满足动态联编条件,应在运行时选择类 B 中的 f1()函数,于是输出 B::f1() called. 结果。

(4) 在 a. f2();语句中,a 是类 A 的对象,虽然用类 B 对象 b 对它进行初始化,但它仍然是类 A 对象,这里不满足动态联编条件,于是在编译时联接类 A 中的 f1() 函数,输出 A∷f1() called. 结果。

此例中使用了赋值兼容规则,请读者自己分析。

构造函数中调用虚函数时,采用静态联编,即构造函数调用的虚函数是自己类中实现的虚函数。如果自己类中没有实现这个虚函数,则调用从基类中继承的虚函数,而不是任何派生类中实现的虚函数。

下面通过一个例子说明在构造函数中如何调用虚函数。

[例 8.12] 分析下列程序的输出结果。

```cpp
#include <iostream.h>
class A
{
    public:
    A()
    { }
    virtual void f()
    { cout<<"A∷f() called.\n";}
};
class B:public A
{
    public:
    B()
    {f();}
    void g()
    { f();}
};
class C:public B
{
    public:
    C()
    { }
    virtual void f()
    { cout<<"C∷f() called.\n";}
};
void main()
{
    C c;
    c.g();
}
```

执行该程序输出如下结果:

A∷f() called.

C::f() called.

说明：执行 C c;语句时,系统调用默认的构造函数给对象 c 初始化,在该构造函数中隐含了基类的默认构造函数 B()。在执行 B()函数时,要调用 f()函数,由于采用静态联编,该类中没有调用 f()虚函数的实现,因此调用它的基类中的虚函数,即输出显示 A::f(),所以出现上面的结果。

执行 c.g();语句时,将调用从类 B 中继承的 g()函数。在 g()函数中,又调用了 f()函数,使用类 C 的对象 c 理应调用类 C 中的 f()函数,于是输出显示 C::f() called. 结果。

从该程序中可以看出:在构造函数中调用虚函数时,不采用动态联编。因为构造函数用来在创建对象时进行初始化,因此应在编译时选择联编的代码。

析构函数中调用虚函数同构造函数一样,即析构函数所调用的虚函数是在自身类中或基类中实现的虚函数。

下面再列举一些关于动态联编的例子。

〔例 8.13〕 分析下列程序的输出结果。

```
#include <iostream.h>
class A
{
  public:
    virtual void print(int x,int y)
    { cout<<x<<","<<y<<endl;}
};
class B: public A
{
  public:
    virtual void print(int x,float y)
    { cout<<x<<","<<y<<endl;}
};
void show(A &a)
{
    a.print(3,8);
    a.print(6,5.9);
}
void main()
{
    B b;
    show(b);
}
```

编译该程序将出现一个警告错,指出类 B 中虚函数 print()的第二个参数可能是写错了,应该是 int 型,而不是 float 型。

如果对此错不予修改,继续编译后,执行该程序输出如下结果:

3,8
6,5

说明：一般要求基类中说明了虚函数后，派生类说明的虚函数应该与基类中虚函数的参数个数相等，对应参数的类型相同。如果不相同，则将派生类虚函数的参数的类型强制转换为基类中虚函数的参数类型。该例便说明了这一点。

［例 8.14］　分析下列程序的输出结果。

```cpp
#include <iostream.h>
class A
{
  public:
    virtual void f()
    { cout<<"A::f() called.\n";}
};
class B: public A
{
  public:
    virtual void f()
    { cout<<"B::f() called.\n";}
};
void main()
{
    B b;
    A &r=b;
    void (A:: * pf)()=A::f;
    (r. * pf)();
}
```

执行该程序输出如下结果：

B::f() called.

说明：该例说明当使用指向类的成员函数的指针来标识虚函数时，在公有继承的条件下，对该虚函数的调用采取动态联编。

8.5　纯虚函数和抽象类

8.5.1　纯虚函数

在类体中，不给出具体实现的虚函数称为纯虚函数。纯虚函数是一种特殊的虚函数，它的一般格式如下：

```
class〈类名〉
{
    virtual〈类型〉〈函数名〉(〈参数表〉)=0;
        ⋮
};
```

在许多情况下,在基类中不对虚函数给出有意义的实现,而把它说明为纯虚函数,它的实现留给该基类的派生类去做。

[例 8.15] 使用纯虚函数的程序。

```
#include〈iostream. h〉
class point
{
    public:
        point(int i=0,int j=0)
        { x0=i;y0=j;}
        virtual void set()=0;
        virtual void draw()=0;
    protected:
        int x0,y0;
};
class line:public point
{
    public:
        line(int i=0,int j=0,int m=0,int n=0):point(i,j)
        {
            x1=m;y1=n;
        }
        void set()
        { cout<<"line::set() called. \n";}
        void draw()
        { cout<<"line::draw() called. \n";}
    protected:
        int x1,y1;
};
class ellipse:public point
{
    public:
        ellipse(int i=0,int j=0,int p=0,int q=0):point(i,j)
        {
            x2=p;y2=q;
        }
        void set()
```

```
        { cout<<"ellipse::set() called. \n";}
        void draw()
        { cout<<"ellipse::draw() called. \n";}
    protected：
        int x2,y2；
};
void drawobj(point * p)
{
        p—>draw();
}
void setobj(point * p)
{
        p—>set();
}
void main()
{
        line  * lineobj=new line；
        ellipse  * elliobj=new ellipse；
        drawobj(lineobj)；
        drawobj(elliobj)；
        cout<<endl；
        setobj(lineobj)；
        setobj(elliobj)；
        cout<<"\nRedraw the object … \n"；
        drawobj(lineobj)；
        drawobj(elliobj)；
}
```

执行该程序输出如下结果：

```
line::draw() called.
ellipse::draw() called.

line::set() called.
ellipse::set() called.

Redraw the object…
line::draw() called.
ellipse::draw() called.
```

说明：

(1) 该程序中，类 point 中说明了两个纯虚函数 set()和 draw()。在 point 类的两个派生类 line 和 ellipse 中，有两个虚函数，它们分别有各自的实现。drawobj()和 setobj()这两个函数的参数是类对象指针，该程序将实现动态联编，将在运行时选择实现。

（2）仔细分析将会发现，在基类 point 中，没有必要重新设定或者在屏幕上绘制一点，而将两个成员函数 set() 和 draw() 说明为纯虚函数。这两个函数的有意义的实现体现在它的两个派生类 line 和 ellipse 中。

8.5.2　抽象类

带有纯虚函数的类称为抽象类。抽象类是一种特殊的类，它是为了抽象和设计的目的而建立的，处于继承层次结构的上层。抽象类是不能定义对象的，在实际中为了强调一个类是抽象类，可将该类的构造函数说明为保护的访问控制权限。抽象类可以定义对象指针和对象引用。

抽象类的主要作用是将有关的类组织在一个继承层次的结构中，由它来为它们提供一个公共的根，相关的子类是从这个根派生出来的。抽象类刻画了一组子类的操作接口的通用语义，这些语义也传给子类。一般而言，抽象类只描述这组子类共同的操作接口，而将完整的实现留给子类。

抽象类只能作为基类来使用，其纯虚函数的实现由派生类给出。如果派生类中没有重新定义纯虚函数，而派生类只是继承基类的纯虚函数，则这个派生类仍然是一个抽象类。如果派生类中给出了基类纯虚函数的实现，则该派生类就不再是抽象类了，而是一个可以建立对象的具体类。

下面举一个抽象类的例子。

［例 8.16］　采用变步长辛普生算法计算积分。先简单介绍算法如下。

积分的数学抽象表示为：

$$I = \int_a^b f(x)\mathrm{d}x$$

（1）用梯形公式计算：

$$T_n = \frac{h}{2}(f(a) - f(b))$$

其中，$n=1$，$h=b-a$。

（2）用变步长梯形法计算：

$$T_{2n} = \frac{T_n}{2} + \frac{h}{2}\sum_{k=n}^{n-1} f\left(x_k \frac{h}{2}\right)$$

（3）用辛普生求积分公式：

$$I_{2n} = \frac{4T_{2n} - T_n}{3}$$

（4）若满足：

$$\mid I_{2n} - I_n \mid < \mathrm{eps}$$

则结束，I_{2n} 为所求得的积分近似值。

否则，即：

$$\mid I_{2n} - I_n \mid \geqslant \mathrm{eps}$$

设 $n=2n$，$h=\dfrac{h}{2}$，重复步骤（2）、（3）。

编程计算 $I = \int_0^2 \dfrac{\log(1+x)}{1+x^2} dx$ 的值,取 eps 为 10^{-7}。

程序内容如下:

```cpp
#include <iostream.h>
#include <math.h>
class F
{
  public:
    virtual double operator()(double x) const=0;
};
class Integral
{
  public:
    virtual double operator()(double a,double b,double eps) const=0;
};
class Simpson: public Integral
{
  public:
    Simpson(const F &ff):f(ff)
    {  }
    virtual double operator()(double a,double b,double eps) const;
  private:
    const F &f;
};
double Simpson::operator()(double a,double b,double eps) const
{
    int done(0);
    int n;
    double h,Tn,T2n,In,I2n;
    n=1;
    h=b-a;
    Tn=h*(f(a)+f(b))/2.0;
    In=Tn;
    while(!done)
    {
        double temp(0.0);
        for(int k=0;k<=n-1;k++)
        {
            double x=a+(k+0.5)*h;
            temp+=f(x);
        }
        T2n=(Tn+h*temp)/2.0;
        I2n=(4.0*T2n-Tn)/3.0;
```

```
            if(fabs(I2n-In)<eps)
                done=1;
            else
            {
                Tn=T2n;
                n*=2;
                h/=2;
                In=I2n;
            }
        }
        return I2n;
}
class Function:public F
{
    public:
        virtual double operator()(double x) const
        {
            return log(1.0+x)/(1.0+x*x);
        }
};
void main()
{
    Function f;
    Simpson simp(f);
    cout<<simp(0,2,1E-7)<<endl;
}
```

执行该程序输出如下结果：

0.554895

说明：该程序中有两个抽象类，它们是类 F、类 Integral。另外的两个类：类 Function
和类 Simpson 分别是 F 类和 Integral 类的派生类，并对其基类中的纯虚函数给出了具体
的实现。

8.6 虚析构函数

在析构函数前面加上关键字 virtual 进行说明，称该析构函数为虚析构函数。例如：

```
class B
{
    public:
        virtual ~B();
            ⋮
```

};

该类中的析构函数就是一个虚析构函数。

如果一个基类的析构函数被说明为虚析构函数,则它的派生类中的析构函数也是虚析构函数,不管它是否使用关键字 virtual 进行说明。

说明虚析构函数的目的是:使用 delete 运算符删除一个对象时,确保析构函数能正确执行;因为设置虚析构函数后,可以采用动态联编方式选择析构函数。这样,对象的删除会更彻底。

下面举一个虚析构函数的例子。

[**例 8.17**] 分析下列程序的输出结果。

```cpp
#include <iostream.h>
class A
{
  public:
     virtual ~A() { cout<<"A::~A() called. \n";}
};
class B:public A
{
  public:
     B(int i) {buf=new char[i];}
     virtual ~B()
     {
        delete [] buf;
        cout<<"B::~B() called. \n";
     }
  private:
     char * buf;
};
void fun(A * a)
{
     delete a;
}
void main()
{
     A * a=new B(15);
     fun(a);
}
```

执行该程序输出如下结果:

B::~B() Called.

A::~A() Called.

如果类 A 中的析构函数不用虚函数,则输出结果如下:

A::~A( ) Called.

说明：

（1）当说明基类的析构函数是虚函数时，调用 fun(a) 函数，执行下述语句。

delete a；

因为采用动态联编，调用其基类的析构函数，所以输出上述结果。

（2）当没有说明基类的析构函数为虚函数时，delete 隐含着对析构函数的调用，故产生结果：

A::~A( ) Called.

8.7 程 序 举 例

下面结合本章所学过的内容试举两例。

[**例 8.18**]　计算几种几何图形的面积之和。该例中列举了 5 个简单的几何图形，求出它们面积之和。在程序中，这 5 种图形求面积的公式如下：

三角形（triangle）求面积公式：$S=\dfrac{1}{2}*H*W$

矩形（rectangle）求面积公式：$S=H*W$

圆形（circle）求面积公式：$S=3.1415*R*R$

梯形（trapezoid）求面积公式：$S=\dfrac{1}{2}*(T+B)*H$

正方形（square）求面积公式：$S=S*S$

编程内容如下：

```
#include <iostream.h>
class Shape
{
  public：
    virtual double Area( ) const=0;
};
class Triangle:public Shape
{
  public：
    Triangle(double h,double w) { H=h;W=w;}
    double Area( ) const {return H*W*0.5;}
  private：
    double H,W;
};
class Rectangle: public Shape
{
```

```
      public：
         Rectangle(double h,double w) ｛ H＝h;W＝w;｝
         double Area() const ｛ return H * W;｝
      private：
         double H,W;
   ｝;
class Circle：public Shape
｛
   public：
      Circle(double r) ｛ radius＝r;｝
      double Area() const ｛ return radius * radius * 3.1415;｝
   private：
      double radius;
｝;
class Trapezoid：public Shape
｛
   public：
      Trapezoid(double top,double bottom,double high)
      ｛ T＝top;B＝bottom;H＝high;｝
      double Area() const ｛ return (T＋B) * H * 0.5;｝
   private：
      double T,B,H;
｝;
class Square：public Shape
｛
   public：
      Square(double side) ｛ S＝side;｝
      double Area() const ｛ return S * S;｝
   private：
      double S;
｝;
class Application
｛
   public：
      double Compute(Shape * s[],int n) const;
｝;
double Application：：Compute(Shape * s[],int n) const
｛
      double sum＝0;
      for(int i＝0;i＜n;i＋＋)
         sum＋＝s[i]－＞Area();
      return sum;
｝
class MyProgram：public Application
｛
```

```
    public：
        MyProgram()；
        ～MyProgram()；
        double Run()；
    private：
        Shape ＊＊s；
};
MyProgram∷MyProgram()
{
    s＝new Shape＊[5]；
    s[0]＝new Triangle(3.0,4.0)；
    s[1]＝new Rectangle(6.0,8.0)；
    s[2]＝new Circle(6.5)；
    s[3]＝new Trapezoid(10.0,8.0,5.0)；
    s[4]＝new Square(6.7)；
}
MyProgram∷～MyProgram()
{
    for(int i＝0;i＜5;i＋＋)
        delete s[i]；
    delete[] s；
}
double MyProgram∷Run()
{
    double sum＝Compute(s,5)；
    return sum；
}
void main()
{
    cout＜＜″Area′s sum＝″＜＜MyProgram().Run()＜＜endl；
}
```

执行该程序输出如下结果：

Area′s Sum＝276.618

说明：

(1) 该程序中共有 8 个类,它们之间的关系如图 8-1 所示。

图 8-1　类之间的关系

（2）类 Shape 是一个抽象类。它相当于是 Triangle 等 5 个类的根。Shape 类中的虚函数 Area()在它 5 个派生类中有着不同的实现。

（3）该程序的这种结构对于增加不同的图形十分方便。例如,再加一个正五边形,只要增加一个 Shape 类派生类即可。在该派生类中给出求面积公式,并且在求和的数组中再增加一个元素。

[例 8.19]　某人喜欢饲养宠物,假定他拥有的放置宠物的窝共分 20 个栏,一半用于养猫,另一半用于养狗。

程序中,先为动物定义一个基类,并定义一个虚函数 WhoAmI()。再分别定义两个类:狗类 Dog 和猫类 Cat,它们都是动物类的派生类,它们都拥有成员函数 WhoAmI()。接着,又定义一个窝类 Kennel。该类中定义了一个动物数组 Residents 指针,并有两个数据成员分别标记数组的大小和实际含有多少动物。该类中还定义了构造函数(带一个参数)、析构函数和另外 3 个函数。这 3 个函数的功能如下:

（1）函数 Accept()有一个指向动物类对象的指针。它的功能是:存放动物的数组有可用空间时,把它的指针存于动物数组中,并返回存放的"栏"号;否则返回零。

（2）函数 Release()的功能是按给出的号码检索栏。如果该栏为空,返回 NULL;否则将该栏置空,并返回所保存动物的指针。

（3）函数 ListAnimals()的功能是通过调用函数 WhoAmI()列出 Kennel 中所有动物的表格。

程序内容如下:

```cpp
#include <iostream.h>
#include <stdlib.h>
#include <string.h>
#include <stdio.h>
class Animal
{
  public:
    Animal() { name=NULL;}
    Animal(char * n) { name=strdup(n);}
    ~Animal() { delete name;}
    virtual void WhoAmI() { cout<<"generic animal. \n";}
  protected:
    char * name;
};
class Cat: public Animal
{
  public:
    Cat():Animal(){}
    Cat(char * n):Animal(n) {}
    virtual void WhoAmI() { cout<<"I am a cat named"
```

```
                        ≪name≪endl;}
};
class Dog：public Animal
{
  public：
    Dog()：Animal() {}
    Dog(char * n)：Animal(n) {}
    virtual void WhoAmI() { cout≪"I am a dog named"
                        ≪name≪endl;}
};
class Kennel
{
  public：
    Kennel(unsigned max);
    ～Kennel() { delete Residents;}
    unsigned Accept(Animal * d);
    Animal * Release(unsigned pen);
    void ListAnimals();
  private：
    unsigned MaxAnimals,NumAnimals;
    Animal * * Residents;
};
Kennel：：Kennel(unsigned max)
{
    MaxAnimals=max;
    NumAnimals=0;
    Residents=new Animal * [MaxAnimals];
    for(int i=0;i<MaxAnimals;i++)
        Residents[i]=NULL;
}
unsigned Kennel：：Accept(Animal * d)
{
    if(NumAnimals==MaxAnimals)
      return  0;
    ++NumAnimals;
    int i=0;
    while(Residents[i]! =NULL)
      ++i;
    Residents[i]=d;
    return i+1;
}
Animal * Kennel：：Release(unsigned pen)
{
    if(pen>MaxAnimals)
```

```cpp
        return NULL;
    ——pen;
    if(Residents[pen]!=NULL)
    {
        Animal * temp=Residents[pen];
        Residents[pen]=NULL;
        ——NumAnimals;
        return temp;
    }
    else
        return NULL;
}
void Kennel::ListAnimals()
{
    if(NumAnimals>0)
        for(int i=0;i<MaxAnimals;i++)
          if(Residents[i]!=NULL)
          {
              cout<<"The animal in pen "<<i+1<<" says:"<<endl;
              Residents[i]->WhoAmI();
          }
}
Dog d1("Rover");
Dog d2("Spot");
Dog d3("Chip");
Dog d4("Buddy");
Dog d5("Butch");
Cat c1("Tinkerbell");
Cat c2("Inky");
Cat c3("Fluffy");
Cat c4("Princess");
Cat c5("Sylvester");

void main()
{
    Kennel K(20);
    K. Accept(&d1);
    unsigned c2pen=K. Accept(&c2);
    K. Accept(&d3);
    K. Accept(&c1);
    unsigned d4pen=K. Accept(&d4);
    K. Accept(&d5);
    K. Accept(&c5);
    K. Release(c2pen);
```

```
        K. Accept(&c4);
        K. Accept(&c3);
        K. Release(d4pen);
        K. Accept(&d2);
        K. ListAnimals();
}
```

执行该程序输出如下结果：

The animal in pen 1 says：
I am a dog named Rover
The animal in pen 2 says：
I am a cat named Princess
The animal in pen 3 says：
I am a dog named Chip
The animal in pen 4 says：
I am a cat named Tinkerbell
The animal in pen 5 says：
I am a dog named Spot
The animal in pen 6 says：
I am a dog named Butch
The animal in pen 7 says：
I am a cat named Sylvester
The animal in pen 8 says：
I am a cat named Fluffy

说明：本程序采用了虚函数机制，进行了动态联编，对 cat 和 dog 只有一套操作，运行时进行选择，这将给编程带来方便。这种结构便于增加新的宠物。如果再增加一种荷兰猪，则只需增加一个新的类定义，而不必修改程序。读者可以试试。

练习题

1．什么是多态性？为什么说它是面向对象程序设计的一个重要机制？

2．函数重载的含义是什么？定义重载函数时应注意些什么问题？

3．运算符重载的含义是什么？是否所有的运算符都可以重载？

4．运算符重载有哪两种形式？这两种形式有何区别？

5．运算符重载函数使用关键字 const 说明后，是指什么不可改变？

6．静态联编和动态联编的区别是什么？

7．什么是虚函数？为什么要定义虚函数？它与动态联编有何关系？

8．什么是纯虚函数？什么是抽象类？

9．虚析构函数有什么作用？

10．C++ 语言的多态性包含哪些内容？

作业题

1. 选择填空。

(1) 定义重载函数的下列要求中,(   )是错误的。

    A. 要求参数的个数不同

    B. 要求参数中至少有一个类型不同

    C. 要求参数个数相同时,参数类型不同

    D. 要求函数的返回值不同

(2) 下列函数中,(   )不能重载。

    A. 成员函数   B. 非成员函数

    C. 析构函数   D. 构造函数

(3) 下列对重载函数的描述中,(   )是错误的。

    A. 重载函数中不允许使用默认参数

    B. 重载函数中编译系统根据参数表进行选择

    C. 不要使用重载函数来描述毫不相干的函数

    D. 构造函数重载将会给初始化带来多种方式

(4) 下列运算符中,(   )运算符不能重载。

    A. &&   B. [ ]   C. ::   D. new

(5) 下列关于运算符重载的描述中,(   )是正确的。

    A. 运算符重载可以改变操作数的个数

    B. 运算符重载可以改变优先级

    C. 运算符重载可以改变结合性

    D. 运算符重载不可以改变语法结构

(6) 运算符重载函数是(   )。

    A. 成员函数   B. 友元函数

    C. 内联函数   D. 带默认参数的函数

(7) 关于动态联编的下列描述中,(   )是错误的。

    A. 动态联编是以虚函数为基础的

    B. 动态联编是在运行时确定所调用的函数代码的

    C. 动态联编调用函数操作是指向对象的指针或对象引用

    D. 动态联编是在编译时确定操作函数的

(8) 关于虚函数的描述中,(   )是正确的。

    A. 虚函数是一个 static 类型的成员函数

    B. 虚函数是一个非成员函数

    C. 基类中说明了虚函数后,派生类中可不必将其对应的函数说明为虚函数

    D. 派生类的虚函数与基类的虚函数具有不同的参数个数和类型

（9）关于纯虚函数和抽象类的描述中，（　　）是错误的。

    A. 纯虚函数是一种特殊的虚函数，它没有具体的实现

    B. 抽象类是指具有纯虚函数的类

    C. 若一个基类中说明了纯虚函数，则该基类的派生类一定不再是抽象类

    D. 抽象类只能作为基类来使用，其纯虚函数的实现由派生类给出

（10）下列描述中，（　　）是抽象类的特性。

    A. 可以说明虚函数　　　　　　B. 可以进行构造函数重载

    C. 可以定义友元函数　　　　　D. 不能说明其对象

2. 判断下列描述的正确性，对者划√，错者划×。

（1）函数的参数个数和类型都相同，只是返回值不同，这不是重载函数。

（2）重载函数可以带有默认值参数，但是要注意二义性。

（3）多数运算符可以重载，个别运算符不能重载，运算符重载是通过函数定义实现的。

（4）对每个可重载的运算符来讲，它既可以重载为友元函数，又可以重载为成员函数，还可以重载为非成员函数。

（5）对单目运算符重载为友元函数时，说明一个形参；重载为成员函数时，不能显式说明形参。

（6）重载运算符保持原运算符的优先级和结合性不变。

（7）虚函数是用 virtual 关键字说明的成员函数。

（8）构造函数说明为纯虚函数是没有意义的。

（9）抽象类是指一些没有说明对象的类。

（10）动态联编是在运行时选定调用的成员函数的。

3. 分析下列程序的输出结果。

（1）

```
#include〈iostream.h〉
class B
{
  public：
    B(int i) { b=i+50；show();}
    B() {}
    virtual void show()
    {
      cout<<"B∷show() called. "<<b<<endl；
    }
  protected：
    int b；
```

```
};
class D: public B
{
  public:
    D(int i):B(i) { d=i+100; show();}
    D() {}
    void show()
    {
      cout<<"D::show() called. "<<d<<endl;
    }
  protected:
    int d;
};
void main()
{
    D d1(108);
}
```

（2）

```
#include <iostream. h>
class B
{
  public:
    B() {}
    B(int i) { b=i;}
    virtual void virfun()
    {
      cout<<"B::virfun() called. \n";
    }
  private:
    int b;
};
class D: public B
{
  public:
    D() {}
    D(int i,int j):B(i) {d=j;}
  private:
    int d;
    void virfun()
    {
      cout<<"D::virfun() called. \n";
    }
```

```
};
void fun(B * obj)
{
    obj->virfun();
}
void main()
{
    D * pd=new D;
    fun(pd);
}
```

（3）

```
#include <iostream.h>
class A
{
  public:
    A() { ver='A';}
    void print() { cout<<"The A version "<<ver<<endl;}
  protected:
    char ver;
};
class D1:public A
{
  public:
    D1(int number) { info=number; ver='1';}
    void print()
    { cout<<"The D1 info: "<<info<<" version "<<ver<<endl; }
  private:
    int info;
};
class D2:public A
{
  public:
    D2(int number) { info=number;}
    void print()
    { cout<<"The D2 info: "<<info<<" version "<<ver<<endl;}
  private:
    int info;
};
class D3: public D1
{
  public:
    D3(int number):D1(number)
    {
```

```cpp
            info＝number；
            ver＝'3'；
        }
        void print()
        { cout<<"The D3 info："<<info<<" version "<<ver<<endl; }
    private：
        int info；
};
void print＿info(A ＊p)
{
        p—>print()；
}

void main()
{
        A a；
        D1 d1(4)；
        D2 d2(100)；
        D3 d3(－25)；
        print＿info(&a)；
        print＿info(&d1)；
        print＿info(&d2)；
        print＿info(&d3)；
}
```

(4)

```cpp
＃include ⟨iostream. h⟩
class A
{
    public：
        A() { ver＝'A'；}
        virtual void print() { cout<<"The A version "<<ver<<endl；}
    protected：
        char ver；
};
class D1：public A
{
    public：
        D1(int number) { info＝number；ver＝'1'；}
        void print()
        { cout<<"The D1 info："<<info<<" version "<<ver<<endl； }
    private：
        int info；
```

```
};
class D2:public A
{
  public:
    D2(int number) { info=number;}
    void print()
    { cout<<"The D2 info: "<<info<<" version "<<ver<<endl;}
  private:
    int info;
};
class D3: public D1
{
  public:
    D3(int number):D1(number)
    {
      info=number;
      ver='3';
    }
    void print()
    { cout<<"The D3 info: "<<info<<" version "<<ver<<endl; }
  private:
    int info;
};
void print_info(A * p)
{
    p->print();
}
void main()
{
    A a;
    D1 d1(4);
    D2 d2(100);
    D3 d3(-25);
    print_info(&a);
    print_info(&d1);
    print_info(&d2);
    print_info(&d3);
}
```

(5)

```
#include <iostream.h>
class Matrix
{
```

```cpp
  public:
    Matrix(int r,int c)
    {
      row=r; col=c;
      elem=new double[row * col];
    }
    double& operator ()(int x,int y)
    {
      return elem[col * (x-1)+y-1];
    }
    double operator ()(int x,int y) const
    {
      return elem[col * (x-1)+y-1];
    }
    ~Matrix() { delete[] elem;}
  private:
    double * elem;
    int row,col;
};
void main()
{
    Matrix m(5,8);
    for(int i=0;i<5;i++)
      m(i,1)=i+5;
    for(i=0;i<5;i++)
      cout<<m(i,1)<<",";
    cout<<endl;
}
```

4. 分析下列程序,并回答问题。
程序内容如下:

```cpp
# include <iostream. h>
class A
{
  public:
    A (int i=0, int j=0)
    { a1=i; a2=j;}
    vritual void Print()
    { cout <<a1+a2<<endl;}
  protected:
    int a1,a2;
};
class B: public A
{
```

```cpp
    public:
        B(int i=0, int j=0): A(i,j)
        {   }
        void Print()
        { cout≪a1-a2≪endl;}
};
class C: public B
{
    public:
        C(int i=0, int j=0): B(i,j)
        {   }
        void Print()
        { cout≪a1 * a2≪endl;}
};
class D: public C
{
    public:
        D (int i=0, int j=0): C(i,j)
        {   }
        void Print()
        {
            if (a2! =0)
                cout≪a1/a2≪endl;
            else
                cout≪"divisor is zero! \n";
        }
};
void main()
{
    int i(9), j=3;
    A a(i,j);
    B b(i,j);
    C c(i,j);
    D d(i,j);
    A * m[4]={&a,&b,&c,&d};
    for(int n(0); n<4; n++)
        m[n]->Print ();
    A &ra=c;
    ra. Print();
    A aa=c;
    aa. Print();
}
```

请回答下列问题：

(1) 执行该程序后,输出结果是什么?

(2) 该程序中共采用了多少次动态联编?

(3) 将该程序中类 A 内 virtual void Print()成员函数去掉虚拟关键字,再分析程序的输出结果是什么?

(4) 程序中 m 是一个类 A 的对象指针数组名,在对它进行初始化时,初始化表中不是同一种类的对象的地址,为什么可以这样做?

第 9 章　C++ 语言的 I/O 流库

输入输出操作在 C++ 语言中没有定义,但它包含在 C++ 语言的实现中,并提供了 I/O 流库。在 C++ 语言中,输入输出操作是由"流"来处理的。所谓流是指数据从一个位置流向另一个位置。在 C++ 程序中,数据可以从键盘流入到程序中,也可以从程序流向屏幕或磁盘文件中。把数据的流动抽象为流。流在使用前要被建立,使用后要被删除,还要使用一些特定的操作从流中获取数据或向流中添加数据。从流中获取数据的操作称为提取操作,向流中添加数据的操作称为插入操作。实际上,流是某种类的对象。

C++ 语言针对流的特点,提供了如图 9-1 所示的继承结构来描述流的行为,给出了 I/O流库的操作。

在图 9-1 中,ios 类用来提供一些关于对流状态进行设置的功能,它是一个虚基类。istream 类提供了从流中提取数据的有关操作,ostream 提供了向流中插入数据的有关操作。iostream 类是综合了 istream 类和 ostream 类的行为,提供了对该类对象执行插入和提取操作。streambuf 类是为 ios 类及其派生类提供对数据的缓冲支持。

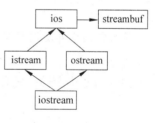

图 9-1　继承结构

为了实现 C++ 语言对文件的操作,C++ 语言 I/O 流库又从图9-1的类中派生定义了 5 个描述文件抽象的类。

- fstreambase 类是一个公共基类,文件操作中不使用这个类;
- ifstream 类是从 istream 类派生的,它的功能是对文件进行提取操作;
- ofstream 类是从 ostream 类派生的,它负责对文件进行插入操作;
- fstream 类是从 fstreambase 类和 iostream 类中派生的,它可对文件进行插入和提取操作;
- filebuf 类是从 streambuf 类派生的,用来作为上述类的缓冲支持。

在上述有关文件操作的 5 个类中,经常使用的是中间 3 个类。

另外,I/O 流库还提供了处理内部初始化字符序列的操作。常用的有如下两个类:

- istrstream 类是由 istream 类派生来的,用于从字符序列中取字符;
- ostrstream 类是由 ostream 类派生来的,用于将字符放入字符序列中。

一般的输入和输出操作分别由图 9-1 中的 istream 类和 ostream 类提供。而 iostream 类是这个类的派生类,它允许进行输入输出双向操作。ostream 类的输出操作被认为是插入过程,由重载的插入符"≪"来实现。istream 类的输入操作被认为是提取过程,由重载的提取符"≫"来实现。

另外,系统还预定义好了 4 个流类的对象,供用户需要时使用。

(1) cin 是 istream 类的对象,用来处理标准输入,即键盘输入。

(2) cout 是 ostream 类的对象,用来处理标准输出,即屏幕输出。

(3) cerr 是 ostream 类的对象,用来处理标准出错信息,它提供不带缓冲区的输出。

(4) clog 是 ostream 类的对象,也用来处理标准出错信息,但它提供带缓冲区的输出。

上述 4 个标准流对象包含在 iostream.h 文件中。

本章讲解下述内容:

· 屏幕输出;

· 键盘输入;

· 格式化输出;

· 重载提取符和插入符;

· 磁盘文件输入和输出。

9.1 屏 幕 输 出

下面介绍几种常用的屏幕输出方法。

9.1.1 使用预定义的插入符

最常用的屏幕输出是将插入符作用在标准输出流类对象 cout 上。

[例 9.1] 使用预定义的插入符进行屏幕输出。

```
#include <iostream.h>
#include <string.h>
void main()
{
    cout<<"The length of \"this is a string\" is:\t"
            <<strlen("this is a string")<<endl;
    cout<<"The size of \"this is a string\" is:\t"
            <<sizeof("this is a string")<<endl;
}
```

执行该程序输出如下结果:

The length of "this is a string" is:16

The size of "this is a string" is:17

说明：

（1）在该程序中的输出语句中，可以串联多个插入运算符，输出多个数据项。

（2）在插入运算符的后边可以写任意表达式，系统自动计算出它的值并传给插入符。

[**例 9.2**]　分析下列程序的输出结果。

```
# include <iostream. h>
void main()
{
    int a=100；
    int * pa=&a；
    cout<<"a="<<a<<endl<<"&a="<<&a<<endl；
    cout<<" * pa="<< * pa<<endl<<"&pa="<<&pa<<endl；
}
```

执行该程序输出如下结果：

```
a=100
&a=0x0064FDF4
 * pa=100
&pa=0x0064FDF0
```

说明：使用插入符显示对象的地址值，在默认情况下，按其十六进制形式显示。如果要输出十进制形式的地址值，则需用类型 long 进行强制。例如，本例中修改为：

```
cout<<"a="<<a<<endl<<"&a="<<long(&a)<<endl；
cout<<" * pa="<< * pa<<endl<<"&pa="<<long(&pa)<<endl；
```

输出显示如下结果：

```
a=100
&a=6618612
 * pa=100
&pa=6618608
```

[**例 9.3**]　分析下列程序的输出结果。

```
# include <iostream. h>
void main()
{
    char * str="string"；
    cout<<"the string is："<<str<<endl；
    cout<<"The address is："<<(void * )str<<endl；
}
```

执行该程序输出如下结果：

The string is：string

The address is: 0x00416D50

说明：

cout≪str;

不会输出字符指针的地址值。实际上，它输出的是字符指针所指向的字符串。要输出该字符指针的地址值，需要用如下格式：

cout≪(void *)s;

或者

cout≪void * (s);

9.1.2 使用成员函数 put()输出一个字符

成员函数 put()提供了一种将字符送进输出流的方法。其使用格式如下：

cout. put(char c);

或者

cout. put(const char c);

例如：

char c='m';

cout. put(c);

将输出显示字符 m。

cout. put('m');

也输出显示字符 m。

［例 9.4］ 分析下列程序的输出结果。

```
#include <iostream. h>
void main()
{
    cout≪'a'≪','≪'b'≪'\n';
    cout. put('a'). put(','). put('b'). put('\n');
    char c1='A',c2='B';
    cout. put(c1). put(c2). put('\n');
}
```

执行该程序输出如下结果：

a,b
a,b
AB

说明：从该程序中可以看出使用插入符(≪)可以输出字符，使用 put()函数也可以输出字符，但是具体使用格式不同。这两种方法中，可以使用字符常量，也可以使用字符变量。

put()函数的返回值是 ostream 类的对象的引用，所以 put()函数可以连续用。

9.1.3 使用成员函数 write()输出一个字符串

成员函数 write()可以提供一种将字符串送到输出流的方法。其使用格式如下所示：

cout. write(const char ∗ str,int n)

其中，str 是字符指针或字符数组，用来存放一个字符串的。n 是 int 型数，它用来表示输出显示字符串中字符的个数。如果输出整个字符串，则用 strlen(str)。第一个参数也可以直接给出一个字符串常量。

例如，输出字符串常量 string，可以这样实现：

cout. write("string",strlen("string"));

[例 9.5] 分析下列程序的输出结果。

```
# include ⟨iostream. h⟩
# include ⟨string. h⟩
void PrintString(char ∗ s)
{
    cout. write(s,strlen(s)). put('\n');
    cout. write(s,6)≪"\n";
}
void main()
{
    char str[]="I love C ++";
    cout≪"the string is："≪str≪endl;
    PrintString(str);
    PrintString("this is a string");
}
```

执行该程序输出如下结果：

The string is：I love C ++
I love C ++
I love
this is a string
this i

说明：该程序中使用了 write()函数输出显示字符串。可以看到，它可以输出显示整个字符串的内容，也可输出显示部分字符串的内容。

[例 9.6] 分析下列程序的输出结果。

```
# include ⟨iostream. h⟩
void main()
{
    int i=8,j=5;
    cout<<"Compare:"<<i<<","<<j<<endl;
    cout<<"The largest value is:"<<(i>j)? i:j<<endl;
}
```

编译该程序时出现编译错,指出插入符右边的表达式有问题。该程序的功能是要输出两个数中最大的。仔细分析会发现:最后一个输出语句中,第二个插入符后面的表达式的写法上有问题,即:

```
cout<<…<<(i>j)? i:j<<…;
```

应该写成下面的格式:

```
cout <<…<<(i>j? i:j)<<…;
```

因为插入符(<<)比三目运算符(?:)有更高的优先级。因此,需要用一个括号括起来,改变其优先级。读者可以试一下,修改后输出的结果是否如下所示:

```
Compare:8,5
The largest value is:8
```

从本例程序中可以看出,读者要十分注意插入符的优先级问题。在插入符后面的表达式中运算符优先级低时,应使用括号括起来。又如:

```
cout<<(a*=5);
```

其中所加的括号是十分必要的。

9.2　键　盘　输　入

下面介绍几种常用的键盘输入的方法。

9.2.1　使用预定义的提取符

最常用的键盘输入是将提取符作用在标准输入流对象 cin 上。其格式如下:

```
cin>>⟨表达式⟩ >> ⟨表达式⟩…
```

其中,提取符可以连续写多个,每个后面跟一个表达式。该表达式通常是获得输入值的变量或对象。

例如:

```
int a,b;
cin>>a>>b;
```

要求从键盘上输入两个 int 型数：

5 ⌴ 6 ↓

这时，变量 a 获取值为 5，变量 b 获取值为 6。

[**例 9.7**] 分析下列程序的输出结果。

```
#include〈iostream.h〉
void main()
{
    int a,b;
    cout<<"Please enter two integers：";
    cin>>a>>b;
    cout<<"("<<a<<","<<b<<")"<<endl;
}
```

执行该程序显示如下信息，并输入两个整型数 5 和 6：

Please enter two integers：5 ⌴ 6 ↓

(5,6)

说明：从键盘上输入的两个 int 型数之间用空白符分隔，一般常用空格符，也可用 tab 键（水平制表符）或换行符。因此，从键盘输入字符时，空白符只用于输入字符的分隔符，而本身不作为从输入流中提取的字符。

提取符可从输入流中读取一个字符序列，即一个字符串。在处理这种字符序列时，字符串被认为是一个以空白符结束的字符序列。从输入流中每读入一个字符串时，系统自动加上 '\0' 字符。因此，要求存放字符串的数组要足够大，不得小于字符串的长度加 1。

[**例 9.8**] 分析下列程序的输出结果。

```
#include〈iostream.h〉
#include〈string.h〉
void main()
{
    const int SIZE=20;
    char buf[SIZE];
    char *largest;
    int curLen,maxLen=-1,cnt=0;
    cout<<"Input  words:\n";
    while(cin>>buf)
    {
        curLen=strlen(buf);
        cnt++;
```

```
            if(curLen>maxLen)
            {
                maxLen=curLen;
                largest=buf;
            }
        }
        cout<<endl;
        cout<<cnt<<endl;
        cout<<maxLen<<endl;
        cout<<largest<<endl;
}
```

执行该程序显示如下信息,并进行输入:

Input words:

   if else return do while switch case for goto break continue ↙ ⟨Ctrl+Z⟩

输出结果如下:

11

8

continue

说明:结果中,11 表示输入了 11 个单词(或称字),用空白符分隔的为一个单词。8 表示其中最长的一个单词的字符个数。continue 表示该单词是其中最长的单词。

程序中,使用了下述循环语句:

while (cin>>buf)

{

    …

}

其中,buf 是长度为 20 个字符的字符数组。每个单词(即字符串)都在 buf 数组中存放过,单词以空白符为结束符。本例中共输入了 11 个单词。输入的单词中字符个数不要超过 20 个字符,否则 buf 数组将溢出。使用 Ctrl+Z 键作为输入流的结束符。具体操作中,结束输入时,先按换行符后,再输入 Ctrl+Z 键,便显示出输出结果。当输入 Ctrl+Z 键后,cin >> buf 的值为 0,则退出循环,因此,显示输出结果。

9.2.2　使用成员函数 get()获取一个字符

get()函数可以从输入流获取一个字符,并把它放置到指定变量中。该函数的使用格式如下:

  cin. get()

其中,cin 是对象,get()函数的返回值是 char 型,通常使用 get()函数从输入流中获取一个字符存放在 char 型变量中。该函数从输入流中获取字符时,不忽略空白符,即将输入流中的空白符也作为一个字符。

[**例 9.9**] 从键盘上输入如下字符序列时,分析输出结果。

abc␣xyz␣123 ↙

```
#include ⟨iostream.h⟩
void main()
{
    char ch;
    cout<<"Input:";
    while((ch=cin.get())!=EOF)
        cout.put(ch);
    cout<<"ok!";
}
```

按前面要求输入后,输出如下信息:

abc␣xyz␣123

输入 Ctrl+Z 后,退出该程序。

说明:

(1) get() 函数从输入流返回一个字符的 ASCII 码值,赋给一个 char 型变量。

(2) EOF 在这里是一个符号常量,它的值是 -1,被包含在 iostream.h 文件中。

这里有一点要注意:put(ch) 函数中要求 ch 是 char 型量,因此,将该程序中的 char ch;改为 int ch;时,put(ch) 函数编译通不过。

关于 get() 函数还有另外一种格式,如下所示:

```
cin.get(char ch);
```

其中,cin 是对象,该函数的返回值是调用它的 iostream 类的对象。使用该格式,例 9.9 程序主函数中的 while 语句应改写为如下形式:

```
while (cin.get(ch))
    if (ch!= EOF)
        cout.put(ch);
```

读者可以上机验证上述修改。

下面再介绍一个可以从输入流中读取多个字符的函数 getline()。该函数的使用格式如下:

```
cin.getline(char * buf,int Limit,Deline='\n');
```

其中,buf 是字符指针或者是字符数组;Limit 是 int 型数,用来限制从输入流中读取到 buf 字符数组中的字符个数,最多只能读 Limit-1 个,因为留 1 个字符放结束符;Deline 是读取字符时指定的结束符,默认值是 '\n';getline() 函数是用来每次读取一行字符的。从上述分析可以看到 getline() 函数结束操作的条件有：

（1）从输入流中读取 Limit－1 个字符后；

（2）从输入流中读取到换行符或其他终止符后；

（3）从输入流中读取到文件或输入流结束符后。

该函数常被用来读取一行字符。

[例 9.10]　编程统计从键盘上输入每一行字符的个数，从中选取出最长的行的字符个数，统计共输入了多少行。

```cpp
#include <iostream.h>
const int SIZE=80;
void main()
{
    int lcnt=0,lmax=-1;
    char buf[SIZE];
    cout<<"Input...\n";
    while(cin.getline(buf,SIZE))
    {
        int count=cin.gcount();
        lcnt++;
        if(count>lmax) lmax=count;
        cout<<"Line # "<<lcnt<<"\t"<<
                "chars read："<<count<<endl;
        cout.write(buf,count).put('\n').put('\n');
    }
    cout<<endl;
    cout<<"Total line："<<lcnt<<endl;
    cout<<"Longest line："<<lmax<<endl;
}
```

执行该程序，显示如下信息：

```
Input ...
this is a string. √
Line #1 chars read：18
this is a string.

you are a student. √
Line #2 chars read：19
you are a student.

the four seasons of the year. √
Line #3 chars read：30
the four seasons of the year.
```

change to a N. 332 bus. √

Line #4 chars read:25

change to a No. 332 bus.

输入〈Ctrl＋Z〉后,输出：

Total line:4

Longest line:30

说明：

（1）该程序中出现了一个 istream 类中的成员函数 gcount(),该函数用来返回上一次 getline()函数实际上读入的字符个数,包含空白符。

（2）该函数使用下列循环接收键盘上输入的字符行：

```
while（cin.getline(buf,SIZE)）
{
        ⋮
}
```

函数 getline()每次从输入流中读取一行字符存放在 buf 中,使用 Ctrl＋Z 键结束输入。

9.2.3 使用成员函数 read()读取一串字符

使用成员函数 read()可以从输入流中读取指定数目的字符并将它们存放在指定的数组中。该函数使用格式如下：

cin.read(char ＊ buf,int size)

其中,buf 用来存放读取的字符的字符指针或字符数组;size 是一个 int 型数,用来指定从输入流中读取字符的个数。可以使用 gcount()函数统计上一次使用 read()函数读取的字符个数。

［例 9.11］ 分析下列程序的输出结果。

```
# include〈iostream. h〉
void main()
{
    const int S＝80；
    char buf[S]＝""；
    cout≪"Input...\n"；
    cin.read(buf,S)；
    cout≪endl；
    cout≪buf≪endl；
}
```

执行该程序显示如下信息：

Input . . .
abcd ↙
efgh ↙
ijkl ↙
〈Ctrl＋Z〉

输出如下：

abcd
efgh
ijkl

另外,istream 类中还有一个常用的成员函数 peek(),它的功能是从输入流中返回下一个字符,但是并不提取它,遇到流结束标志时返回 EOF。

［例 9.12］ 分析 peek()函数在下列程序中的作用。

```cpp
#include <iostream.h>
void main()
{
    int ch,cnt=0;
    cout<<"Input...\n";
    while((ch=cin.get())!=EOF)
    {
        if(ch=='a'&&cin.peek()=='b')
            cnt++;
    }
    cout<<endl;
    cout<<cnt<<endl;
}
```

输入流如下所示：

mabyababcabcdab ↙ 〈Ctrl＋Z〉
5

说明：该程序中使用 peek()函数从输入流中返回字符,但不提取它,并检查字符 a 后面是否是字符 b。如果字符 a 后面是字符 b,则 cnt 加 1,否则继续向下判断,直到输入流结束。该程序输出结果 5,表示输入流中有 5 个 ab 连续的字符组。

9.3　插入符和提取符的重载

C++语言的 I/O 流库的一个重要特性就是能够支持新的数据类型的输出和输入。用户可以通过对插入符(<<)和提取符(>>)进行重载来支持新的数据类型。重载运算符给编程带来了很大方便。

下面通过一例讲述重载插入符和提取符的方法。该例通过重载插入符和提取符对按中国习惯表示的日期进行输出和输入。

[例9.13] 分析下列程序,弄清对插入符和提取符重载的方法。

```
# include 〈iostream. h〉
class Date
{
    public：
        Date(int y,int m,int d)
        { Year＝y;Month＝m;Day＝d;}
        friend ostream& operator ≪(ostream &stream,Date &date);
        friend istream& operator ≫(istream &stream,Date &date);
    private：
        int Year,Month,Day;
};
ostream& operator ≪(ostream& stream,Date &date)
{
        stream≪date. Year≪"/"≪date. Month≪"/"≪date. Day≪endl;
        return stream;
}
istream& operator ≫(istream& stream,Date &date)
{
        stream≫date. Year≫date. Month≫date. Day;
        return stream;
}
void main()
{
        Date CDate(1998,8,17);
        cout≪"Current date："≪CDate≪endl;
        cout≪"Enter new date：  ";
        cin≫CDate;
        cout≪"New date："≪CDate≪endl;
}
```

执行该程序显示如下信息：

current date：1998/8/17
Enter new date：<u>1998 ⌴ 8 ⌴ 18 √</u>
New date：1998/8/18

说明：该程序在 Date 类中通过友元函数的形式重载了插入符和提取符,重载后的插入符和提取符可以对日期这种数据类型进行输出和输入。

这里请注意,定义重载插入符时,使用 ostream 类,因为 cout 是该类的对象。定义重载提取符时,使用 istream 类,因为 cin 是该类的对象。重载的运算符函数说明为类的友元函数,其目的是为了访问类中的私有成员。也可以用别的方法,不把重载的运算符函数定义为友元函数。

下面再举一个重载插入符和提取符的例子。

[例 9.14] 对于复数数据类型的插入符和提取符进行重载。

```cpp
#include <iostream.h>
class complex
{
    public:
        complex()
        {real=imag=0.0;}
        complex(double a,double b)
        { real=a;imag=b;}
        friend complex operator +(const complex &c1,const complex &c2);
        friend ostream& operator <<(ostream &stre,const complex &c);
        friend istream& operator >>(istream &stre,complex &c);
    private:
        double real,imag;
};
complex operator +(const complex &c1,const complex &c2)
{
        double r=c1.real+c2.real;
        double i=c1.imag+c2.imag;
        return complex(r,i);
}
ostream& operator <<(ostream& stre,const complex &c)
{
        stre<<"("<<c.real<<","<<c.imag<<")";
        return stre;
}
istream& operator >>(istream& stre,complex &c)
{
        stre>>c.real>>c.imag;
        return stre;
}

void main()
{
        complex x,y,z;
        cout<<"Input two complex number:\n";
        cin>>x>>y;
```

```
        z=x+y;
        cout≪z≪endl;
    }
```

执行该程序输出如下信息：

Input two complex number：

5 ⊔ 9 ⊔ 23 ⊔ 46 ↙

(28,55)

说明：该程序中重载了三个运算符：＋,≪和≫。它们都被说明为类的友元函数。关于对复数数据类型的输入和输出格式用户是可以定义的,本程序中将输入格式简单地定义为：

〈实部〉⊔〈虚部〉

而把输出格式定义为：

(〈实部〉,〈虚部〉)

当然也可以把输出格式定义为如下形式：

〈实部〉+〈虚部〉i

9.4 格式化输入和输出

C++语言 I/O 流类库提供了多种格式化输入输出方法。一种方法是使用成员函数设置标志位和设置格式实现输出输入的格式化。这种方法应包含 iostream. h 文件。还有一种方法是使用 I/O 流类库中提供的操作子,直接被插入符和提取符操作,使用这种方法应包含 iomanip. h 文件。通常编程者根据方便和习惯选取适当的方法实现格式化的输入输出。下面将详细介绍这两种方法的使用。

9.4.1 使用成员函数设置流的格式化标志位

在 ios 类中的公有成员部分定义了一些格式控制常量和成员函数,使用它们可以对数据格式进行转换。下面分别介绍 ios 类中所提供的控制格式的标志位和设置这些标志位的成员函数。

1. 控制格式的标志位

ios 类提供的控制格式的标志位如表 9-1 所示。

表 9-1　ios 标志位

标 志 位	值	含 义	输入/输出
skipws	0x0001	跳过输入中的空白符	I
left	0x0002	输出数据按输出域左对齐	O
right	0x0004	输出数据按输出域右对齐	O
internal	0x0008	数据的符号左对齐,数据本身右对齐,符号和数据之间为填充符	O
dec	0x0010	转换基数为十进制形式	I/O
oct	0x0020	转换基数为八进制形式	I/O
hex	0x0040	转换基数为十六进制形式	I/O
showbase	0x0080	输出的数值数据前面带有基数符号(0 或 0x)	O
showpoint	0x0100	浮点数输出带有小数点	O
uppercase	0x0200	用大写字母输出十六进制数值	O
showpos	0x0400	正数前面带有"+"符号	O
scientific	0x0800	浮点数输出采用科学表示法	O
fixed	0x1000	使用定点数形式表示浮点数	O
unitbuf	0x2000	完成输入操作后立即刷新流的缓冲区	O
stdio	0x4000	完成输入操作后刷新系统的 stdout,stderr	O

2. 使用成员函数设置标志字

ios 类中定义一个 long 型的数据成员用来记录当前格式化的状态,即各标志位的设置值,这个数据成员被称为标志字。下面介绍维护该标志字的成员函数。

1) long flags()

该函数用来返回标志字。

2) long flags(long)

该函数使用参数值来更新标志字,返回更新前的标志字。

3) long setf(long setbits,long field)

将 field 所指定的标志清零,将 setbits 为 1 的位置 1,返回以前的标志字。

4) long setf(long)

设置参数所指定的那些标志的位,返回更新前的标志字。

5) long unsetf(long)

该函数用来清除参数所指定的那些标志的位,返回更新前的标志字。

在 ios 类中,为了使用方便,定义了下面的静态类对象:

```
static const long basefield;  其值为 del |oct| hex
static const long adjustfield;  其值为 left |right| internal
static const long floatfield;  其值为 scientific | fixed
```

这些对象的值可用来简化对数制标志位、对齐标志位和实数表示标志位的操作。例如，要清除 oct,hex 标志,然后设置 dec 标志,可用如下表达式：

cin. setf(ios∷dec,ios∷basefield)

在默认情况下,数制为十进制,对齐方式为左对齐,浮点数表示采用小数点形式。

下面通过一个例子看一下如何设置标志字和进行格式输出。

[**例 9. 15**] 分析下列程序的输出结果。

```
#include <iostream. h>
void main()
{
    cout. setf(ios∷oct,ios∷basefield);
    cout<<"OCT:48——>"<<48<<endl;
    cout. setf(ios∷dec,ios∷basefield);
    cout<<"DEC:48——>"<<48<<endl;
    cout. setf(ios∷hex,ios∷basefield);
    cout<<"HEX:48——>"<<48<<endl;
    cout. setf(ios∷showbase);
    cout<<"HEX:32——>"<<32<<endl;
    cout. setf(ios∷uppercase);
    cout<<"HEX:254——>"<<254<<endl;
}
```

执行该程序输出结果如下：

OCT:48——>60
DEC:48——>48
HEX:48——>30
HEX:32——>0x20
HEX:254——>0XFE

9.4.2 格式输出函数

在 ios 类中,定义了下述成员函数用来进行格式化输出。这些函数的功能及格式如下：

1. 设置输出数据所占宽度的函数
1) int width()
该函数返回当前输出数据时的宽度。
2) int width(int)
该函数用来设置当前输出数据的宽度为参数值,并返回更新前的宽度值。
2. 填充当前宽度内的填充字符函数
1) char fill()
该函数用来返回当前所使用的填充字符。

2) char fill(char)

该函数设置填充字符为参数值所表示的字符,并返回更新前的填充字符。

3. 设置浮点数输出精度函数

1) int precision()

该函数返回当前浮点数的有效数字的个数。

2) int precision(int)

该函数设置浮点数输出时的有效数字个数,并返回更新前的值。

在使用上述函数时注意如下几点:

(1) 数据输出宽度在默认情况下为表示数据所需的最少字符数。

(2) 默认的填充字符为空格符。

(3) 如果所设置的数据宽度小于数据所需的最少字符数时,则数据宽度按默认宽度处理。

(4) float 型实数最多提供 7 位有效数字,double 型实数最多提供 15 位有效数字,long double 型实数最多提供 19 位有效数字。

下面通过一个例子说明格式输出的成员函数的用法。

[**例 9.16**] 分析下列程序的输出结果。

```cpp
# include <iostream. h>
void main()
{
    cout<<"12345678901234567890\n";
    int   i=1234;
    cout<<i<<endl;
    cout. width(12);
    cout<<i<<endl;
    cout. width(12);
    cout. fill('*');
    cout. setf(ios::left,ios::adjustfield);
    cout<<i<<endl;
    cout. width(12);
    cout. setf(ios::right,ios::adjustfield);
    cout. precision(5);
    double   j=12.3456789;
    cout<<j<<endl;
    cout<<"width:"<<cout. width()<<endl;
}
```

执行该程序输出如下结果:

```
1 2 3 4 5 6 7 8 9 0 1 2 3 4 5 6 7 8 9 0
1 2 3 4
            1 2 3 4
1 2 3 4 * * * * * * * *
```

```
******12.346
width:0
```

说明：从上述结果中可以看到，使用成员函数 ios∷width()设置的宽度仅对一次提取操作有效。在一次提取操作完成后，宽度将自动置为 0。

9.4.3　操作子

前面介绍的使用成员函数进行格式控制的方法中，每次操作都要使用一条语句，这样操作起来有些不便。为此，C++语言 I/O 流类库提供了一些操作子来改善上述情况。操作子是一个对象，它们可以直接被插入符或提取符操作。

表 9-2 列出了流类库所定义的操作子。

表 9-2　流类库所定义的操作子

操 作 子 名	含　义	输入/输出
dec	数值数据采用十进制表示	I/O
hex	数值数据采用十六进制表示	I/O
oct	数值数据采用八进制表示	I/O
setbase(int n)	设置数制转换基数为 n(n 为 0,8,10,16),0 表示使用默认基数	I/O
ws	提取空白符	I
ends	插入空字符	O
flush	刷新与流相关联的缓冲区	O
resetiosflags(long)	清除参数所指定的标志位	I/O
setiosflags(long)	设置参数所指定的标志位	I/O
setfill(int)	设置填充字符	O
setsprecision(int)	设置浮点数输出的有效数字个数	O
setw(int)	设置输出数据项的域宽	O

下面举例说明这些操作子的用法。

［例 9.17］　分析下列程序的输出结果。

```cpp
#include <iostream. h>
#include <iomanip. h>
void main()
{
    cout<<"12345678901234567890"<<endl;
    int  i=1234;
    cout<<i<<endl;
```

```
        cout≪setw(12)≪i≪endl;
        cout≪resetiosflags(ios∷right)≪setiosflags(ios∷left)
                ≪setfill('＊')≪setw(12)≪i≪endl;
        cout≪resetiosflags(ios∷left)≪setiosflags(ios∷right)
                ≪setprecision(5)≪setw(12)≪12.3456789≪endl;
        cout≪"width："≪cout.width()≪endl;
}
```

执行该程序,输出如下所示的结果:

```
1 2 3 4 5 6 7 8 9 0 1 2 3 4 5 6 7 8 9
1 2 3 4
              1 2 3 4
1 2 3 4 ＊ ＊ ＊ ＊ ＊ ＊ ＊ ＊
＊ ＊ ＊ ＊ ＊ ＊ 1 2 . 3 4 6
```

width：0

说明:

(1) 该程序输出结果与例 9.16 相同。这两个程序虽然格式不同,但其结果相同。

(2) 使用操作子时,需要将头文件 iomanip.h 包含进来。

9.5 磁盘文件的输入和输出

前面讲过了对流的一些读写操作,大多是对文本流的操作。本节要讲述文件流的操作。

文件流通常是指磁盘文件流。对磁盘文件流的操作通常是这样进行的:首先打开待操作的磁盘文件,打开后对文件进行读操作或写操作,文件读写操作所使用的读操作函数和写操作函数与前面讲的标准文件的读写函数相同。操作结束后,要关闭该文件。磁盘文件一般分为文本文件、二进制文件和随机文件。在进行随机文件操作时,还要进行文件中的读指针和写指针的定位操作。以上是磁盘文件的主要操作,这些就是本节讲述的主要内容。

9.5.1 磁盘文件的打开和关闭操作

磁盘文件的打开和关闭一般使用 fstream 类中所定义的成员函数 open()和 close()。

1. 打开文件

在打开文件前,先说明一个 fstream 类的对象,再使用成员函数 open()打开指定的文件,文件被打开后,才可以对文件进行读写操作。例如,以输出方式打开一个文件的方法如下:

fstream outfile;

outfile. open("f1. txt",ios∷out)；

其中,outfile 是 fstream 类的一个对象。打开函数 open()有两个参数：第一个参数是要被打开的文件名,使用文件名时包含路径名和扩展名。第二个参数是说明文件的访问方式。文件访问方式包含读、写、读/写以及二进制数据模式等。表 9-3 给出了 ios 类中提供的文件访问方式常量。

表 9-3　文件访问方式常量

方　式　名	用　　途
in	以输入(读)方式打开文件
out	以输出(写)方式打开文件
app	以输出追加方式打开文件
ate	文件打开时,文件指针位于文件尾
trunc	如果文件存在,将其长度截断为 0,并清除原有内容；如果文件不存在,则创建新文件
binary	以二进制方式打开文件,默认时为文本方式
nocreate	打开一个已有文件,如该文件不存在,则打开失败
noreplace	如果文件存在,除非设置 ios∷ate 或 ios∷app,否则打开操作失败
ios∷in|ios∷out	以读和写的方式打开文件
ios∷out|ios∷binary	以二进制写方式打开文件
ios∷in|ios∷binary	以二进制读方式打开文件

表 9-3 中,除了 ios∷app 方式外,使用其他方式刚打开文件时,文件的读写位置指针位于文件头。而用 ios∷app 方式打开文件时,文件读写位置指针位于文件尾。

在以 ios∷out 方式打开文件,而未指定 ios∷in,ios∷ate,ios∷app 方式时,则隐含为 ios∷trunc 方式。

表中的几种方式可以通过“位或”操作结合起来,表示具有几种方式的操作。例如：

ios∷in\|ios∷out\|ios∷binary

表示二进制的读写方式操作。

在未指定 binary 方式时,文件都以文本方式打开。若指定了 binary 方式,则文件以二进制方式打开。

打开文件的另一种方法是把文件名、访问方式作为文件标识符说明的一部分,例如：

fstream outfile("f1. txt",ios∷out)；

表示要创建一个 outfile 流,以写方式打开文件,将流与指定的文件 f1. txt 联系起来。

另外,还可以用下述方法表示打开某个写文件,例如：

ofstream ostream("f1. txt")；

或者

```
ofstream ostrm;
ostrm. open("f1. txt");
```

可以用下述方法表示打开某个读文件,例如:

```
ifstream istrm("f2. txt");
```

或者

```
ifstream istrm;
istrm. open("f2. txt");
```

2. 关闭文件

当结束一个文件的操作后,要及时将该文件关闭。关闭文件时,调用成员函数 close()。例如,关闭文件标识符为 outfile 的文件,使用下面格式:

```
outfile. close();
```

于是文件流 outfile 被关闭,由它所标识的文件被送入磁盘中。

[例 9.18] 分析下列程序输出结果。

```
# include <fstream. h>
void main()
{
    ofstream ostrm;
    ostrm. open("f1. dat");
    ostrm<<120<<endl;
    ostrm<<310. 85<<endl;
    ostrm. close();
    ifstream istrm("f1. dat");
    int n;
    double d;
    istrm>>n>>d;
    cout<<n<<","<<d<<endl;
    istrm. close();
}
```

执行该程序输出如下结果:

```
12. 0,310. 85
```

9.5.2 文本文件的读写操作

对文本文件进行读写操作时,首先要打开文件,然后再对打开文件时设定的文件流进行操作。

［例 9.19］ 把文本写入到指定的文件中。

```
#include〈iostream. h〉
#include〈fstream. h〉
#include〈stdlib. h〉
void main()
{
    fstream outfile;
    outfile. open("f2. dat",ios::out);
    if(! outfile)
    {
        cout<<"f2. dat can't open. \n";
        abort();
    }
    outfile<<"this is a program. \n";
    outfile<<"this is a program. \n";
    outfile. close();
}
```

执行该程序,将两行字符串写到了文件 f2. dat 中。该程序中,在打开文件 f2. dat 时,对建立的文件流 outfile 进行检查,看文件是否被打开。判断 outfile 是否为 0,当文件没有打开时,其值为 0;当文件打开时,其值非 0。如果文件没有打开,则输出一段信息,并退出该程序,退出程序使用 abort()函数。该函数被包含在 stdlib. h 文件中。

下面通过一例,将 f2. dat 文件中的信息读出来显示在屏幕上。

［例 9.20］ 从文本文件中读出文本信息。

```
#include〈iostream. h〉
#include〈fstream. h〉
#include〈stdlib. h〉
void main()
{
    fstream infile;
    infile. open("f2. dat",ios::in);
    if(! infile)
    {
        cout<<"f2. dat can't open. \n";
        abort();
    }
    char s[80];
    while(! infile. eof())
    {
        infile. getline(s,sizeof(s));
        cout<<s<<endl;
    }
```

```
    infile. close();
}
```

执行该程序,将从 f2. dat 中读出如下信息:

this is a program.

this is a program.

该程序中使用了成员函数 eof() 来判断文件是否结束。eof() 函数的功能是:当文件结束时返回非 0 值,文件没有结束它返回 0 值。程序中 getline() 函数的用法前面已经讲过,区别仅在于这里是对 infile 流进行读取,而前面讲的是对 cin 流进行读取。

对于单字符的输入和输出(即读和写)可以使用成员函数 get() 和 put()。下面举一个使用 get() 和 put() 进行文件读写操作的例子。

[例 9.21]　使用 get() 和 put() 函数读写文本文件。

```
# include 〈iostream. h〉
# include 〈fstream. h〉
# include 〈stdlib. h〉
# include 〈string. h〉
void main()
{
    fstream outfile,infile;
    outfile. open("f3. dat",ios∷out);
    if(! outfile)
    {
        cout<<"f3. dat can't open. \n";
        abort();
    }
    char str[]="this is a C++ program.";
    for(int   i=0;i<=strlen(str);i++)
        outfile. put(str[i]);
    outfile. close();
    infile. open("f3. dat",ios∷in);
    if(! infile)
    {
        cout<<"f3. dat can't open. \n";
        abort();
    }
    char ch;
    while(infile. get(ch))
        cout<<ch;
    cout<<endl;
    infile. close();
}
```

执行该程序输出如下结果：

this is a C++ program.

说明：该程序中，先打开文件 f3. dat，然后将一个字符数组中的字符串通过 put()函数将逐个字符写到打开的文件中。再打开 f3. dat 文件，通过 get()函数将文件中的字符逐个读出，并显示到屏幕上。

[**例 9.22**] 将一个文件的内容复制到另一个文件中。

```
#include <iostream. h>
#include <fstream. h>
#include <stdlib. h>
void main()
{
    fstream infile,outfile;
    infile. open("f2. dat",ios∷in);
    if(! infile)
    {
        cout<<"f2. dat can't open. \n";
        abort();
    }
    outfile. open("f4. dat",ios∷out);
    if(! outfile)
    {
        cout<<"f4. dat can't open. \n";
        abort();
    }
    char ch;
    while(infile. get(ch))
        outfile. put(ch);
    infile. close();
    outfile. close();
}
```

执行该程序，将 f2. dat 文件中的内容复制到 f4. dat 文件中，使 f4. dat 文件具有与 f2. dat 文件相同的内容。

该程序中，同时打开两个文件，创建了两个文件流 infile 和 outfile。使用 get()函数从 infile 流中逐个读出字符，然后使用 put()函数将读出的字符写到 outfile 流中，从而完成复制文件的操作。

9.5.3　二进制文件的读写操作

打开二进制文件时，在 open()函数中要加上 ios∷binary 方式。

向二进制文件中写入信息时，使用 write()函数，该函数格式前面介绍过。从二进制文件中读出信息,使用 read()函数,该函数的格式前面也介绍过。下面通过一个例子讲解使用这两个函数对二进制文件如何进行读写操作。

[例 9.23] 对一个二进制文件进行读写操作。

```cpp
#include <iostream.h>
#include <fstream.h>
#include <stdlib.h>
struct person
{
    char name[20];
    double height;
    unsigned short age;
};
struct person people[4]={"Wang",1.65,25,"Zhang",1.72,24,
                        "Li",1.89,21,"Hung",1.70,22};

void main()
{
    fstream infile,outfile;
    outfile.open("f5.dat",ios::out | ios::binary);
    if(!outfile)
    {
        cout<<"f5.dat can't open.\n";
        abort();
    }
    for(int i=0;i<4;i++)
        outfile.write((char *)&people[i],sizeof(people[i]));
    outfile.close();
    infile.open("f5.dat",ios::in | ios::binary);
    if(!infile)
    {
        cout<<"f5.dat can't open.\n";
        abort();
    }
    for(i=0;i<4;i++)
    {
        infile.read((char *)&people[i],sizeof(people[i]));
        cout<<people[i].name<<"\t"<<people[i].height<<"\t"
                    <<people[i].age<<endl;
    }
    infile.close();
}
```

执行该程序输出如下结果:

```
Wang   1.65   25
Zhang  1.72   24
Li     1.69   21
Huang  1.70   22
```

说明：该程序中使用了 write()函数和 read()函数。使用 write()函数可把几个记录写到一个二进制文件中,再使用 read()函数把它们读出来。这里,每个记录是一个结构变量,它具有 3 个成员。关于 write()函数和 read()函数在前面曾经介绍过,这里不再介绍。值得注意的是它们的两个参数:一个是存放字符串的字符数组或字符指针;另一个是int 型的,用于控制操作字符的个数。

另外,people[]是一个结构数组;people[i]是结构数组的一个元素;&people[i]是结构数组的元素的地址值,将它强制成(char ＊)型后作为 write()函数或 read()函数的参数。实际上,该程序是将一个记录中的数据都变为字符进行处理的。

9.5.4 随机访问数据文件

C++ 语言的文件都是流文件,而系统总是用读或写文件指针记录着流的当前位置。istream 类提供三个成员函数来对读指针进行操作,它们是:

```
istream & istream∷seekg(〈流中位置〉);
istream & istream∷seekg(〈偏移量〉,〈参照位置〉);
streampos istream∷tellg();
```

其中,streampos 被定义为 long 型量。

〈流中位置〉和〈偏移量〉都是 long 型量,并以字节数为单位。〈参照位置〉具有如下含义:

- cur＝1 相对于当前读指针所指定的位置;
- beg＝0 相对于流的开始位置;
- end＝2 相对于流的结尾处。

例如,假设 input 是一个 istream 类型的流,则:

```
input.seekg(−100,ios∷cur);
```

表示使读指针指向以当前位置为基准向前(流的开始位置方向)移动 100 个字节处。

```
input.seekg(100,ios∷beg);
```

表示使读指针指向从流开始位置后移 100 个字节处。

```
input.seekg(−100,ios∷end);
```

表示使读指针指向相对于流结尾处前移 100 个字节处。

tellg()函数没有参数,它返回一个 long 型值,用来表示当前读指针的位置相距流开始位置的字节数。

一旦使用了 seekg()函数设置了读指针位置,下一次提取操作就从当前位置开始,根据提取数据的字节数 n 进行提取。提取操作完成后，读指针将被后移 n 个字节位置，再次提取操作将从新的当前位置开始。

下面再介绍操作写指针的三个成员函数，它们都是 ostream 类所定义的。使用写指针来指示下一次插入操作的位置。在执行插入操作时，随着插入的字节数的增加，写指针相应地向后移动，插入操作结束，写指针指向一个新的当前位置。三个操作写指针的成员函数原型如下：

```
ostream & ostream∷seekp(〈流中的位置〉);
ostream & ostream∷seekp(〈偏移量〉,〈参照位置〉);
streampos ostream∷tellp();
```

这三个成员函数的含义与前面讲过的操作读指针的三个成员函数的含义相同，只是它们用来操作写指针。

请读者记住：由于读函数中曾有 get()，因此，操作读指针时使用 seekg()；而写函数中曾有 put()，因此，操作写指针时使用 seekp()。

下面举例说明对读、写指针操作的成员函数的使用方法。

[例 9.24]　分析下列程序的输出结果。

```
# include 〈iostream. h〉
# include 〈fstream. h〉
# include 〈stdlib. h〉
void main()
{
    fstream file("f6. dat",ios∷in | ios∷out | ios∷binary);
    if(! file)
    {
        cout<<"f6. dat can't open. \n";
        abort();
    }
    for(int i=0;i<15;i++)
        file. write((char * )&i,sizeof(int));
    streampos pos=file. tellp();
    cout<<"Current byte number: "<<pos<<endl;
    for(i=15;i<45;i++)
        file. write((char * )&i,sizeof(int));
    file. seekg(pos);
    file. read((char * )&i,sizeof(int));
    cout<<"The data stored is "<<i<<endl;
    file. seekp(0,ios∷beg);
    for(i=80;i<100;i++)
        file. write((char * )&i,sizeof(int));
    file. seekg(pos);
    file. read((char * )&i,sizeof(int));
```

```
        cout<<"The data stored is "<<i<<endl;
        file.seekp(20,ios::cur);
        file.read((char *)&i,sizeof(int));
        cout<<"The data stored is "<<i<<endl;
        cout<<"Current byte number: "<<file.tellp()<<endl;
}
```

执行该程序输出如下结果：

Current byte number:60
The data stored is 15
The data stored is 95
The data stored is 21
Current byte number: 88

说明：该程序中先打开一个文件，打开方式如下所示：

ios::in|ios::out|ios::binary

该方式表示打开的文件是可读可写的二进制文件。

打开文件后先写入 15 个数字，使用了 write() 函数。然后，使用 tellp() 函数记录下当前写指针的位置。接着，又使用 write() 函数向文件中写入 30 个数字。这时，调用 seekp() 函数将写指针定位到前面记录下来的位置，即写指针指向第一次写的 15 个数字的后面位置，也就是第二次写的首位置，调用 read() 函数读出该位置的值，并显示到屏幕上，则为 15。

然后，再调用下述函数：

file seekp(0,ios::beg);

将写指针移到被打开的文件头，即准备从头开始写这个文件。使用 write() 函数，从文件头开始写入 20 个数字。又将读指针移到前面曾被用 tellp() 函数记录下来的位置，即从文件头向后数第 15 个数据，读出并显示该数值为 95。

再使用 seekp() 函数将写指针向后移动 20 个字节，即 5 个数据项。移动前，写指针已指向第 16 个数据项；移 5 个后，写指针指向第 22 个数据项，该项数据是原来保留的 21。这时输出写指针所指向的位置，距文件头的字节数为 88。88 个字节正好是 22 个数据项，因为每个数据项占有 4 个字节。

[例 9.25]　分析下列程序的输出结果。

```
#include <iostream.h>
#include <fstream.h>
#include <stdlib.h>
void main()
{
    struct student
    {
```

```cpp
        char name[20];
        long number;
        double totalscord;
}stu[5]={"Ma",97001,85.72,"Li",97002,92.62,
          "Hu",97003,89.25,"Yan",97004,90.84,
          "Lu",97005,80.92};
    fstream file1;
    student one;
    file1.open("f7.dat",ios::out | ios::in | ios::binary);
    if(! file1)
    {
        cout<<"f7.dat can't open.\n";
        abort();
    }
    for(int i=0;i<5;i++)
        file1.write((char *)&stu[i],sizeof(student));
    file1.seekp(sizeof(student)*4);
    file1.read((char *)&one,sizeof(stu[i]));
    cout<<one.name<<"\t"<<one.number<<"\t"<<one.totalscord<<endl;
    file1.seekp(sizeof(student)*1);
    file1.read((char *)&one,sizeof(stu[i]));
    cout<<one.name<<"\t"<<one.number<<"\t"<<one.totalscord<<endl;
    file1.close();
}
```

执行该程序输出如下结果：

```
Lu 97005 80.92
Li 97002 92.62
```

说明：该程序是将 stu[]数组中的若干个记录写到被打开的 f7.dat 文件中，写的方法是用 write()函数。然后，使用 seekp()函数定位到第 4 个记录，读出它并显示在屏幕上。再使用 seekp()函数定位到第 1 个记录上，读出它并显示在屏幕上。

9.5.5　其他有关文件操作的函数

前面讲过了有关文件的打开关闭函数和读写函数以及定位读、写指针的函数，下面再补充一些有关文件操作的函数。

1. 跳过输入流中指定数量的字符的函数

该函数的原型如下所示：

```cpp
istream & istream::ignore(int n=1,int t=EOF);
```

该函数的功能是从输入流中跳过 n 个字符，或者直到发现终止字符 t 为止，终止字符仍留在输入流中。其中,int 型数 n 表示跳过的字符个数,默认值为 1,表示跳过一个字符。t 表示指定的终止符,默认为 EOF,即为输入流结束符。一般地使用 Ctrl＋Z 键结束从键盘上键入的输入流。

[例 9.26]　输入一个整型数,如果程序发现了错误操作,则跳过当前输入,等待下一次输入。

```
# include ⟨iostream. h⟩
void main()
{
    int a;
    cout≪"Input an integer：  ";
    cin≫a;
    while(! cin)
    {
        cin. clear();
        cin. ignore(80,'\n');
        cout≪"Try again!"≪endl;
        cout≪"Input an integer：  ";
        cin≫a;
    }
    cout≪"The integer entered is "≪a≪endl;
}
```

执行该程序,显示如下信息:

Input an integer：a789y ↙
Try again!
678a ↙
The integer you entered is 678

说明:

(1) 该程序使用了 while 循环来实现反复输入直到没错为止。while 循环的条件如下:

! cin

这是判断输入流 cin 是否有错,无错时 cin 为非零,有错时 cin 为 0。

(2) 在 while 循环体中,有如下一条语句:

cin. clear();

其中,clear()函数是 ios 类中一个成员函数,其原型如下:

void ios∷clear(int＝0);

该函数后面还要讲到,它在这里的用途是将错误状态的标志字中的错误标志位清除。然后,跳过这次输入,等待处理下次输入。

（3）在 while 循环体内，出现如下语句：

```
cin. ignore(80,'\n');
```

这是对 cin 流调用 ignore()函数进行操作。其中，第一个参数 80，表示跳过的字符个数，最多为 80 个。因为一行字符一般为 80 个，即跳过一行；或者遇到终止符'\n'为止，这也表示为一行，因为每一行结束都用'\n'字符。该函数当遇到错误时，跳过一行，等待下行输入。

2. 退回一个字符到输入流的函数

该函数原型如下所示：

```
istream& istream::putback(char ch);
```

该函数的功能是将读出的指定字符退回到输入流中。其中，ch 是指出要退回输入流的字符。

[例 9.27] 从输入流中分析出数字串，并显示出来。

```cpp
#include <iostream. h>
#include <ctype. h>
int getnum(char * s);
void main()
{
    char buf[80];
    cout<<"Enter stream:\n";
    while(getnum(buf))
      cout<<"Digit string is:"<<buf<<endl;
}
int getnum(char * s)
{
    int flag(0);
    char ch;
    while(cin. get(ch)&&! isdigit(ch))
      ;
    if(! cin)
      return 0;
    do {
      * s++=ch;
    }while(cin. get(ch)&&isdigit(ch));
    * s='\0';
    flag=1;
    if(cin)
      cin. putback(ch);
    return flag;
}
```

执行该程序显示如下信息：

Enter stream：

ab768 ⌴ 54xy128m96 ⌴ n763 ↙

输出如下结果：

Digit string is 768

Digit string is 54

Digit string is 128

Digit string is 96

Digit string is 763

按＜Ctrl＋Z＞键,退出该程序。

说明：

（1）ctype.h 文件中包含一些判断函数,该程序中所调用的 isdigit（）函数就被包含在该文件中。该函数用来判断所指定的字符是否是数字字符。如果是数字字符返回非零,否则返回 0。

（2）该程序的 getnum（）函数中,flag 是一个标志量。它为 0 表示没有数字串返回,它为 1 表示有数字串返回。getnum（）函数每次处理一个数字串。

（3）在 getnum（）函数中的 if 语句里使用了

cin.putback（ch）；

由于判定一个字符不是数字字符时多读了一个字符,因此用 putback（）函数将它送回到输入流中,再继续下面的程序。实际上,在该程序中不使用该函数退回字符也不影响输出结果。请读者分析一下是否是这样。

3. 返回输入流中下一个字符的函数

该函数的原型为：

int istream∷peek（）；

该函数的功能是返回输入流中的下一个字符,但并不提取它。在遇到输入流结束标志时返回 EOF。该函数已在前面的例 9.12 中应用,这里不再举例。

9.6　字　符　串　流

C＋＋语言的 I/O 流库提供了两个类：ostrstream 和 istrstream。其中,ostrstream 类是从 ostream 类派生来的,它用来将不同类型的信息格式化为字符串,并放到一个字符数组中。istrstream 类是从 istream 类派生来的,它用来将文本项转换为变量所需的内部格式。它们都包含在 strstrea.h 文件中。

有上述两个类库就可以十分方便地实现下面的两种转换：将一个字符串内的数字字符转换成二进制形式存放在某种类型的对象中；将一个二进制数转换成字符存储在一个字符数组对象中。

下面讲述实现串流操作的两个构造函数。

9.6.1　ostrstream 类的构造函数

这里有两个构造函数,它们的原型分别是:

ostrstream∷ostrstream();
ostrstream∷ostrstream(char * s,int n,int mode＝ios∷out);

其中,第一个构造函数是默认构造函数,它用来建立存储所插入的数据的数组对象;第二个构造函数带三个参数,其中 s 是字符指针或字符数组,所插入的字符数据被存放在这里。参数 n 用来指定这个数组最多能存放的字符个数。mode 参数给出流的方式,默认为 out 方式,还可选用 ate 和 app 方式。

ostrstream 在进行插入操作时,不在输出流中的末尾自动添加空字符,因此需要在程序中显式地添加这个空字符。

ostrstream 类还提供了如下成员函数:

int ostrstream∷pcount();
char * ostrstream∷str();

前一个成员函数的功能是返回流中当前已插入的字符的个数。后一个成员函数的功能是返回标识存储串的数组对象的指针值。

使用 ostrstream 类的构造函数所创建的是字符串插入对象,可以向该对象中写入若干不同类型的数据,并以字符文本形式存放在该对象中。下面举一个例子,分别将 int 型数据和 double 型数据插入到一个字符串输出流对象中,并将其对象中存放的数据显示出来。

　[例 9.28]　分析下列程序的输出结果。

```
# include ⟨iostream. h⟩
# include ⟨fstream. h⟩
# include ⟨strstrea. h⟩
const int N＝80;
void main()
{
    char buf[N];
    ostrstream out1(buf,sizeof(buf));
    int a＝50;
    for(int i＝0;i＜6;i＋＋,a＋＝10)
        out1≪"a＝"≪a≪";";
    out1≪'\0';
    cout≪"Buf: "≪buf≪endl;

    double pi＝3.14159265;
    out1. setf(ios∷fixed ¦ ios∷showpoint);
    out1. seekp(0);
```

```
out1≪″The value of pi＝ ″≪pi≪′\0′；
cout≪buf≪endl；

char ＊pstr＝out1.str()；
cout≪pstr≪endl；
}
```

执行该程序输出如下结果：

Buf：a＝50；a＝60；a＝70；a＝80；a＝90；a＝100；
The value of pi＝3.14159265
The value of pi＝3.14159265

说明：

（1）使用 ostrstream 类的构造函数创建一个流对象 out1,该流将流向一个字符数组 buf,该数组有 80 个 char 型元素。通过一个循环 for,将 6 个字符串"a＝"和 int 型数,通过流 out1 插入到 buf 中,最后添加字符串结束符′\0′,再输出显示 buf 中的内容。

（2）将一个 double 型数和一个字符串按其规定的格式通过流 out1 插入到 buf 中,并输出显示。

（3）使用 str()函数,返回 out1 流的首地址,再通过指针显示出 buf 中的内容。

9.6.2 istrstream 类的构造函数

这里有两个构造函数,它们的原型分别是：

istrstream∷istrstream(char ＊s)；
istrstream∷istrstream(char ＊s,int n)；

这两个构造函数的第一个参数 s 是一个字符指针或字符数组,使用该串来初始化要创建的流对象。第一个构造函数使用所指定的串的全部内容来构造流对象,第二个构造函数使用串中前 n 个字符来构造串对象。

在实际应用中,istrstream 类对象可以是有名也可以是无名的。例如：

char s[]＝″1234″；
istrstream(s,3)；
istrstream ss(s,3)；

前一个 istrstream 类对象是无名的;后一个 istrstream 类对象是有名的,其名字是 ss。

使用 istrstream 类的构造函数所创建的对象是字符串读取流对象,可以从该对象中读出若干字符,并按其所规定的内部格式转换为不同类型的数据,存放到指定的变量中。下面通过一个简单的例子,说明如何通过创建一个字符串读取流对象,将一个字符数组中存放的字符串读出并转换为相应的数据类型存放到相应的变量中,再输出显示出来。

〔例 9.29〕 分析下列程序的输出结果。

```
#include〈iostream.h〉
```

```
# include 〈strstrea. h〉
void main()
{
    char buf[]="123 45.67";
    int a;
    double b;
    istrstream ss(buf);
    ss>>a>>b;
    cout<<a+b<<endl;
}
```

执行该程序输出结果如下：

168.67

[例 9.30]　分析下列程序的输出结果。

```
# include 〈iostream. h〉
# include 〈strstrea. h〉
void main()
{
    char buf[]="12345";
    int i,j;
    istrstream s1(buf);
    s1>>i;
    istrstream s2(buf,3);
    s2>>j;
    cout<<i+j<<endl;
}
```

执行该程序输出结果如下：

12468

说明：该程序创建了两个流对象 s1 和 s2。它们使用的是不同的构造函数。

这两个流 s1 和 s2 都和字符数组 buf 联系起来。使用 s1 和 s2 时，数据是从 buf 数组中获得的。先从 buf 中获得一个 int 型数，并存放在 i 中；再从 buf 中获得一个 int 型数，并存放在 j 中。s1 和 s2 的使用与 cin 流的使用很相似，其区别仅在于 s1 和 s2 流的数据从 buf 中获取，而 cin 流的数据从键盘中输入的数据中获取。

9.7　流错误的处理

对流进行操作时，特别是用流读写磁盘文件时，可能会发生错误。因此，必须有一种能够检测到错误状态的机制和清除错误的方法。例如，要打开一个文件时，若找不到这个文件,则会产生一个错误。又例如,读一个文件时,若读过文件的尾部,则将产生一个错误状态等。

通过几种方法都可以检测出错误,并查明其错误性质,然后调用 clear()函数清除错误状态,可以使得流能够恢复处理。

9.7.1 状态字和状态函数

在 ios 类中,定义了一个数据成员,用它来记录各种错误的性质,称为状态字。它的各位的状态由 ios 类中定义的下述常量来描述:

```
goodbit＝0x00      //表示状态正常,没有位设置
eofbit＝0x01       //表示到达文件末尾
failbit＝0x02      //表示 I/O 操作失败
badbit＝0x04       //表示试图进行非法操作
hardbit＝0x80      //表示致命错误
```

其中,failbit 位置位表示流没有受到破坏,可以恢复。如果 hardbit 位置位表示设备硬件故障而不可恢复,则使用 clear()函数可以清除除了 hardbit 以外的其他错误所设置的位。

在 ios 类中又定义了检测流状态的下列各个成员函数:

```
int rdstate();      //该函数返回当前状态字
int eof();          //该函数返回非零值表示提取操作已到文件尾
int fail();         //如果 failbit 位被置位,该函数返回非零值
int bad();          //如果 badbit 位被置位,该函数返回非零值
int good();         //如果状态字没有被置位,该函数返回非零值
```

可以利用上述函数来检测流是否出错。

例如:

```
ifstream istrm("f1. dat");
if(istrm. good())
    …            // 文件打开成功,进行某些操作
```

例如:

```
ofstream ostrm("f2. dat");
if(! ostrm. good())
    …            // 文件没有被打开,退出该程序
```

又如:

```
if(! cin. eof())
    …            // 文件没有结束,可进行读操作
```

在实际上,由于 ios 类中定义了如下成员函数:

```
int ios::operator ! ();      // 运算符重载
```

因此可以直接用下述方法判断流状态是否正常。

```
ifstream istrm ("f1. dat");
if (! istrm)
    cout <<"f1. dat can't open. \n";
```

9.7.2 清除和设置流的状态位

ios 类中定义了下述成员函数：

```
void ios∷clear(int=0);
```

用来清除和设置流的状态位，但它不能设置和清除 hardbit 位。该函数更多用于当流发生错误时清除流的错误状态，这时使用不带参数的 clear() 函数。有时也可以用来设置流的状态错误，这时使用带参数的 clear() 函数。例如：

```
cin. clear(cin. rdstate()|ios∷badbit);
```

用来设置 badbit 位。

```
cin. clear();
```

用来清除除了 hardbit 以外的其他流中的错误，使得对于流的提取和插入等操作可正常进行。

［例 9.31］ 下面是一个测试流对象 cin 的错误状态位的程序。分析该程序的输出结果。

程序内容如下：

```
#include <iostream. h>
void main()
{
    int a;
    cout<<"Enter an integer：";
    cin>>a;
    cout <<"cin. rdstate()："<<cin. rdstate()<<endl
        <<"cin. eof()："<<cin. eof()<<endl;
        <<"cin. bad()："<<cin. bad()<<endl;
        <<"cin. fail()："<<cin. fail()<<endl;
        <<"cin. good()："<<cin. good()<<endl;
    cout<<"Enter a character：";
    int b;
    cin>>b;
    cout <<"cin. rdstate()："<<cin. rdstate()<<endl;
        <<"cin. eof()："<<cin. eof()<<endl;
        <<"cin. bad()："<<cin. bad()<<endl;
        <<"cin. fail()："<<cin. fail()<<endl;
        <<"cin. good()："<<cin. good()<<endl;
```

```
        cin. clear();
        cout<<"\n cin. good();"<<cin. good()<<endl;
        cin. clear(ios::failbit);
        cout<<"cin. good();"<<cin. good()<<endl;
    }
```

执行该程序后,输出如下信息:

Enter an integer:89 √
cin. rdstate():0
cin. eof():0
cin. bad():0
cin. fail():0
cin. good():1
Enter a character:p √
cin, rdstate():2
cin. eof():0
cin. bad():0
cin. fail():2
cin. good():0
cin. good():1
cin. good():0

　　说明:该程序先输入一个 int 型数给变量 a 赋值,此时测试状态位都无错。
cin. good()为 1 表示无错。再输入一个字符给 int 型变量 b 赋值,此时状态位 failbit 被置
为 1,表示 I/O 错。状态字 rdstatebit 为 2,goodbit 为 0。经过调用 clear()清除错误状态
位后,goodbit 为 1,再设置 failbit 错误后,goodbit 又为 0。

　　读者可以将程序中的 int b;改写为:

char b;

再按上述输入观察输出结果有何变化,并思考为什么。

练习题

　　1. 在 C++ 语言的输入输出操作中,"流"的概念如何理解?从流的角度说明什么是提
取操作?什么是插入操作?
　　2. 系统预定义的流类对象中,cin 和 cout 的功能是什么?
　　3. 屏幕输出一个字符串有哪些方法?屏幕输出一个字符有哪些方法?
　　4. 键盘输入一个字符串有哪些方法?键盘输入一个字符有哪些方法?
　　5. 如何输出 int 型数值量的不同进位制?
　　6. 如何输出浮点数的不同精度?
　　7. 如何确定输出数据项的宽度?

8. 采用什么方法打开和关闭磁盘文件？

9. 写磁盘文件时有哪几种方法？

10. 读磁盘文件时有哪几种方法？

11. 如何确定文件的读指针或写指针的位置？如何改变读指针或写指针的位置？

12. 流的错误状态如何处理？

作业题

1. 选择填空。

(1) 进行文件操作时需要包含(　　)文件。

  A. iostream.h B. fstream.h C. stdio.h D. stdlib.h

(2) 使用操作子对数据进行格式输出时,应包含(　　)文件。

  A. iostream.h B. fstream.h C. iomanip.h D. stdlib.h

(3) 已知：int a, * pa＝&a；输出指针 pa 十进制的地址值的方法是(　　　)。

  A. cout≪pa   B. cout≪ * pa

  C. cout≪&pa   D. cout≪long(pa)

(4) 下列输出字符′A′的方法中,(　　)是错误的。

  A. cout≪put(′A′)   B. cout≪′A′

  C. cout.put(′A′)   D. char A＝′A′；cout≪A

(5) 关于 getline()函数的下列描述中,(　　)是错的。

  A. 该函数是用来从键盘上读取字符串的

  B. 该函数读取的字符串长度是受限制的

  C. 该函数读取字符串时遇到终止符便停止

  D. 该函数中所使用的终止符只能是换行符

(6) 关于 read()函数的下列描述中,(　　)是对的。

  A. 该函数只能从键盘输入中获取字符串

  B. 该函数所获取的字符多少是不受限制的

  C. 该函数只能用于文本文件的操作中

  D. 该函数只能按规定读取所指定的字符数

(7) 在 ios 中提供控制格式的标志位中,(　　)是转换为十六进制形式的标志位。

  A. hex   B. oct   C. dec   D. left

(8) 控制格式输入输出的操作子中,(　　)是设置域宽的。

  A. ws   B. oct   C. setfill() D. setw()

(9) 磁盘文件操作中,打开磁盘文件的访问方式常量中,(　　)是以追加方式打开文件的。

  A. in   B. out   C. app   D. ate

(10) 下列函数中,(　　)是对文件进行写操作的。

A. get()   B. read()   C. seekg() D. put()

2. 判断下列描述的正确性,对者划√,错者划×。

(1) 使用提取符(≪)可以输出各种类型的变量的值,也可以输出指针值。

(2) 预定义的插入符从键盘上接收数据是不带缓冲区的。

(3) 预定义的提取符和插入符是可以重载的。

(4) 记录流的当前格式化状态的标志字中每一位用于记录一种格式,这种格式是不能被设置或清除的。

(5) 设置和清除格式标志字的成员函数需要通过对象来引用它们,输出显示格式的对象通常是 cout。

(6) 操作子本身是一个对象,它可以直接被提取符或插入符操作。

(7) get()函数不能从流中提取终止字符,终止字符仍留在流中。getline()函数从流中提取终止字符,但终止字被丢弃。

(8) ios 类的成员函数 clear()是用来清除整个屏幕的。

(9) 使用打开文件函数 open()之前,需要定义一个流类对象,使用 open()函数来操作该对象。

(10) 使用关闭文件函数 close()关闭一个文件时,流对象仍存在。

(11) 以 app 方式打开文件时,当前的读指针和写指针都定位于文件尾。

(12) 打开 ASCII 码流文件和二进制流文件时,打开方式是相同的。

(13) read()和 write()函数可以读写文本文件,也可以读写二进制文件。

(14) 流的状态包含流的内容、长度和下一次提取或插入操作的当前位置。

(15) seekg()函数和 seekp()函数分别用来定位读指针和写指针,如果使用 seek()函数可以同时定义读写指针。

3. 分析下列程序的输出结果。

(1)

```cpp
#include <iostream.h>
#include <fstream.h>
#include <stdlib.h>
void main()
{
    fstream outfile,infile;
    outfile.open("text.dat",ios::out);
    if(!outfile)
    {
        cout<<"text.dat can't open.\n";
        abort();
    }
    outfile<<"123456789\n";
```

```
        outfile≪"aaabbbbbbbccc\n"
                    ≪"ddddffffeeeeggggghhh\n";
        outfile≪"ok! \n";
        outfile. close();
        infile. open("text. dat",ios∷in);
        if(! infile)
        {
            cout≪"file can't open. \n";
            abort();
        }
        char textline[80];
        while(! infile. eof())
        {
            infile. getline(textline,sizeof(textline));
            cout≪textline≪endl;
        }
}
```

(2)

```
# include 〈iostream. h〉
# include 〈fstream. h〉
# include 〈stdlib. h〉
void main()
{
        fstream file1;
        file1. open("text1. dat",ios∷out|ios∷in);
        if(! file1)
        {
            cout≪"text1. dat can't open. \n";
            abort();
        }
        char textline[]="123456789abcdefghijkl. \n\0";
        for(int i=0;i<sizeof(textline);i++)
            file1. put(textline[i]);
        file1. seekg(0);
        char ch;
        while(file1. get(ch))
            cout≪ch;
        file1. close();
}
```

(3)

```
# include 〈strstream. h〉
```

```
void main()
{
    ostrstream ss;
    ss<<"Hi,good morning!";
    char * buf=ss. str();
    cout<<buf<<endl;
    delete[] buf;
}
```

（4）

```
#include <iostream. h>
#include <strstream. h>
char a[]="1000";
void main()
{
    int dval,oval,hval;
    istrstream iss(a,sizeof(a));
    iss>>dec>>dval;
    iss. seekg(ios::beg);
    iss>>oct>>oval;
    iss. seekg(ios::beg);
    iss>>hex>>hval;
    cout<<"decVal: "<<dval<<endl;
    cout<<"otcVal: "<<oval<<endl;
    cout<<"hexVal: "<<hval<<endl;
}
```

4. 分析下列程序，并回答问题。

程序内容如下：

```
#include <iostream. h>
#include <fstream. h>
#include <stdlib. h>
void main()
{
    fstream fst ("file,dat", ios::out|ios::in|ios::binary);
    if (! fst)
    {
        cout<<"file. dat file not open. \n";
        exit(1);
    }
    double a[]={56. 8, 32, 16, 54. 4, 23. 2, 67, 73, 80, 95. 7, 11};
    for(int i=0; i<10; i++)
        fst. write((char * )& a[i], sizeof(double));
```

```
    double x, max, min;
    int n=fst. tellg()/sizeof(double);
    fst. seekg(0);
    fst. read((char * )& x, sizeof(double));
    max=min=x;
    for(i=1; i<n; i++)
    {
        fst. read((char * )&x, sizeof (double));
        if(x>max)
            max=x;
        else if (x<min)
        min=x;
    }
    cout<<"max="<<max<<endl;
    cout<<"min="<<min<<endl;
}
```

分析该程序后,请回答如下问题:

(1) 该程序的功能是什么?

(2) 打开文件 file. dat 时所采用打开方式的含义是什么?

(3) int 型变量 n 是用来存放什么的? 其值为多少?

(4) 语句 fst. seekg(0);的功能是什么?

附录 A ASCII 码表

ASCII 码(American Standard Cord for Information Interchange)是美国信息交换代码。ASCII 码表是由美国国家标准化协会(ANSI)制定的,它给出了 128 个字符的三种不同进制的 ASCII 码值。

字符	十进制	八进制	十六进制	字符	十进制	八进制	十六进制	字符	十进制	八进制	十六进制	字符	十进制	八进制	十六进制
nul	0	000	00	sp	32	040	20	@	64	100	40	'	96	140	60
soh	1	001	01	!	33	041	21	A	65	101	41	a	97	141	61
stx	2	002	02	"	34	042	22	B	66	102	42	b	98	142	62
etx	3	003	03	#	35	043	23	C	67	103	43	c	99	143	63
eof	4	004	04	$	36	044	24	D	68	104	44	d	100	144	64
eng	5	005	05	%	37	045	25	E	69	105	45	e	101	145	65
ack	6	006	06	&	38	046	26	F	70	106	46	f	102	146	66
bel	7	007	07	'	39	047	27	G	71	107	47	g	103	147	67
bs	8	010	08	(	40	050	28	H	72	110	48	h	104	150	68
ht	9	011	09	)	41	051	29	I	73	111	49	i	105	151	69
lf	10	012	0a	*	42	052	2a	J	74	112	4a	j	106	152	6a
vt	11	013	0b	+	43	053	2b	K	75	113	4b	k	107	153	6b
ff	12	014	0c	,	44	054	2c	L	76	114	4c	l	108	154	6c
cr	13	015	0d	—	45	055	2d	M	77	115	4d	m	109	155	6d
so	14	016	0e	.	46	056	2e	N	78	116	4e	n	110	156	6e
si	15	017	0f	/	47	057	2f	O	79	117	4f	o	111	157	6f
dle	16	020	10	0	48	060	30	P	80	120	50	p	112	160	70
dc1	17	021	11	1	49	061	31	Q	81	121	51	q	113	161	71
dc2	18	022	12	2	50	062	32	R	82	122	52	r	114	162	72
dc3	19	023	13	3	51	063	33	S	83	123	53	s	115	163	73
dc4	20	024	14	4	52	064	34	T	84	124	54	t	116	164	74
nak	21	025	15	5	53	065	35	U	85	125	55	u	117	165	75
syn	22	026	16	6	54	066	36	V	86	126	56	v	118	166	76
etb	23	027	17	7	55	067	37	W	87	127	57	w	119	167	77
can	24	030	18	8	56	070	38	X	88	130	58	x	120	170	78
em	25	031	19	9	57	071	39	Y	89	131	59	y	121	171	79
sub	26	032	1a	:	58	072	3a	Z	90	132	5a	z	122	172	7a
esc	27	033	1b	;	59	073	3b	[	91	133	5b	{	123	173	7b
fs	28	034	1c	<	60	074	3c	\	92	134	5c	|	124	174	7c
gs	29	035	1d	=	61	075	3d	]	93	135	5d	}	125	175	7d
rs	30	036	1e	>	62	076	3e	^	94	136	5e	~	126	176	7e
us	31	037	1f	?	63	077	3f	-	95	137	5f	del	127	177	7f